"十四五"职业教育国家规划教材

 "十二五"职业教育国家规划教材 修订版
经全国职业教育教材审定委员会审定
机 械 工 业 出 版 社 精 品 教 材

U0185637

金属材料及热处理

第 3 版

主　编　王英杰　　金　升
副主编　张芙丽　　杨皓天
参　编　段瑾刚　　杜凯伦
　　　　张斌兴
主　审　郭晓平

机 械 工 业 出 版 社

本书是在"十二五"职业教育国家规划教材《金属材料及热处理 第2版》的基础上修订而成的。

全书共 14 章,主要阐述了金属材料与机械制造过程概述、金属的性能、金属的晶体结构与结晶、铁碳合金、非合金钢、钢的热处理、低合金钢和合金钢、铸铁、非铁金属及其合金、粉末冶金、非金属材料、金属腐蚀及防护方法、新材料简介、材料选择及分析等有关内容。

本书具有以下特点:第一,注重在理论知识、素质、能力、技能等方面对学生进行全面的培养;第二,注重吸取现有相关教材的优点,充实新知识、新工艺、新技术等内容,简化过多的理论介绍,并采用现行国家及行业标准;第三,突出职业技术教育特色,做到图解直观形象,尽量联系现场实际;第四,通过教学活动培养学生的工程意识、经济意识、管理意识和环保意识;第五,语言文字叙述精练,通俗易懂,总结归纳提纲挈领;第六,每章配备了各类复习思考题、交流与研讨题、课外调研活动等,引导学生积极思维,造就师生相互交流与研讨的气氛,培养学生观察、探索、分析以及应用理论知识的能力;第七,书后配备了 8 个实验指导,加强对学生实验技能和综合应用能力的培养。

本书主要面向高等职业技术教育院校的学生。此外,本书还可作为中等职业教育和职工培训用教材。

本书配有电子教案、复习与思考题答案、模拟试卷及其答案。凡使用本书作为教材的教师均可登录机械工业出版社教育服务网 www.cmpedu.com 下载。咨询电话:010-88379375。

图书在版编目(CIP)数据

金属材料及热处理/王英杰,金升主编 . —3 版 . —北京:机械工业出版社,2021.6(2024.7 重印)

"十二五"职业教育国家规划教材:修订版 机械工业出版社精品教材
ISBN 978-7-111-67970-7

Ⅰ.①金… Ⅱ.①王…②金… Ⅲ.①金属材料—高等职业教育—教材②热处理—高等职业教育—教材 Ⅳ.①TG1

中国版本图书馆 CIP 数据核字(2021)第 061508 号

机械工业出版社(北京市百万庄大街 22 号 邮政编码 100037)
策划编辑:于奇慧 责任编辑:于奇慧
责任校对:梁 静 责任印制:任维东
天津光之彩印刷有限公司印刷
2024 年 7 月第 3 版第 12 次印刷
184mm×260mm·16 印张·390 千字
标准书号:ISBN 978-7-111-67970-7
定价:45.00 元

电话服务　　　　　　　　网络服务
客服电话:010-88361066　机 工 官 网 www.cmpbook.com
　　　　　010-88379833　机 工 官 博 weibo.com/cmp1952
　　　　　010-68326294　金 书 网 www.golden-book.com
封底无防伪标均为盗版　机工教育服务网 www.cmpedu.com

关于"十四五"职业教育
国家规划教材的出版说明

为贯彻落实《中共中央关于认真学习宣传贯彻党的二十大精神的决定》《习近平新时代中国特色社会主义思想进课程教材指南》《职业院校教材管理办法》等文件精神，机械工业出版社与教材编写团队一道，认真执行思政内容进教材、进课堂、进头脑要求，尊重教育规律，遵循学科特点，对教材内容进行了更新，着力落实以下要求：

1. 提升教材铸魂育人功能，培育、践行社会主义核心价值观，教育引导学生树立共产主义远大理想和中国特色社会主义共同理想，坚定"四个自信"，厚植爱国主义情怀，把爱国情、强国志、报国行自觉融入建设社会主义现代化强国、实现中华民族伟大复兴的奋斗之中。同时，弘扬中华优秀传统文化，深入开展宪法法治教育。

2. 注重科学思维方法训练和科学伦理教育，培养学生探索未知、追求真理、勇攀科学高峰的责任感和使命感；强化学生工程伦理教育，培养学生精益求精的大国工匠精神，激发学生科技报国的家国情怀和使命担当。加快构建中国特色哲学社会科学学科体系、学术体系、话语体系。帮助学生了解相关专业和行业领域的国家战略、法律法规和相关政策，引导学生深入社会实践、关注现实问题，培育学生经世济民、诚信服务、德法兼修的职业素养。

3. 教育引导学生深刻理解并自觉实践各行业的职业精神、职业规范，增强职业责任感，培养遵纪守法、爱岗敬业、无私奉献、诚实守信、公道办事、开拓创新的职业品格和行为习惯。

在此基础上，及时更新教材知识内容，体现产业发展的新技术、新工艺、新规范、新标准。加强教材数字化建设，丰富配套资源，形成可听、可视、可练、可互动的融媒体教材。

教材建设需要各方的共同努力，也欢迎相关教材使用院校的师生及时反馈意见和建议，我们将认真组织力量进行研究，在后续重印及再版时吸纳改进，不断推动高质量教材出版。

机械工业出版社

前　言

　　本书是根据国务院印发的《中国教育现代化 2035》《国家职业教育改革实施方案》、党的二十大报告等文件精神及高等职业教育人才培养目标的要求而编写的，是工科高等职业技术教育的通用教材。

　　为了贯彻落实党的二十大报告中"深入实施科教兴国战略、人才强国战略""全面贯彻党的教育方针，落实立德树人根本任务，培养德智体美劳全面发展的社会主义建设者和接班人""加快建设高质量教育体系，发展素质教育"部署，适应素质教育、技能培养、创新教育和创业教育的需要，建立具有中国特色的现代化高等职业教育课程体系的精神，针对目前高等职业技术教育缺少满足金属材料及热处理课程教学新要求教材的情况，编者认真查阅了大量的参考资料，进行了多次专题交流与研讨，并且积极汲取各种现有相关教材的精华，对本书进行了科学合理的编写。

　　进入新时代，社会迫切需要综合素质高、实践能力强和创新能力突出的职业技术人才，这就需要我们采用科学合理的教学模式，不断开发新教材，优化教材结构，以利于提高学生的综合素质和职业技能。能力教育与素质教育实际上是同一个问题的两个不同侧面和不同表述。素质是能力的基础，能力则是素质的外在表现，素质诉诸实践就表现为能力。离开素质，能力就成了无本之木；离开能力，素质也就无从体现了。

　　另外，突出能力教育必须以人的素质与能力为基础和核心，强调重视学习方法和掌握知识，学会运用知识进行创造性的思考和实践，学会把知识有效地转化为素质和能力。高等职业教育不仅要加强基础知识和职业技能的学习，而且还要使学生有更大的"柔性"（或可持续发展能力）。"柔性"要求给予每个在校学生更大的发展空间和深层的受教育机会和能力，培养学生的终身学习能力，以适应未来职业生涯中的工作岗位需求和岗位变换。

　　本书的编写目标主要有以下几点。

　　1）系统地介绍了金属材料和非金属材料的生产和加工过程，通过学习，强化学生的工程意识、质量意识、经济意识和环保意识，培养高素质、复合型、创新型、技术技能型的高等职业教育应用型人才。

　　2）使学生获得扎实的专业基础知识和实践经验，以适应未来的职业生涯发展需要。

　　3）强化实践教学环节，提高学生的动手能力和实践技能。

　　4）培养综合应用能力，引导学生学会应用所学的知识解决一些实际问题，初步使学生具有一定的解决实际问题的感性认识和经验，做到触类旁通和融会贯通。

　　5）鼓励开放式教学方式，造就互动探究式学习环境，培养学生团结合作、相互交流、相互学习和勇于探讨问题的学风。

　　6）引导学生深入社会，了解现代企业的生产状况，引导学生善于发现实际问题，探索解决问题的途径，培养不断创新和积极进取的探索精神。

　　7）适应知识经济和信息社会的发展需要，培养学生的信息素养，引导学生善于利用现代信息技术，拓宽知识面，了解更多的相关知识。

8）适应终身学习型社会的发展需要，培养学生掌握正确的学习方法，提高学习能力。

本书在内容编写方面力求做到布局合理、内容丰富、知识新颖；在文字介绍方面力求做到精炼、准确、通俗易懂和插图形象生动；在内容组织方面注重逻辑性、系统性和层次性，突出实践性和适应性，注重理论与实际相结合；在时代性方面注重反映装备制造方面的新技术、新材料、新工艺和新设备，使教师和学生的认识在一定层次上能跟上现代科技发展与高等职业教育的新要求。书中穿插有"史海探析""拓展知识""课堂小试验""联想与分析""实践经验""工艺实例与分析"等多个小栏目，内容涉及金属材料方面的科普知识、科技发展史、金属材料热处理工艺实例、金属材料在先进装备制造业中的应用实例，还有针对应用实例的分析与思考，融入了产教融合、科教融汇的教育理念。

本书每章均设有小结，指导教师采用合理的教学方法，指导学生掌握学习重点和学习方法；每章均配备了较全面的各种类型的复习题，供学生自学时自我检查和进一步巩固所学知识；书后附有 8 个与本书内容相关的实验项目指导，可最大限度满足不同的实验教学需要。另外，本书还提供电子教案、PPT 演示文稿、复习与思考题答案、模拟试卷及其答案等。

本书除供高等职业技术教育院校使用外，还可作为工科中等职业教育、成人教育和工程技术类中高级技术工人的培训教材。

本书建议学时（总共 54 学时）及分配见下表。

章	建议学时	章	建议学时	章	建议学时
绪论、第一章	2	第六章	6	第十一章	4
第二章	4	第七章	4	第十二章	2
第三章	4	第八章	2	第十三章	2
第四章	4	第九章	4	第十四章	2
第五章	2	第十章	2	实验指导	10（最多）
总计		54（包括实验 10 学时）			

本书主编为王英杰、金升，副主编为张芙丽、杨皓天。全书由王英杰拟定编写提纲和统稿。编写分工为：绪论和实验指导由王英杰编写，第一章至第四章由杨皓天编写，第五章和第六章由张芙丽编写，第七章至第九章由金升编写，第十章和第十一章由段瑾刚编写，第十二章和第十三章由杜凯伦编写，第十四章由张斌兴编写。本书由高级工程师郭晓平主审。

由于编者水平有限，书中难免有错误和不妥之处，恳请广大读者批评指正。同时，本书在编写过程中参考了大量的文献资料，在此向文献资料的作者致以诚挚的谢意。

编　者

目 录

绪　　论

材料是人类社会文明发展的重要物质基础。人类利用材料制作生产和生活用的工具、设备及设施，不断改善了自身的生存环境与空间，创造了丰富的物质文明和精神文明，因此，材料同人类社会的发展密切相关。同时，历史学家为了科学地划分人类在各个社会发展阶段的文明程度，就以材料的生产和使用作为衡量人类文明进步的尺度。以材料的使用为标志，人类社会已经历了石器时代（公元前 10 万年）、陶器时代（公元前 8000 年）、青铜器时代（公元前 3000 年）、铁器时代（公元前 1000 年）、水泥时代（公元元年）、钢时代（公元1800 年）、硅时代（公元 1950 年）、新材料时代（公元 1990 年）等，可以看出，人类使用材料经历了从低级到高级、从简单到复杂、从天然到合成的过程。目前，人类已进入金属（如钛金属）、高分子、陶瓷及复合材料共同发展的时代。

在材料的使用及加工过程中，金属材料的生产和应用是人类社会发展的重要里程碑，象征着人类在征服自然、发展社会生产力方面迈出了具有深远历史意义的一步。它促进了整个社会生产力的快速发展。尤其是人类进入铁器时代后，随着大规模钢铁工艺的出现，金属材料在人类生活中占据了重要地位，人类社会的经济活动和科学技术水平发生了显著变化。

在近代，材料专家把金属材料比作现代工业的骨架，并且随着金属材料大规模生产及其使用量的急剧上升，它极大地促进了人类社会经济和科学技术的飞速发展。今天，如果没有耐高温、高强度、高性能的钛合金等金属材料，就不可能有现代宇航工业（图 0-1）的发展。

随着金属材料的广泛使用，地球上现有的金属矿产资源将越来越少。据估计，铁、铝、铜、锌、银等几种主要金属的储量，只能再开采 100～300 年。如何节省有限的金属矿产资源？主要的解决办法：一是向地壳的深部要金属；二是向海洋要金属；三是节约金属材料，寻找其代用品。目前，世界各国都在积极采取措施，不断改进现有金属材料的加工工艺，提高其性能，充分发挥其潜力，从而达到节约金属材料的目的，如轻体汽车

图 0-1　航天飞机

的设计（图 0-2），就是利用高强度钢材，达到节约金属材料、减轻汽车自重和省油的目的。

到 20 世纪中叶，随着人类社会科学技术的发展、社会环保意识的加强以及清洁生产的需要，涌现出了许多新型的非金属材料。非金属材料的使用，不仅满足了机械工程中的特殊需求，而且还极大地简化了机械制造的工艺过程，降低了机械制造成本，同时也提高了机械产品的使用性能。其中比较突出的非金属材料有塑料、胶黏剂、橡胶、陶瓷、复合材料、纳米材料等。目前它们所具有的特殊性能和功能正不断地得到广大工程技术人员的认可，而且其应用范围也在不断地扩大，正在逐步地改变着金属材料占绝对主导地位的格局。

图 0-2　轻体汽车

目前，机械零件的加工技术也出现了日新月异的发展。例如：激光技术与计算机技术在机械零件加工过程中的应用，使得机械零件加工设备不断创新，零件的加工质量和效率不断提高，如计算机辅助设计（CAD）、计算机辅助制造（CAM）、柔性制造单元（FMC）、柔性制造系统（FMS）、计算机集成制造系统（CIMS）和生产管理信息系统（MIS）的综合应用，突破了传统的机械零件加工方法，产生了巨大的变革。因此，作为一名工程技术人员或管理人员，了解材料的性能、应用、加工工艺过程以及与之相关的先进的加工技术是非常重要的。掌握这方面的知识不仅可以使机械工程设计更合理、更具先进性，而且还会提高生产机械零件时的质量意识、经济意识、环保意识、创新意识，做到机械生产过程的高质、高效、清洁和安全，并合理地降低生产成本。

回顾金属材料的发展历史，我国是世界上使用金属材料最早的国家之一。我国使用铜的历史约有 5000 多年，大量出土的青铜器表明在商代（公元前 1600—公元前 1046 年）就有了高度发达的青铜加工技术。例如：河南安阳出土的司母戊大方鼎（图 0-3），现称为后母戊鼎，体积庞大，花纹精巧，造型精美，重达 875kg，属商殷祭器。要制造这么庞大的精美青铜器，需要经过雕塑、制造模样与铸型、冶炼等工序，可以说司母戊大方鼎是雕塑艺术与金属冶炼技术的完美结合。同时，在当时条件下要浇注这样庞大的器物，如果没有大规模的严密的劳动分工、精湛的雕塑艺术和铸造技术，是不可能完美地制造成功的。

图 0-3　司母戊大方鼎

明朝宋应星所著《天工开物》一书中详细记载了古代冶铁、炼钢、铸钟、锻铁、淬火等多种金属材料的加工工艺方法。书中介绍的锉刀、针等工具的制造过程与现代制造工艺几乎一致，可以说《天工开物》一书是世界上有关金属加工工艺方法最早的科学著作之一。

历史充分说明，我国古代劳动人民在金属材料及加工工艺方面取得了辉煌的成就，为人类文明做出了巨大的贡献。只是到了近代，由于封建制度的日益腐败和外国的侵略，才严重阻碍和束缚了金属材料及加工技术的发展。

新中国成立后，我国在金属材料、非金属材料及其加工工艺理论研究方面有了很大的提高。2013 年我国粗钢产量达到了 7.8 亿吨，成为国际钢铁市场上举足轻重的"第一力量"，有力地促进了我国机械制造、矿山冶金、交通运输、石油、电子仪表、宇航等行业的发展。同时，原子弹、氢弹、导弹、人造地球卫星、载人火箭、超导材料、纳米材料等重大项目的研究与试验成功，都标志着我国在金属材料及加工工艺方面达到了新的水平，相信在不远的将来我国在机械装备制造方面定能进入世界先进行列。

本书比较系统地介绍了常用金属材料与非金属材料的种类、性能和应用等方面的基础知识，是融汇多种专业基础知识为一体的专业技术基础课，是培养从事机械制造行业应用型、管理型、操作型与复合型人才的必修课程，同时对于培养学生的综合工程素质、技术应用能力、经济意识、环保意识和创新能力也是非常有益的。

本书具有内容广、实践性和综合性突出的特点。在内容编写方面注重体现通俗易懂和形象直观；在教学方式上注重开展师生之间、学生之间互动教学和小组合作探究活动，注重对学生的学习积极性进行启发和引导，注重培养其探索精神和学习归纳能力。在学习本课程时，一定要多联系在金属材料和非金属材料方面的感性知识和生活经验，要多讨论、多交流、多分析和多研究，特别是在实习中要多观察，勤于实践，做到理论联系实际，这样才能更好地掌握基础知识，做到融会贯通，触类旁通，学以致用，全面发展。

学习本课程的基本要求有以下几点。

1）了解金属材料的晶体结构、化学成分、组织及性能之间的密切关系。

2）了解金属材料和非金属材料的分类、牌号、性能和用途之间的相互关系，熟悉常用金属材料的选用原则，做到理论联系实际。

3）了解常用金属材料的热处理工艺原理、特点及其应用，熟悉典型零件的热处理方法。

4）了解金属材料的基本防护原理和方法。

5）了解与本课程相关的新技术、新工艺、新设备、新材料的发展概况。

6）丰富实践经验，做到融会贯通，学以致用。

7）善于利用图书馆和互联网提供的信息资源，拓展知识面，提高信息素养。

第一章
金属材料与机械制造过程概述

金属材料是现代工农业生产中使用最广的机械工程材料。对于从事机械制造、工程建设及国防建设等方面的人员来说，了解金属材料的分类、性能、加工方法及应用范围等知识具有重要意义。

第一节　金属材料分类

金属是指在常温常压下，在游离状态下呈不透明的固体状态，具有良好的导电性和导热性，有一定的强度和塑性，并具有光泽的物质，如金、银、铜、铝、铁等。金属材料是由金属元素或以金属元素为主，其他金属或非金属元素为辅构成的，并具有金属特性的工程材料。金属材料包括纯金属、合金、金属化合物和特种金属材料等。

纯金属的强度与硬度一般都较低，塑性与韧性较高，在工业生产中有一定的用途，但由于纯金属的冶炼技术复杂、成本较高，因此，纯金属在使用上受到较大的限制。目前在工农业生产、建筑、国防建设中广泛使用的是合金状态的金属材料。

合金是指由两种或两种以上的金属元素或金属与非金属元素组成的金属材料。例如：普通黄铜是由铜和锌两种金属元素组成的合金，普通白铜是由铜和镍两种金属元素组成的合金，碳素钢是由铁和碳组成的合金，合金钢是由铁、碳和合金元素组成的合金等。与组成合金的纯金属相比，合金除具有更好的力学性能外，还可以通过调整组成元素之间的比例，获得一系列性能各不相同的合金，从而满足工农业生产、交通运输、建筑、海洋工程及国防建设等不同的使用性能要求。

金属化合物是指合金中各组元之间发生相互作用而形成的具有金属特性的一种新相。例如：铁碳合金中的渗碳体 Fe_3C 就是铁和碳组成的金属化合物。金属化合物具有熔点高、硬而脆的特性。合金中出现金属化合物时，通常能显著地提高合金的强度、硬度和耐磨性，但塑性和韧性也会明显地降低。

特种金属材料包括不同用途的结构金属材料和功能金属材料。其中有通过快速冷凝工艺获得的非晶态金属材料以及准晶、微晶、纳米晶金属材料，粉末冶金材料，单晶合金等；还有隐身、贮氢、超导、形状记忆、耐磨、减振阻尼等特殊功能合金，永磁合金，高温合金，超细金属隐身材料，超塑性金属材料以及金属基复合材料等。

金属材料，尤其是钢铁材料，在国民经济中具有重要的作用，这主要是由于金属材料具有比其他材料更优越的性能，如物理性能、化学性能、力学性能及工艺性能等，能够满足生产和科学技术发展的需要。

金属材料可分为钢铁材料（或称为黑色金属）和非铁金属（或称为有色金属）两大类，

如图 1-1 所示。

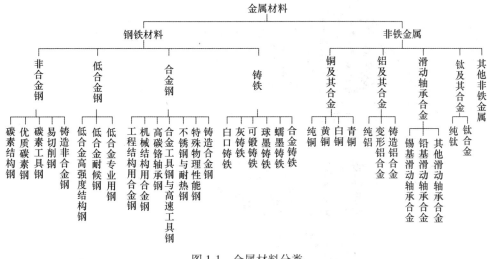

图 1-1　金属材料分类

1. 钢铁材料

以铁或以铁为主而形成的金属材料，称为钢铁材料，如各种钢材和铸铁。

2. 非铁金属

除钢铁材料以外的其他金属材料，统称为非铁金属，如金、银、铜、铝、镁、锌、钛、锡、铅、铬、钼、钨、镍等。

第二节　钢铁材料生产过程概述

钢铁材料是铁和碳的合金。钢铁材料按碳的质量分数 w_C 进行分类，可分为工业纯铁（$w_C < 0.0218\%$）、钢（$w_C = 0.0218\% \sim 2.11\%$）和白口铸铁或生铁（$w_C > 2.11\%$）。

图 1-2 所示为钢铁材料生产过程示意图。

一、炼铁

铁的化学性质活泼，自然界中的铁绝大多数是以铁的化合物形式存在的。炼铁用的原料主要是铁矿石（铁的氧化物）。含铁比较多并且具有冶炼价值的矿物，如赤铁矿、磁铁矿、菱铁矿、褐铁矿等称为铁矿石。铁矿石中除了含有铁的氧化物以外，还含有硅、锰、硫、磷等元素的氧化物杂质，这些杂质称为脉石。从铁的氧化物中提炼铁的过程称为还原过程。炼铁的实质就是从铁矿石中提取铁及其有用元素并形成生铁的过程。现代钢铁工业生产铁的主要方法是高炉炼铁。高炉炼铁的炉料主要是铁矿石（Fe_2O_3、Fe_3O_4）、燃料（焦炭）和熔剂（石灰石）。

焦炭作为炼铁的燃料，一方面为炼铁提供热量，另一方面焦炭在不完全燃烧时所产生的 CO，又作为使氧化铁和其他金属元素还原的还原剂。熔剂的作用是使铁矿石中的脉石和焦炭燃烧后的灰分转变成密度小、熔点低和流动性好的炉渣（漂浮在铁液表面），并使之与铁液分离。常用的熔剂是石灰石（$CaCO_3$）。

炼铁时需要将炼铁原料分批分层装入高炉中，在高温和压力的作用下，经过一系列的化学反应，将铁矿石还原成铁。高炉冶炼出的铁不是纯铁，其中含有碳、硅、锰、硫、磷等杂

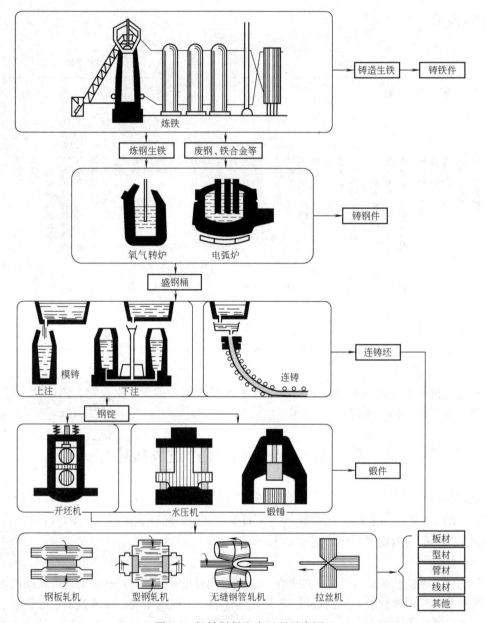

图 1-2　钢铁材料生产过程示意图

质元素，称为生铁。生铁是由铁矿石经高炉冶炼获得的主要产品，是炼钢和铸造生产的主要
原料。根据用户的不同需要，生铁可分为铸造生铁和炼钢生铁两类。

铸造生铁的断口呈暗灰色，硅的质量分数较高，用于生产形状复杂的铸铁件。

炼钢生铁的断口呈亮白色，硅的质量分数较低（$w_{Si}<1.5\%$），用来在炼钢炉中炼钢。

高炉炼铁产生的副产品主要是炉气和炉渣。高炉排出的炉气中含有大量的 CO、CH_4 和
H_2 等可燃性气体，具有较高的经济价值，可以回收利用。高炉炉渣的主要成分是 CaO 和
SiO_2，可以回收利用，用于制造水泥、渣棉和渣砖等建筑材料。

二、炼钢

炼钢是整个钢铁工业生产过程中最重要的环节。炼钢是利用不同来源的氧（如空气、氧气）来氧化炉料（主要是生铁）所含杂质的提纯过程。炼钢的主要工艺过程包括氧化去除硅、磷、碳，脱硫、脱氧和合金化等。炼钢以生铁（铁液或生铁锭）和废钢为主要原料，此外，还需要加入熔剂（石灰石、氟石）、氧化剂（O_2、铁矿石）和脱氧剂（铝、硅铁、锰铁）等。炼钢的主要任务是根据所炼钢种的要求，把生铁熔化成液体，或直接将高炉铁液注入高温的炼钢炉中，利用氧化作用将碳及其他杂质元素减少到规定的化学成分范围之内，最终达到钢材所要求的金属成分组成，即获得需要的钢材。所以，炼钢过程基本上是一个氧化过程。氧化过程中产生的炉渣很容易与钢液分离，产生的气体可以逸出，留下的金属熔体就是合格的钢液。将钢液浇注成钢锭或连铸坯，再经过热轧或冷轧，制成各种类型的型钢或型材。

1. 炼钢方法

现代炼钢方法主要有氧气转炉炼钢法和电弧炉炼钢法。氧气转炉炼钢法是以熔融铁液为原料，用纯氧代替空气，由炉顶向转炉内吹入高压氧气，能有效地除去磷、硫等杂质，使钢的质量显著提高，且成本较低。该炼钢方法常用来炼制非合金钢和低合金钢。电弧炉炼钢法是利用电弧热效应熔炼金属和其他物料的一种炼钢方法。该炼钢方法最常见的加热设备是三相交流电弧炉，主要用于熔炼合金钢。氧气转炉炼钢法和电弧炉炼钢法的比较见表1-1。

表 1-1　氧气转炉炼钢法和电弧炉炼钢法的比较

炼钢方法	热源	主要原料	主要特点	产品
氧气转炉炼钢法	氧化反应的化学热	生铁、废钢	冶炼速度快，生产率高，成本低。钢的品种较多，质量较好，适合于大量生产	非合金钢和低合金钢
电弧炉炼钢法	电能	废钢	炉料通用性大，炉内气氛可以控制，脱氧良好，能冶炼难熔合金钢。钢的质量优良，品种多样	合金钢

2. 钢的脱氧

炼出的钢液，由于在炼钢（氧化）过程中吸收了过量的氧，钢液中的过剩氧气与铁生成氧化物，对钢的力学性能会产生不良的影响，因此，在炼钢的最后阶段，必须在浇注前对钢液进行脱氧处理。按钢液脱氧程度的不同，钢可分为特殊镇静钢（TZ）、镇静钢（Z）、半镇静钢（b）和沸腾钢（F）四种。

镇静钢是指脱氧完全的钢。钢液冶炼后期用锰铁、硅铁和铝进行充分脱氧，钢液能在钢锭模内平静地凝固。镇静钢钢锭化学成分均匀，内部组织致密，质量较高。但由于镇静钢钢锭头部易形成较深的缩孔，轧制时需要切除，因此，钢材浪费较大，如图1-3a所示。

沸腾钢是指脱氧不完全的钢。钢液在冶炼后期仅用锰铁进行不充分脱氧。钢液浇入钢锭模后，钢液中的FeO和碳相互作用，仍

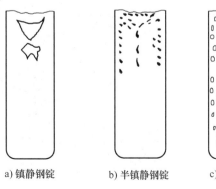

a) 镇静钢锭　　b) 半镇静钢锭　　c) 沸腾钢锭

图 1-3　镇静钢锭、半镇静钢锭和沸腾钢锭

在进行脱氧过程（$FeO+C \rightarrow Fe+CO\uparrow$），生成的 CO 气体引起钢液产生沸腾现象，故称为沸腾钢。沸腾钢凝固时大部分气体逸出，少量气体被封闭在钢锭内部，形成许多小气泡，如图 1-3c 所示。沸腾钢钢锭缩孔较小，切头浪费少。但是，其化学成分不均匀，组织不够致密，质量较差。

半镇静钢的脱氧程度和性能状况介于镇静钢与沸腾钢之间，如图 1-3b 所示。

特殊镇静钢的脱氧质量优于镇静钢，其内部材质均匀，非金属夹杂物含量少，可满足特殊需要。

3. 钢的浇注

钢液经脱氧后，除少数用来浇注成铸钢件外，其余都用钢锭模铸成钢锭，或用连铸机铸成连铸坯。钢锭或连铸坯送到轧钢厂，钢锭用于轧钢或锻造大型锻件的毛坯，连铸坯则轧成各种钢材。连铸法由于生产率高，钢坯质量好，节约能源，生产成本低，应用广泛。

4. 炼钢的最终产品

钢锭或连铸坯经过轧制后，最终形成板材、管材、型材、线材及其他类型钢材。

（1）板材　板材一般分为厚板和薄板。4～60mm 为厚板，常用于造船（图 1-4）、锅炉（图 1-5）和压力容器等；4mm 以下为薄板，分为冷轧钢板和热轧钢板。薄板轧制后可直接交货或经过酸洗镀锌（或镀锡）后交货使用。

（2）管材　管材分为无缝钢管和有缝钢管两种。无缝钢管用于石油、锅炉等行业；有缝钢管由带钢焊接而成，用于制作煤气管道及自来水管道等。焊接钢管生产率较高、成本低，但质量和性能与无缝钢管相比稍差些。

（3）型材　常用的型材有方钢、圆钢（图 1-6）、扁钢、角钢、工字钢（图 1-7）、槽钢、钢轨等。

（4）线材　线材是用圆钢或方钢经过冷拔而成的。其中的高碳钢丝用于制作弹簧丝或钢丝绳，低碳钢丝用于捆绑或编织等。

（5）其他类型钢材　其他类型钢材主要是指要求具有特种形状与尺寸的异形钢材，如车轮箍、齿轮坯等。

图 1-4　造船

图 1-5　锅炉

图 1-6　圆钢

图 1-7　工字钢

【史海探析】早在公元前 6 世纪即春秋末期，我国就已出现了人工冶炼的铁器，比欧洲出现生铁早 1900 多年，如 1953 年在河北兴隆地区发掘出的用来铸造农具的铁模子，说明当时铁制农具已大量地应用于农业生产中。同时，我国古代还创造了三种炼钢方法：第一种是战国晚期从矿石中直接炼出的自然钢，用这种钢制作的刀剑在东方各国享有盛誉，后来在东汉时期传入欧洲；第二种是西汉期间经过"百次"冶炼锻打的百炼钢；第三种是南北朝时期的灌钢，即"先炼铁，后炼钢"的两步炼钢技术，这种炼钢技术比其他国家早 1600 多年。直到明朝之前的 2000 多年间，我国在钢铁生产技术方面一直是遥遥领先于世界的。

第三节　机械制造过程概述

机械产品的制造过程一般分为设计、制造和使用三个阶段，如图 1-8 所示。

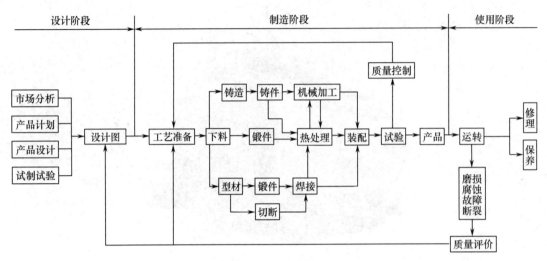

图 1-8　机械产品制造过程的三个阶段

一、设计阶段

机械产品在设计阶段首先要从市场调查、产品性能、生产数量等方面出发，制订出产品的开发计划。设计时，首先进行总体设计，然后再进行部件设计，画出装配图和零件图。然后根据机械零件的使用条件、场合、性能及环境保护要求等，选择合理的材料及合理的加工方法。

不同的机械产品有不同的性能要求，如汽车必须满足动力性能、控制性能、操纵性、安全性，以及使用起来舒适、燃料消耗率低、噪声小、维护与维修方便等要求。在满足了产品性能和成本要求的前提下，由工艺部门编制生产加工工艺规程或工艺图，并交付生产。

设计人员在设计零件时，应根据机械产品的使用场合、工作条件等选择零件的制作材料和加工方法。例如：在高温氧化性气氛环境中工作的受力零件，应选择耐热性好的耐热钢；如果零件的形状复杂，则应选择铸钢或铸铁，采用铸造方式进行生产。同时，在设计过程中要特别重视零件的使用性能、使用条件、材质及加工方法之间的相互协调，以保证零件的加工质量最优，经济效益最大。

二、制造阶段

在制造阶段，生产部门根据机械零件的加工工艺规程与零件图进行制造，然后进行装配。通常不能根据零件设计图直接进行加工，而应根据设计图绘制出制造图，再按制造图进行加工。设计图绘制出的是零件加工完成的最终状态图，而制造图则是表示在制造过程中某一工序完成时工件的状态。两者是有差异的。在加工时，需要根据制造图准备合适的坯料，并进行预定的加工。准备好材料后，根据零件的差异，可采用铸造、锻造、焊接、粉末冶金、机械加工、热处理等不同的加工方法，然后分别在各类车间进行加工。零件加工完成后再装配成部件或整机。机械产品装配完后，需要按设计要求进行各种试验，如空载与负荷试验、性能与寿命试验以及其他单项试验等。整机质量验收合格后，则可进行涂装、包装和装箱，最后准备投入市场。

三、使用阶段

出厂的机械产品一经投入使用，其磨损、腐蚀、故障及断裂等问题就会接踵而至，并暴露出设计和制造过程中存在的质量问题。一个好的机械产品除了应重视设计功能、外观造型和制造工艺外，还应经常注意收集与积累使用过程中零件的失效资料，据此反馈给制造或设计部门，以进一步提高机械产品的功能和质量。这样不仅能使机械产品获得良好的可靠性，而且还能在良好的信誉方面赢得市场。

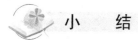 小　　结

本章主要介绍了金属材料的分类、钢铁材料生产过程和机械制造过程等内容，重点是钢铁材料的生产过程、实质及其产品。学习要求：第一，注意观察生活中钢与铁的区别和应用场合；第二，初步认识有关机械制造的基本过程，为以后学习后续章节奠定知识基础。另外，如果有机会，可以到有关企业进行参观，如钢铁公司、机械制造厂等，感性地了解金属材料和机械制造方面的生产过程。

―――――― 复习与思考 ――――――

一、名词解释

1. 金属材料　2. 合金　3. 钢铁材料　4. 非铁金属

二、填空题

1. 金属材料可分为_____材料（或称为黑色金属）和_____金属（或称为有色金属）两大类。

2. 钢铁材料是_____和_____的合金。

3. 钢铁材料按碳的质量分数 w_C 进行分类，可分为_____、_____和白口铸铁或生铁。

4. 生铁是由铁矿石经高炉_____获得的，它是_____和铸造生产的主要原材料。

5. 高炉生铁一般分为_____生铁和_____生铁两种。

6. 现代炼钢方法主要有_____炼钢法和_____炼钢法。

7. 按钢液脱氧程度的不同，钢可分为_____钢、_____钢、_____钢和_____钢。

8. 机械产品的制造过程一般分为_____、_____和_____三个阶段。

9. 钢锭经过轧制最终会形成_____、_____、_____、_____及其他类型钢材。

三、判断题

1. 钢和生铁都是以铁、碳为主的合金。　　　　　　　　　　　　　　（　　）

2. 炼铁的实质就是从铁矿石中提取铁及其有用元素并形成生铁的过程。（　　）

3. 钢液用锰铁、硅铁和铝进行充分脱氧后，可获得镇静钢。　　　　　（　　）

4. 电弧炉炼钢法主要用于冶炼合金钢。　　　　　　　　　　　　　　（　　）

四、简答题

1. 炼铁的主要原料有哪些?

2. 镇静钢和沸腾钢之间的性能特点有何不同?

五、课外调研与观察

1. 请谈谈金属材料在人类社会文明中的作用。

2. 收集我国在金属材料方面取得的成就,同学之间相互交流。

3. 了解一下地球上常见金属的使用年限,有什么好建议、好措施,能够更好地发挥地球上的有限资源?

第二章

金属的性能

在机械装备制造行业中，为了制造具有较强竞争力的产品，必须了解和掌握金属的各种性能，以便使产品在设计、选材和制造工艺等方面达到最优化。通常我们把金属材料的性能分为使用性能和工艺性能。其中使用性能是指金属材料为保证机械零件或工具正常工作应具备的性能，即在使用过程中所表现出的特性。金属材料的使用性能包括力学性能、物理性能和化学性能等。工艺性能是指金属材料在制造机械零件和工具的过程中，适应各种冷加工和热加工的性能。只有了解金属的性能，才能正确、经济、合理地选用金属。

第一节 金属的力学性能

金属的力学性能是指金属在力作用下所显示的与弹性和非弹性反应相关或涉及应力与应变关系的性能，如弹性、强度、硬度、塑性、韧性等。弹性是指物体在外力作用下改变其形状和尺寸，当外力卸除后物体又回复其原始形状和尺寸的特性。物体受外力作用后导致物体内部之间相互作用的力，称为内力。单位面积上的内力，称为应力 R（N/mm^2）。金属的强度指标就是用应力来度量的。应变 ε 是指由外力所引起的物体原始尺寸或形状的相对变化（%）。

金属的力学性能是评定金属材料质量的主要判据，也是金属构件设计时选材和进行强度计算的主要依据。金属的力学性能指标主要有强度、刚度、塑性、硬度、韧性和疲劳强度等。

一、强度与塑性

金属在力的作用下，抵抗永久变形和断裂的能力称为强度。塑性是指金属在断裂前发生不可逆永久变形的能力。永久变形是指物体在力的作用下产生形状、尺寸的改变，外力去除后，不能回复到原来形状和尺寸的变形。金属材料的强度和塑性指标可以通过拉伸试验测得。

（一）拉伸试验

拉伸试验是指用静拉伸力对试样进行轴向拉伸，通过测量拉伸力和相应的伸长量，测量其力学性能的试验。拉伸时一般将拉伸试样拉至断裂。

1. 拉伸试样

进行拉伸试验时，通常采用圆形横截面比例拉伸试样，试样尺寸按国家标准中金属拉伸试验试样中的有关规定进行制作。拉伸试样分为短拉伸试样（$L_0 = 5d_0$）和长拉伸试样（$L_0 = 10d_0$）两种，一般工程上采用短拉伸试样。圆形横截面比例拉伸试样如图 2-1 所示，其中图 2-1a 所示为标准拉伸试样拉断前的状态，图 2-1b 所示为标准拉伸试样拉断后的状态。

d_o 为标准拉伸试样的原始直径，d_u 为标准拉伸试样断口处的直径。L_o 为标准拉伸试样的原始标距，L_u 为拉断标准拉伸试样对接后测出的标距长度。

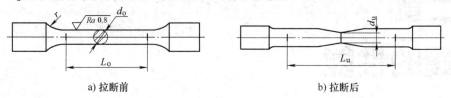

a) 拉断前　　　　　　　　　　　　b) 拉断后

图 2-1　圆形横截面比例拉伸试样

2. 试验方法

拉伸试验在拉伸试验机上进行。图 2-2 所示为拉伸试验机示意图。将试样装在试验机的上、下夹头上，起动机器，在液压油的作用下，拉伸试样受到拉伸。同时，记录装置记录下拉伸过程中的力-伸长曲线。

（二）力-伸长曲线

在进行拉伸试验时，拉伸力 F 和试样伸长量 ΔL 之间的关系曲线，称为力-伸长曲线。通常把拉伸力 F 作为纵坐标，伸长量 ΔL 作为横坐标，图 2-3 所示为退火低碳钢的力-伸长曲线。

观察拉伸试验和力-伸长曲线，会发现在拉伸试验的开始阶段，试样的伸长量 ΔL 与拉伸力 F 之间成正比例关系，在力-伸长曲线中为一条斜直线 Op。在该阶段当拉伸力 F 增加时，试样伸长量 ΔL 也呈正比增加。当去除拉伸力 F 后，试样伸长变形消失，试样回复其原来形状，试样变形规律符合胡克定律，表现为弹性变形。图 2-3 中的 F_p 是试样保持完全弹性变形的最大拉伸力。

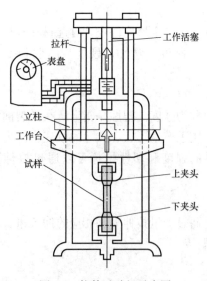

图 2-2　拉伸试验机示意图

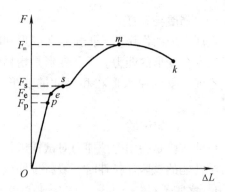

图 2-3　退火低碳钢的力-伸长曲线

当拉伸力不断增加并超过 F_e 时，试样将产生塑性变形，去除拉伸力后，变形不能完全回复，塑性伸长将被保留下来。当拉伸力继续增加到 F_s 时，力-伸长曲线在点 s 后出现一个平台，即在拉伸力不再增加的情况下，试样也会明显伸长，这种现象称为屈服现象。拉伸力 F_s 称为屈服拉伸力。

当拉伸力超过屈服拉伸力后，试样抵抗变形的能力将会增加，此现象称为冷变形强化，即变形抗力增加现象。在力-伸长曲线上表现为一段上升曲线 sm，即随着塑性变形的增大，试样变形抗力逐渐增大。

当拉伸力达到 F_m 时，试样的局部截面开始收缩，产生了缩颈现象。由于缩颈使试样局部截面迅速缩小，单位面积上的拉伸力增大，使变形更集中于缩颈区，最后变形延续到点 k 时试样被拉断。缩颈现象在力-伸长曲线上表现为一段下降的曲线 mk。F_m 是试样拉断前能承受的最大拉伸力，称为极限拉伸力。

从完整的拉伸试验和力-伸长曲线可以看出，试样从开始拉伸到断裂要经过弹性变形阶段、屈服阶段、变形强化阶段、缩颈与断裂四个阶段。

（三）强度指标

金属材料抵抗拉伸力的强度指标主要有屈服强度（R_{eH} 和 R_{eL}）、规定塑性延伸强度 R_p 和抗拉强度 R_m 等。

1. 屈服强度和规定塑性延伸强度

屈服强度是指试样在拉伸试验过程中力不增加（保持恒定）仍然能继续伸长（变形）时的应力。屈服强度包括上屈服强度 R_{eH} 和下屈服强度 R_{eL}。

工业上使用的部分金属材料，如高碳钢、铸铁等，在进行拉伸试验时，没有明显的屈服现象，也不会产生缩颈现象，这就需要规定一个相当于屈服强度的强度指标，即规定塑性延伸强度。

规定塑性延伸强度是指试样塑性延伸率等于规定的引伸计标距 L_e 百分率时对应的应力，用符号 R 并加下角标"p 和规定塑性延伸率"表示。例如：国家标准规定 $R_{p0.2}$ 表示规定塑性延伸率为 0.2% 时的应力。

金属零件及其结构件在工作过程中一般不允许产生塑性变形，因此，设计零件和结构件时，屈服强度是工程技术上重要的力学性能指标之一，也是大多数机械零件和结构件选材和设计的依据。

2. 抗拉强度

抗拉强度是指拉伸试样拉断前承受的最大标称拉应力。抗拉强度用符号 R_m 表示，单位为 N/mm^2 或 MPa。R_m 可用下式计算，即

$$R_m = F_m / S_o$$

式中　F_m——拉伸试样承受的最大载荷（N）；

　　　S_o——拉伸试样原始横截面积（mm^2）。

R_m 是表征金属材料由均匀塑性变形向局部集中塑性变形过渡的临界值，也是表征金属材料在静拉伸条件下的最大承载能力。对于塑性金属材料来说，拉伸试样在承受最大拉应力 R_m 之前，变形是均匀一致的。但超过 R_m 后，金属材料开始出现缩颈现象，即产生集中变形。

另外，比值 R_{eH}（或 R_{eL}）/R_m 称为屈强比，是一个重要的指标。比值越大，越能发挥材料的潜力，减少工程结构的自重。但为了使用安全，比值也不宜过大，一般合理的比值

为0.65~0.75。

3. 刚度

材料在受力时抵抗弹性变形的能力称为刚度。它表示材料弹性变形的难易程度。材料刚度的大小一般用弹性模量 E 和切变模量 G 来评价。

材料在弹性范围内，内应力与应变的关系服从胡克定律，即

$$\sigma = E\varepsilon \text{ 或 } \tau = G\gamma$$

式中　σ、τ——正应力和切应力；

　　　ε、γ——正应变和切应变。

从图2-3中可以看出，弹性模量 E 是拉伸曲线上的斜率，即拉伸曲线斜率越大，弹性模量 E 也越大，说明弹性变形越不容易进行。因此，E 和 G 是表示材料抵抗弹性变形能力和衡量材料"刚度"的指标。弹性模量越大，材料的刚度越大，即具有特定外形尺寸的零件或构件保持其原有形状与尺寸的能力越大。

在设计机械零件时，如果要求零件刚度大，应选用具有较高弹性模量的材料。一般来说，钢铁材料的弹性模量较大。例如：车床主轴应有足够的刚度，如果主轴刚度不足，车刀进给量大时，车床主轴的弹性变形就会变大，从而影响零件的加工精度。

对于在弹性范围内要求对能量有较大吸收能力的零件（如仪表弹簧等），可以选择软弹簧材料（如铍青铜、磷青铜等）制造，使其具有较高的弹性和低的弹性模量。

常见金属材料的弹性模量和切变模量见表2-1。

表2-1　常见金属材料的弹性模量和切变模量

金属材料名称	弹性模量 E/MPa	切变模量 G/MPa
铁	214000	84000
镍	210000	84000
钛	118010	44670
铝	72000	27000
铜	132400	49270

（四）塑性指标

金属材料的塑性可以用拉伸试样断裂时的最大相对变形量来表示，如拉伸后的断后伸长率和断面收缩率，它们是工程上广泛使用的表征材料塑性大小的主要力学性能指标。

1. 断后伸长率

拉伸试样在进行拉伸试验时，在力的作用下产生塑性变形，原始拉伸试样中的标距会不断伸长，如图2-1所示。拉伸试样拉断后的标距伸长量与原始标距的百分比称为断后伸长率，用符号 A 表示。A 可用下式计算，即

$$A = (L_u - L_o)/L_o \times 100\%$$

式中　L_u——拉断的拉伸试样对接后测出的标距长度（mm）；

　　　L_o——拉伸试样原始标距长度（mm）。

对于圆形横截面比例试样，由于拉伸试样分为长拉伸试样和短拉伸试样，使用长拉伸试样测定的断后伸长率用符号 $A_{11.3}$ 表示；使用短拉伸试样测定的断后伸长率用符号 A 表示。对

于同一种金属材料，断后伸长率 $A_{11.3}$ 和 A 的数值是不相等的，因而不能直接用 A 与 $A_{11.3}$ 进行比较。一般短拉伸试样的 A 值略大于长拉伸试样的 $A_{11.3}$。

2. 断面收缩率

断面收缩率是指拉伸试样拉断后缩颈处横截面积的最大缩减量与原始横截面积的百分比。断面收缩率用符号 Z 表示。Z 值可用下式计算，即

$$Z = (S_o - S_u)/S_o \times 100\%$$

式中 S_o——拉伸试样原始横截面积（mm^2）；

S_u——拉伸试样断口处的最小横截面积（mm^2）。

金属材料的塑性大小，对零件的加工和使用具有重要的实际意义。塑性好的金属材料不仅能顺利地进行锻压、轧制等成形工艺，而且在使用时若发生超载，由于塑性变形，就能避免突然断裂。所以，大多数机械零件除要求具有较高的强度外，还必须有一定的塑性。对于铸铁、陶瓷等脆性材料，由于塑性较低，拉伸时几乎不产生明显的塑性变形，超载时会突然断裂，在使用过程中必须注意。

目前金属材料室温拉伸试验方法采用标准 GB/T 228.1—2010《金属材料 拉伸试验 第1部分：室温试验方法》，由于原有的金属材料力学性能数据是采用旧标准进行测定和标注的，所以，原有旧标准数据仍然沿用。

二、硬度

硬度是衡量金属材料软硬程度的一种性能指标，也是指金属材料抵抗局部变形，特别是抵抗塑性变形、压痕或划痕形成的能力。

硬度测定方法有压入法、划痕法、回弹高度法等，其中压入法的应用最为普遍，即在规定的静态试验力作用下，将一定的压头压入金属材料表面层，然后根据压痕的面积大小或深度大小测定其硬度值，这种硬度评定方法又称为压痕硬度。在压入法中，根据载荷、压头和表示方法的不同，常用的硬度测定方法有布氏硬度（HBW）、洛氏硬度（HRA、HRBW、HRC 等）和维氏硬度（HV）。

（一）布氏硬度

布氏硬度的试验原理是用一定直径的碳化钨合金球，以相应的试验力压入试样表面，经规定的保持时间后卸除试验力，测量试样表面压痕的直径 d，然后根据压痕直径 d 计算其硬度值，如图 2-4 所示。布氏硬度值是用球面压痕单位表面积上所承受的平均压力表示的。目前，金属布氏硬度试验方法执行标准 GB/T 231.1—2018《金属材料 布氏硬度试验 第 1 部分：试验方法》，用符号 HBW 表示。标准规定的布氏硬度试验范围上限为 650HBW。布氏硬度值可用

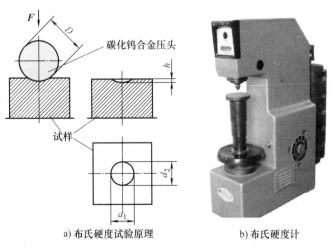

a) 布氏硬度试验原理　　b) 布氏硬度计

图 2-4　布氏硬度试验原理及布氏硬度计

下列公式进行计算，即

$$HBW = 0.102 \times \frac{2F}{\pi D(D - \sqrt{D^2 - d^2})}$$

式中　　F——试验力（N）；

　　　　D——压头直径（mm）；

　　　　d——压痕平均直径（mm）。

式中只有 d 是变数，因此，试验时只要测量出压痕平均直径 d，即可通过计算或查布氏硬度表（GB/T 231.4—2009）得出 HBW 值。布氏硬度计算值一般都不标出单位，只写明硬度的数值。

由于金属材料有硬有软，工件有厚有薄，在进行布氏硬度试验时，压头直径 D（有 10mm、5mm、2.5mm 和 1mm 四种）、试验力和保持时间应根据被测金属种类和厚度正确地进行选择。

在进行布氏硬度试验时，试验力的选择应保证压痕直径在 $(0.24 \sim 0.6)D$ 之间。试验力 F 与压头直径 D 平方的比值，即 $0.102F/D^2$，应为 30N/mm²、15N/mm²、10N/mm²、5N/mm²、2.5N/mm²、1N/mm² 之间的某一个，而且应根据被检测金属材料及其硬度值合理选择。

布氏硬度的标注方法是：测定的硬度值应标注在硬度符号"HBW"的前面。除了保持时间为 10~15s 的试验条件外，在其他条件下测得的硬度值，均应在硬度符号"HBW"的后面用相应的数字注明压头直径、试验力大小和试验力保持时间。

例如：250HBW10/1000/30，表示用直径 $D = 10mm$ 的碳化钨合金球，在 1000kgf（9.807kN）的试验力作用下，保持 30s 时测得的布氏硬度值是 250；再如 450HBW5/750，表示用直径 $D = 5mm$ 的碳化钨合金球，在 750kgf（7.355kN）的试验力作用下，保持 10~15s 时测得的布氏硬度值是 450。一般试验力保持时间为 10~15s 时不标明。

布氏硬度试验的特点是：试验时金属材料表面压痕大，能在较大范围内反映被测金属材料的平均硬度，测得的硬度值比较准确，数据重复性好。但由于压痕较大，对金属材料表面的损伤也较大，不宜测定太小或太薄的试样。通常布氏硬度适合于测定非铁金属、灰铸铁、可锻铸铁、球墨铸铁及经退火、正火、调质处理后的各类钢材。

（二）洛氏硬度

根据 GB/T 230.1—2018《金属材料　洛氏硬度试验　第 1 部分：试验方法》，洛氏硬度试验原理是将锥角为 120° 的金刚石圆锥压头或直径为 1.5875mm 或 3.175mm 的碳化钨合金球压头压入试样表面（图 2-5），试验时先加初试验

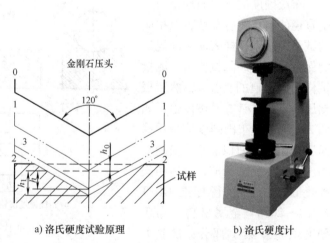

a) 洛氏硬度试验原理　　　　b) 洛氏硬度计

图 2-5　洛氏硬度试验原理及洛氏硬度计

力，然后加主试验力，压入试样表面之后去除主试验力，在保持初试验力时，根据试样残余压痕深度来衡量试样的硬度高低。硬度高的金属材料，其残余压痕深度小。

在图 2-5a 中，0-0 位置为金刚石压头还没有与试样接触时的原始位置。当加上初试验力 F_0 后，压头压入试样中，深度为 h_0，处于 1-1 位置。再加主试验力 F_1，使压头又压入试样的深度为 h_1，即图 2-5a 中 2-2 位置。然后去除主试验力，保持初试验力，压头因金属材料的弹性恢复到图 2-5a 所示 3-3 位置。图 2-5a 中所示 h 值，称为残余压痕深度。根据 h 值、常数 N（全量程常数）和 S（标尺常数），可用下式计算洛氏硬度值，即

$$HR = N - (h/S)$$

为了适应不同材料的硬度测定需要，洛氏硬度计采用不同的压头和载荷来对应不同的硬度标尺。根据 GB/T 230.1—2018 的规定，每种标尺由一个专用字母表示，标注在符号"HR"后面，如 HRA、HRBW、HRC 等（表 2-2）。不同标尺的洛氏硬度值，彼此之间没有直接的换算关系。测定的硬度数值写在符号"HR"的前面，符号"HR"后面写使用的标尺，如 60HRC 表示用"C"标尺测定的洛氏硬度值是 60。

洛氏硬度试验是生产中广泛应用的一种硬度试验方法，其特点是：硬度试验压痕小，对试样表面损伤小，常用来直接检验成品或半成品的硬度，尤其是经过淬火处理的零件，常采用洛氏硬度计进行测试；试验操作简便，可以直接从试验机上显示出硬度值，省去了烦琐的测量、计算和查表等工作。但是，由于压痕小，洛氏硬度值的准确性不如布氏硬度，数据重复性较差。因此，在测试洛氏硬度时，要测取至少三个不同位置的硬度值，然后再计算这三点硬度的平均值作为被测金属材料的硬度值。

表 2-2　常用洛氏硬度的试验条件、硬度测试范围和应用举例

硬度符号	压头类型	总试验力 F	硬度测试范围	应用举例
HRA	120°金刚石圆锥	588.4N/60kgf	20~95HRA	硬质合金、碳化物、浅层表面硬化钢
HRBW	ϕ1.5875mm 球	980.7N/100kgf	10~100HRBW	非铁金属、铸铁、经退火或正火的钢
HRC	120°金刚石圆锥	1471.0N/150kgf	20~70HRC	淬火钢、调质钢、深层表面硬化钢

【拓展知识】　　　　　　　　莫氏硬度

莫氏硬度是测量矿物硬度的一种标准，1812 年由德国矿物学家莫斯（Frederich Mohs）首先提出。该标准由常见的 10 种矿物组成，即滑石、石膏、方解石、氟石、磷灰石、正长石、石英、黄玉、刚玉和金刚石，依次规定其硬度为 1~10。鉴定时，在未知矿物上选一个平滑面，用上述矿物中的一种在选好的平滑面上用力刻画，如果在平滑面上留下刻痕，则表示该未知矿物的硬度小于已知矿物的硬度。莫氏硬度也用于表示其他固体物质的硬度。

（三）维氏硬度

布氏硬度试验不适合测定硬度较高的金属材料。洛氏硬度试验虽可用来测定各种金属材料的硬度，但由于采用了不同的压头、总试验力和标尺，其硬度值之间彼此没有联系，也不能直接互相换算。为了从软到硬对各种金属材料进行连续性的硬度标定，人们制定了维氏硬度试验法。

维氏硬度的测定原理与布氏硬度基本相似，如图 2-6 所示。以面夹角为 136°的正四棱锥体金刚石为压头，试验时，在规定的试验力 F（49.03~980.7N）作用下，压头压入试样表面，经

规定保持时间后卸除试验力，则在试样表面上压出一个正四棱锥形的压痕，测量压痕两对角线 d 的平均长度，可计算出其硬度值。维氏硬度是用正四棱锥形压痕单位表面积上承受的平均压力表示的硬度值，用符号"HV"表示，其计算式为

$$HV = 0.1891F/d^2$$

式中　F——试验力（N）；

　　　d——压痕两条对角线长度的算术平均值（mm）。

试验时，用测微计测出压痕的对角线长度，算出两对角线长度的平均值后，查相关标准（GB/T 4340.4—2009）中的附表即可得出维氏硬度值。

维氏硬度的测量范围为 5~1000HV。标注方法与布氏硬度相同。硬度数值写在符号"HV"的前面，试验条件写在符号"HV"的后面。对于钢和铸铁，如果试验力保持时间为10~15s，则可以不标出。

例如：600HV30 表示用 30kgf（294.2N）的试验力，保持 10~15s 时测定的维氏硬度值是 600；再如 600HV30/20 表示用 30kgf（294.2N）的试验力，保持 20s 时测定的维氏硬度值是 600。

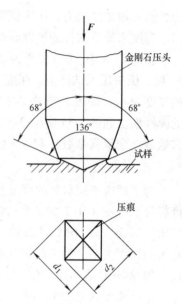

图 2-6　维氏硬度试验原理图

维氏硬度适用范围宽，从软材料到硬材料都可以进行测量，尤其适用于零件表面层硬度的测量，如测量经化学热处理零件的渗层硬度，其测量结果精确可靠。但测取维氏硬度值时，需要测量压痕对角线的长度，然后查表或计算；另外，进行维氏硬度测试时，对试样表面的质量要求高，测量效率较低，因此，维氏硬度没有洛氏硬度使用方便。

（四）硬度试验的应用

硬度试验和拉伸试验都是在静载荷下测定金属材料力学性能的方法。硬度试验时，由于基本上不损伤试样，试验简便迅速，不需要制作专门试样，而且可直接在工件上进行测试，因此，在生产中得到广泛应用。而拉伸试验虽能准确地测出金属材料的强度和塑性，但它属于破坏性试验。同时，硬度是一项综合力学性能指标，通过金属材料表面的局部压痕也可以反映出其强度和塑性。因此，在零件图上常常标注出各种硬度指标，作为零件检验和验收的主要依据之一。硬度值的高低，对于机械零件的耐磨性也有直接影响，零件的硬度值越高，其耐磨性也越好。

【拓展知识】

肖氏硬度

肖氏硬度是由英国人肖尔（Albert F. Shore）首先提出的。它也是表示材料硬度的一种标准，其原理是应用弹性回跳法使撞销从一定高度落到试样的表面上而发生回跳，用测得的撞销回跳的高度来表示硬度。撞销是一个具有尖端的小锥，尖端上常镶有金刚钻。肖氏硬度计是一种轻便的手提式仪器，结构简单，便于操作，测试效率高，便于现场测试，主要用于测定钢铁材料和非铁金属的肖氏硬度值，特别适用于冶金、重型机械行业中的中、大型工件，如大型构件、铸件、锻件、曲轴、轧辊、特大型齿轮、机床导轨等。但肖氏硬度不适于测量较薄和较小的试样。

三、韧性

（一）冲击试验

强度、塑性、硬度等力学性能指标是在静载荷作用下测定的。但有一部分零件是在冲击载荷作用下工作的，如锻锤的锤杆、压力机的冲头等，这些零件除要求具备足够的强度、塑性、硬度外，还应有足够的韧性。韧性是金属材料在断裂前吸收变形能量的能力。冲击载荷的破坏性比静载荷大得多，因此，需要对金属材料制定冲击载荷下的性能指标。金属材料的韧性大小通常采用吸收能量 K（单位为 J）来衡量，而测定金属材料的吸收能量，通常采用夏比摆锤冲击试验方法。

1. 夏比摆锤冲击试样

夏比摆锤冲击试样有 V 型缺口试样和 U 型缺口试样两种，如图 2-7 所示。带 V 型缺口的试样，称为夏比 V 型缺口试样；带 U 型缺口的试样，称为夏比 U 型缺口试样。夏比摆锤冲击试样要根据国家标准 GB/T 229—2007《金属材料　夏比摆锤冲击试验方法》制作。

在试样上开缺口的目的是：在缺口附近造成应力集中，使塑性变形局限在缺口附近，并保证在缺口处发生破断，以便正确测定金属材料承受冲击载荷的能力。同一种金属材料的试样缺口越深、越尖锐，吸收能量越小，金属材料表现脆性越显著。V 型缺口试样比 U 型缺口试样更容易冲断，因而其吸收能量较小。因此，不同类型的冲击试样，测出的吸收能量不能直接比较。

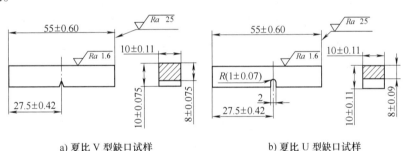

a) 夏比 V 型缺口试样　　　　　　　　b) 夏比 U 型缺口试样

图 2-7　夏比摆锤冲击试样

2. 夏比摆锤冲击试验方法

夏比摆锤冲击试验方法是在摆锤式冲击试验机上进行的。试验时，将带有缺口的标准试样安放在试验机的机架上，使试样的缺口位于两支座中间，并背向摆锤的冲击方向，如图 2-8 所示。将一定质量的摆锤升高到规定高度 h_1，则摆锤具有势能 E_{pV1}（V 型缺口试样）或 E_{pU1}（U 型缺口试样），当摆锤落下将试样冲断后，摆锤继续向前升高到 h_2，此时摆锤的剩余势能为 E_{pV2} 或 E_{pU2}，则摆锤冲断试样过程中所失去的势能就等于冲击试样的吸收能量 K，计算公式为

V 型缺口试样：KV_2 或 $KV_8 = E_{pV1} - E_{pV2}$

U 型缺口试样：KU_2 或 $KU_8 = E_{pU1} - E_{pU2}$

式中　KV_2、KU_2——用刀刃半径是 2mm 的摆锤测定的吸收能量（J）；

　　　KV_8、KU_8——用刀刃半径是 8mm 的摆锤测定的吸收能量（J）。

吸收能量 KV_2 或 KV_8（KU_2 或 KU_8）可以从试验机的刻度盘上直接读出。它是表征金属材料韧性的重要指标。显然，吸收能量越大，表示金属材料抵抗冲击试验力而不破坏的能力

越强。

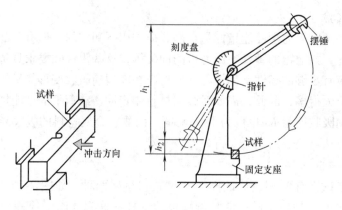

图 2-8　夏比摆锤冲击试验原理

吸收能量 K 对组织缺陷非常敏感，它可灵敏地反映出金属材料的质量、宏观缺口和显微组织的差异，能有效地检验金属材料在冶炼、成形加工、热处理工艺等方面的质量。此外，吸收能量对温度非常敏感，通过一系列温度下的冲击试验可测出金属材料的脆化趋势和韧脆转变温度。

3. 吸收能量 K 与温度 T 之间的关系

金属材料的吸收能量与试验温度有关。有些金属材料在室温时并不显示脆性，但在较低温度下，则可能发生脆断。金属材料的吸收能量 K 与温度 T 之间的关系曲线一般包括高吸收能区、过渡区和低吸收能区三部分，如图 2-9 所示。

在进行不同温度的一系列冲击试验时，随试验温度的降低，吸收能量总的变化趋势是降低的。当温度降至某一数值时，吸收能量急剧下降，金属材料由韧性断裂变为脆性断裂，这种现象称为冷脆转变。金属材料在一系列不同温度的冲击试验中，吸收能量急剧变化或断口韧性急剧转变的温度区域，称为韧脆转变温度。韧脆转变温度是衡量金属材料冷脆倾向的指标。金属材料的韧脆转变温度越低，说明金属材料的低温抗冲击性越好。非合金钢的韧脆转变温度约为 $-20℃$ ，因此，在较寒冷（低于 $-20℃$ ）地区使用非合金钢制造的构件时，如

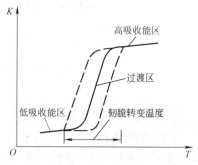

图 2-9　吸收能量与温度的关系曲线

车辆、桥梁、输运管道、电力铁塔等，在冬天易发生脆断现象。因此，在选择金属材料时，一定要考虑其工作条件的最低温度必须高于金属材料的韧脆转变温度。

（二）多次冲击弯曲试验

金属材料在实际服役过程中，经过一次冲击断裂的情况很少。许多金属材料或零件的服役条件是经受小能量多次冲击。由于在一次冲击条件下测得的冲击吸收能量不能完全反映这些零件或金属材料的性能指标，因此，材料专家提出了小能量多次冲击试验。

金属材料在多次冲击下的破坏过程是由裂纹产生、裂纹扩张和瞬时断裂三个阶段组成的。其破坏是每次冲击损伤累积发展的结果，不同于一次冲击的破坏过程。

多次冲击弯曲试验如图 2-10 所示。试验时，将试样放在试验机支座上，使试样受到试验机锤头的小能量多次冲击，测定被测金属材料在一定冲击能量下开始出现裂纹和最后破裂的冲击次数，并以此作为多次冲击抗力指标。

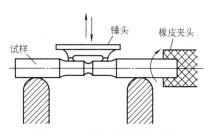

图 2-10　多次冲击弯曲试验

可以说，多次冲击弯曲试验在一定程度上可以模拟零件的实际服役过程，为零件设计和选材提供了理论依据，也为估计零件的使用寿命提供了依据。

研究结果表明：金属材料抗多次冲击的能力取决于其强度和塑性两项指标，而且随着冲击能量大小的不同，金属材料的强度和塑性的作用也是不同的。在小能量多次冲击条件下，金属材料抗多次冲击的能力主要取决于金属材料强度的高低；在大能量多次冲击条件下，金属材料抗多次冲击的能力主要取决于金属材料塑性的高低。

四、疲劳

1. 疲劳现象

许多机械零件，如轴、齿轮、弹簧等是在循环应力和循环应变作用下工作的。循环应力和循环应变是指应力或应变的大小、方向都随时间发生周期性变化。常见的循环应力是对称循环应力，其最大值 σ_{max} 和最小值 σ_{min} 的绝对值相等，即 $\sigma_{max}/\sigma_{min} = -1$，如图 2-11 所示。在日常生活和生产中，许多零件工作时承受的实际应力值通常低于所选金属材料的屈服强度或规定塑性延伸强度，但是零件在这种循环应力作用下，经过一定时间的工作后会发生突然断裂，这种现象称为金属的疲劳。

金属疲劳断裂与其在静载荷作用下的断裂情况不同。金属在疲劳断裂时不产生明显的塑性变形，断裂是突然发生的，因此，疲劳断裂具有很大的危险性，常常造成严重事故。据统计，在损坏的机械零件中，80%以上是因疲劳造成的。因此，研究疲劳现象对于正确使用金属材料，合理设计机械构件具有重要意义。

研究表明，疲劳断裂首先在零件的应力集中局部区域产生，先形成微小的裂纹核心，即微裂源。随后在循环应力作用下，微裂源不断扩展长大。由于微裂源不断扩展，使零件的有效工作面逐渐减小，因此，零件所受应力不断增加，当应力超过金属材料的断裂强度时，则突然发生疲劳断裂，形成最后断裂区。因此，金属材料疲劳断裂的断口一般由微裂源、扩展区和瞬断区组成，如图 2-12 所示。

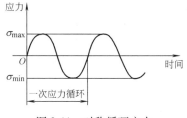

图 2-11　对称循环应力

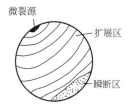

图 2-12　疲劳断口示意图

【课堂小试验】有一根 $\phi6mm$ 的细铁丝，不使用任何剪断工具，仅仅依靠双手，如何将细铁丝弄断？此试验过程与疲劳现象有联系吗？

2. 疲劳强度

金属材料在循环应力作用下能经受无限多次循环而不断裂的最大应力值称为金属材料的疲劳强度。即金属材料在循环应力作用下的循环次数 N 无穷大时所对应的最大应力值，称为疲劳强度。在工程实践中，一般需要知道对应于指定循环基数下的中值疲劳强度。对于钢铁材料，其循环基数为 10^7；对于非铁金属，其循环基数为 10^8。在对称循环应力作用下，其疲劳强度用符号 σ_{-1} 表示。许多试验结果表明：金属材料的疲劳强度随着抗拉强度的提高而提高。对于结构钢，当 $R_m \leq 1400MPa$ 时，其疲劳强度 σ_{-1} 约为抗拉强度的 1/2。

疲劳断裂是在循环应力作用下，经一定循环次数后发生的。金属材料在承受一定循环应力 S 的条件下，其断裂时对应的循环次数 N 可以用曲线来描述，这种曲线称为 S-N 曲线，如图 2-13 所示。

由于大部分机械零件的损坏是由疲劳造成的，因此，消除或减少疲劳失效，对于提高零件的使用寿命有着重要意义。疲劳破坏一般是由于金属材料内部的气孔、疏松、夹杂及表面划痕、缺口等引起的应力集中造成的，在应力集中的局部区

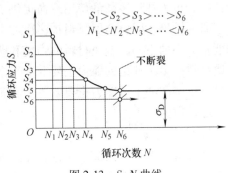

图 2-13 S-N 曲线

域容易产生微裂源。因此，设计零件时，除在结构上注意减轻零件的应力集中现象外，改善零件的表面粗糙度，也可减少缺口效应，提高其疲劳强度。例如：采用表面处理，如高频感应淬火、表面形变强化（如喷丸、滚压、内孔挤压等）、化学热处理（如渗碳、渗氮、碳氮共渗）及各种表面复合强化工艺等，都可改变零件表层的残余应力状态，从而提高零件的疲劳强度。

第二节　金属的物理性能、化学性能和工艺性能

一、金属的物理性能

金属的物理性能是指金属在重力、电磁场、热力（温度）等物理因素作用下，所表现出的性能或固有的属性。主要包括密度、熔点、导热性、导电性、热膨胀性和磁性等。

1. 密度

金属的密度是指单位体积金属的质量。密度是金属材料的特性之一。不同金属材料的密度是不同的。体积相同时，金属材料的密度越大，其质量（重量）也越大。金属材料的密度直接关系到由它所制造设备的自重，如发动机要求自重轻和惯性小的活塞，常采用密度小的铝合金制造。在航空工业领域，密度是选材的性能指标之一。常用金属材料的密度见表 2-3。一般将密度小于 $5\times10^3 kg/m^3$ 的金属称为轻金属，密度大于 $5\times10^3 kg/m^3$ 的金属称为重金属。

2. 熔点

金属和合金从固态向液态转变时的温度称为熔点。纯金属有固定的熔点。合金的熔点取决于其化学成分，如钢和生铁虽然都是铁和碳的合金，但由于其碳的质量分数不同，其熔点也不同。熔点对于金属和合金的冶炼、铸造、焊接是重要的工艺参数。熔点高的金属称为难

熔金属（如钨、钼、钒等），可以用来制造耐高温零件，它们在火箭、导弹、燃气轮机和喷气飞机等方面得到了广泛应用。熔点低的金属称为易熔金属（如锡、铅等），可以用来制造印刷铅字（铅与锑的合金）、熔体（铅、锡、铋、镉的合金）和防火安全阀等零件。常用金属的熔点见表2-3。

表2-3　常用金属的物理性能

金属名称	元素符号	密度(20℃)ρ/(g/cm^3)	熔点/℃	热导率 λ/$[W/(m \cdot K)]$	线胀系数(0~100℃)α_l/$(10^{-6}℃)$	电阻率ρ(0℃)/$10^{-8}\Omega \cdot m$
银	Ag	10.49	960.8	418.6	19.7	1.5
铝	Al	2.698	660.1	221.9	23.6	2.655
铜	Cu	8.96	1083	393.5	17.0	1.67~1.68(20℃)
铬	Cr	7.19	1903	67	6.2	12.9
铁	Fe	7.84	1538	75.4	11.76	9.7
镁	Mg	1.74	650	153.7	24.3	4.47
锰	Mn	7.43	1244	4.98 (-192℃)	37	185 (20℃)
镍	Ni	8.90	1453	92.1	13.4	6.84
钛	Ti	4.508	1677	15.1	8.2	42.1~47.8
锡	Sn	7.298	231.91	62.8	2.3	11.5
钨	W	19.3	3380	166.2	4.6 (20℃)	5.1

3. 导热性

金属传导热量的能力称为导热性。金属导热能力的大小常用热导率（也称为导热系数）λ表示。金属材料的热导率越大，说明其导热性越好。一般来说，纯金属的导热能力比合金好。金属的导热能力以银为最好，铜、铝次之。常用金属的热导率见表2-3。

导热性好的金属其散热性也较好，如在制造散热器、热交换器与活塞等零件时，就要注意选用导热性好的金属。在制订焊接、铸造、锻造和热处理工艺时，也必须考虑材料的导热性，以防止金属材料在加热或冷却过程中形成较大的内应力，避免金属材料发生变形或开裂。

4. 导电性

金属能够传导电流的性能称为导电性。金属导电性的好坏，常用电阻率ρ表示，单位是$\Omega \cdot m$。金属的电阻率越小，其导电性越好。导电性与导热性一样，是随合金化学成分的复杂化而降低的，因而纯金属的导电性总比合金好。工业上常用纯铜、纯铝做导电材料，而用导电性差的铜合金（如康铜）和铁铬铝合金制作电热元件。常用金属的电阻率见表2-3。

5. 热膨胀性

金属材料随着温度变化而膨胀、收缩的特性称为热膨胀性。一般来说，金属材料受热时膨胀，体积增大，冷却时收缩，体积缩小。金属材料热膨胀性的大小用线胀系数α_l和体胀系数α_V来表示。体胀系数近似为线胀系数的3倍。常用金属材料的线胀系数见表2-3。在实际工作中考虑热膨胀性的地方颇多，如铺设钢轨时，在两根钢轨衔接处应留有一定的空隙，以使钢轨在长度方向有膨胀的余地；轴与轴瓦之间要根据膨胀系数来控制其间隙尺寸；在制订焊接、热处理、铸造等工艺时也必须考虑材料的热膨胀影响，以减少工件的变形与开裂；测量工件的尺寸时也要注意热膨胀因素，以减少测量误差。

6. 磁性

金属材料在磁场中被磁化而呈现磁性强弱的性能称为磁性。根据在磁场中受到磁化程度的不同，金属材料可分为铁磁性材料和非铁磁性材料。铁磁性材料可以被磁铁吸引，是指在外加磁场中能被磁化到很大程度的金属材料，如铁、镍、钴等。非铁磁性材料不能被磁铁吸引，是指在外加磁场中能够抗拒或减弱外加磁场磁化作用的金属材料，如金、银、铜、铅、锌等。

铁及其合金（包括钢与铸铁）是常见的铁磁性材料，主要用于制造变压器、电动机、测量仪表等；非铁磁性材料则可用于制作要求避免电磁场干扰的零件和构件。

二、金属的化学性能

金属的化学性能是指金属在室温或高温时抵抗各种化学介质作用所表现出来的性能，包括耐蚀性、抗氧化性和化学稳定性等。

1. 耐蚀性

金属材料在常温下抵抗氧、水及其他化学介质腐蚀破坏作用的能力，称为耐蚀性。金属材料的耐蚀性是一个重要的性能指标，尤其对于在腐蚀介质（如酸、碱、盐、有毒气体等）中工作的零件，其腐蚀现象比在空气中更为严重，因此，制造这些零件时，应合理选用耐蚀性能好的金属材料。

2. 抗氧化性

金属材料在加热时抵抗氧化作用的能力，称为抗氧化性。金属材料的氧化随温度升高而加速，例如：钢材在铸造、锻造、热处理、焊接等热加工作业时，氧化比较严重。氧化不仅造成材料过量的损耗，也会形成各种缺陷，为此应采取措施，避免金属材料发生氧化。

3. 化学稳定性

化学稳定性是金属材料的耐蚀性与抗氧化性的总称。金属材料在高温下的化学稳定性称为热稳定性。在高温条件下工作的设备（如锅炉、加热设备、汽轮机、喷气发动机等）上的部件需要选择热稳定性好的材料来制造。

三、金属的工艺性能

工艺性能是指金属材料在制造机械零件和工具的过程中，适应各种冷加工和热加工的性能。工艺性能也是指金属材料采用某种加工方法制成成品的难易程度。它包括铸造性能、锻造性能、焊接性能、热处理性能及切削加工性能等，如某种金属材料如果采用焊接方法容易得到合格的焊件，就说明该金属材料的焊接性能好。工艺性能直接影响零件的加工质量、生产率和生产成本等，同时也是选择金属材料时必须考虑的因素之一。

1. 铸造性能

金属材料在铸造成形过程中获得外形准确、内部健全铸件的能力称为铸造性能。铸造性能包括流动性、充型能力、吸气性、收缩性和偏析等。在金属材料中灰铸铁和青铜的铸造性能较好。

2. 锻造性能

金属材料利用锻压加工方法成形的难易程度称为锻造性能。锻造性能的好坏主要与金属材料的塑性和变形抗力有关。金属材料塑性越好，其变形抗力越小，则金属材料的锻造性能越好。例如：加工黄铜和变形铝合金在室温状态下就具有良好的锻造性能；非合金钢在加热状态下的锻造性能较好；而铸铜、铸铝、铸铁等几乎不能锻造。

3. 焊接性能

焊接性能是指材料在限定的施工条件下焊接成按规定设计要求的构件，并满足预定服役要求的能力。焊接性能好的金属材料可以获得没有裂纹、气孔等缺陷的焊缝，并且焊接接头具有良好的力学性能。低碳钢具有良好的焊接性能，而高碳钢、不锈钢、铸铁的焊接性能则较差。

4. 切削加工性能

切削加工性能是指金属材料在切削加工时的难易程度。切削加工性能好的金属材料对刀具的磨损小，可以选用较大的切削用量，加工表面也比较光洁。切削加工性能与金属材料的硬度、导热性、冷变形强化等因素有关。被加工金属材料的硬度为 170~260HBW 时，比较容易切削加工。铸铁、铜合金、铝合金及非合金钢都具有较好的切削加工性能，而高合金钢的切削加工性能则相对较差。

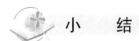 小　结

本章主要介绍金属材料各种性能指标的分类、含义、使用范围等内容。学习要求：第一，要准确理解有关名词的定义和范围；第二，要学会利用掌握的知识对日常生活中的现象进行分析和思考，试一试能否用学到的理论知识对遇到的实际问题或现象进行科学的解释，如零件的疲劳断裂，在日常生活和工作中会经常遇到，如果我们能够细心地观察和分析日常生活和工作中的疲劳现象，做到理论联系实际，就一定会加深对疲劳现象的认识和理解；第三，金属材料及热处理课程内容博杂，涉及的知识面广，为了巩固所学知识，要学会对所学的知识进行分类、归纳和整理，提高学习效率，整理的方法很多，如列表法、层次罗列法、思维导图等；第四，要牢固掌握重点内容，本章的重点是金属材料的力学性能部分；第五，金属材料及热处理课程的许多理论知识带有很强的实践性，在学习时要尽量将自己的感性认识与教学内容相联系，帮助理解和认识。

──────── 复习与思考 ────────

一、名词解释

1. 金属的力学性能　2. 强度　3. 屈服强度　4. 抗拉强度　5. 断后伸长率　6. 塑性 7. 硬度　8. 韧性　9. 疲劳　10. 金属的物理性能　11. 磁性　12. 金属的化学性能　13. 金属的工艺性能

二、填空题

1. 金属材料的性能包括_____性能和_____性能。

2. 金属材料的使用性能包括_____性能、_____性能和_____性能。

3. 金属材料的力学性能指标主要有_____、刚度、_____、_____、韧性和疲劳强度等。

4. 圆形横截面比例拉伸试样分为_____拉伸试样和_____拉伸试样两种，一般工程上采用_____拉伸试样。

5. 常用的硬度测试方法有_____氏硬度（HBW）、_____氏硬度（HRA、HRBW、HRC 等）和_____氏硬度（HV）。

6. 450HBW5/750 表示用直径为 _____ mm 的压头，压头材质为_____，在_____ kgf（_____N）压力下，保持_____s，测得的_____硬度值为_____。

7. 为了适应不同金属材料的硬度测定需要，洛氏硬度计采用不同的_____和_____对应不同的硬度标尺。每种标尺由一个_____字母表示，标注在符号"HR"后面，如HR_____、HR_____、HRC等。

8. 填出下列力学性能指标的符号：屈服强度_____、洛氏硬度A标尺_____、断后伸长率_____、断面收缩率_____、疲劳强度_____。

9. 吸收能量的符号是_____，其单位是_____。

10. 金属材料抗多次冲击的能力取决于其_____和_____两项指标，而且随着冲击能量大小的不同，金属材料的_____和_____的作用是不同的。

11. 金属材料疲劳断裂的断口一般由_____、_____和_____组成。

12. 一般将密度_____ $5 \times 10^3 kg/m^3$ 的金属称为轻金属，密度_____ $5 \times 10^3 kg/m^3$ 的金属称为重金属。

13. 铁和铜的密度较大，称为_____金属；铝的密度较小，则称为_____金属。

14. 金属热膨胀性的大小用_____胀系数 α_l 和_____胀系数 α_V 来表示。

15. 根据在磁场中受到磁化程度的不同，金属材料可分为_____材料和_____材料。

16. 铁磁性材料可以被_____吸引，是指在外加磁场中能被_____到很大程度的金属材料，如铁、镍、钴等。

17. 金属的化学性能包括_____性、_____性和_____性等。

18. 工艺性能包括_____性能、_____性能、_____性能、热处理性能及切削加工性能等。

三、单项选择题

1. 拉伸试验时，试样拉断前能承受的最大标称拉应力称为材料的_____。
   A. 屈服强度　　　　B. 抗拉强度

2. 测定淬火钢件的硬度，一般常选用_____来测试。
   A. 布氏硬度计　　　B. 洛氏硬度计

3. 金属在力的作用下，抵抗永久变形和断裂的能力称为_____。
   A. 硬度　　　　　　B. 塑性　　　　　　C. 强度

4. 进行冲击试验时，试样承受的载荷为_____。
   A. 静载荷　　　　　B. 冲击载荷　　　　C. 拉伸载荷

5. 金属材料的疲劳强度随着_____的提高而提高。
   A. 抗拉强度　　　　B. 塑性　　　　　　C. 硬度

6. 金属_____越好，其变形抗力越小，则金属的锻造性能越好。
   A. 强度　　　　　　B. 塑性　　　　　　C. 硬度

四、判断题

1. 塑性变形能随载荷的去除而消失。（　　　）

2. 当拉伸力超过屈服强度后，试样抵抗变形的能力将会增加，此现象为冷变形强化，即变形抗力增加现象。（　　　）

3. 所有金属材料在拉伸试验时都会出现显著的屈服现象。（　　　）

4. 在设计机械零件时，如果要求零件刚度大，应选用具有较高弹性模量的材料。（　　）

5. 测定金属的布氏硬度，当试验条件相同时，压痕直径越小，则金属的硬度越低。（　　）

6. 洛氏硬度值是根据压头压入被测金属材料的残余压痕深度来确定的。（　　）

7. 在大能量多次冲击条件下，金属材料抗多次冲击的能力主要取决于金属材料强度的高低。（　　）

8. 1kg 钢和 1kg 铝的体积是相同的。（　　）

9. 合金的熔点取决于它的化学成分。（　　）

10. 一般来说，纯金属的导热能力比合金好。（　　）

11. 金属的电阻率越大，导电性越好。（　　）

12. 所有的金属都具有磁性，能被磁铁所吸引。（　　）

五、简答题

1. 画出退火低碳钢的力-伸长曲线，并简述其拉伸变形包括几个阶段。

2. 有一钢试样，其原始直径是 10mm，原始标距长度是 50mm，当载荷达到 18840N 时试样产生屈服现象；载荷加至 36110N 时，试样产生缩颈现象，然后试样被拉断；拉断后试样标距长度是 73mm，断裂处直径是 6.7mm。求钢试样的 R_{eH}、R_m、A 和 Z。

3. 采用布氏硬度试验测取金属材料的硬度值有哪些优点和缺点？

六、课外调研与观察

1. 结合所学知识，如何理解"物尽其用"的含意？

2. 观察周围的工具、器皿和机械设备等，分析其制造材料的性能与使用要求的关系。

第三章
金属的晶体结构与结晶

　　金属原子的结构特点是：原子最外层的电子数很少，而且最外层的电子很容易脱离原子核的引力，成为自由电子，同时使原子成为正离子。大量金属原子聚集在一起构成固态金属时，绝大多数原子会失去其最外层电子而成为正离子。脱离原子核束缚的自由电子在正离子之间自由运动，并为整个金属原子所共有，从而形成穿梭于各原子之间的"电子云"。固态金属就是依靠正离子与"电子云"之间的静电力牢固地结合在一起的。这种共有化的"电子云"与正离子以静电引力结合起来就形成了金属键。应用金属键理论可以较好地解释固体金属的导电性、导热性和塑性等现象。

　　例如：对于导电性能，由于金属中存在大量的自由电子，在外加电场作用下，自由电子做定向流动，从而形成电流，故金属具有良好的导电性；在电阻率方面，当温度升高时，做热运动的正离子的振动频率和振幅增加，自由电子定向运动的阻力增大，所以，电阻率随着温度的升高而增大；在导热方面，各种固体是依靠其原子（分子或离子）的振动来传递热能的，而固体金属不仅依靠正离子振动传递热能，而且其自由电子也参与传递热能，因此，固态金属的导热性一般比固态非金属好；在塑性方面，固态金属在外力作用下，各部分原子发生相对移动而改变形状时，正离子与自由电子间仍然保持金属键结合而不被破坏，故固态金属显示出良好的塑性。

　　研究表明：金属材料的性能与其化学成分和内部组织结构有着密切的联系，金属材料的性能是其内部组织结构的宏观表现。即使是同一种金属材料，由于加工工艺的不同也将使金属材料具有不同的内部结构，从而使金属材料具有不同的性能。因此，研究金属材料的内部结构及其变化规律，是了解金属材料性能、正确选用材料、合理确定金属加工方法的基础。

第一节　金属晶体结构

一、晶体与非晶体

　　一切物质都是由原子组成的，根据原子排列的特征，固态物质通常可分为晶体与非晶体两类。晶体是指其组成微粒（原子、离子或分子）呈规则排列的物质，如图 3-1a 所示。晶体具有固定的熔点和凝固点、规则的几何外形和各向异性的特点，如金刚石、石墨及一般固态金属材料等均是晶体。非晶体是指其组成微粒无规则地堆积在一起的物质，如玻璃、沥青、石蜡、松香等都是非晶体。非晶体没有固定的熔点，而且性能具有各向同性。现代科技的发展，使晶体与非晶体之间变得可以转化，如人们通过快速冷却技术，制成了具有特殊性能的非晶态的金属材料。

二、金属的晶体结构及类型

（一）晶格

为了便于描述和理解晶体中原子在三维空间排列的规律性，可把晶体内部原子近似地视为刚性的质点，用一些假想的直线将各质点中心连接起来，形成一个空间格子，如图 3-1b 所示。这种抽象地用于描述原子在晶体中排列形式的空间几何格子，称为晶格。

（二）晶胞

根据晶体中原子排列规律性和周期性的特点，通常从晶格中选取一个能够充分反映原子排列特点的最小几何单元进行分析，这个反映晶格特征、具有代表性的最小几何单元称为晶胞。晶胞的几何特征可以用晶胞三条棱边的边长（晶格常数）a、b、c 和三条棱边之间的夹角 α、β、γ 共 6 个参数来描述，如图 3-1c 所示。

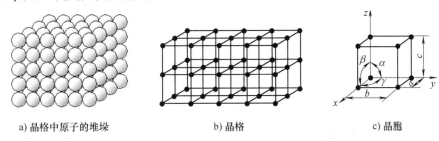

a）晶格中原子的堆垛　　　　b）晶格　　　　c）晶胞

图 3-1　简单立方晶格及其晶胞示意图

（三）常见的金属晶格类型

在已知的 80 多种金属元素中，最常见的晶格类型是体心立方晶格、面心立方晶格和密排六方晶格。

1. 体心立方晶格

体心立方晶格的晶胞是立方体，立方体的八个顶角和中心各有一个原子，因此，每个晶胞实有原子数是 2 个，如图 3-2 所示。具有这种晶格的金属有 α 铁（α-Fe）、钨（W）、钼（Mo）、铬（Cr）、钒（V）、铌（Nb）等约 30 种金属。

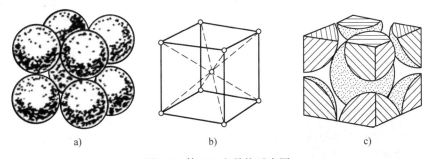

a）　　　　　　　b）　　　　　　　c）

图 3-2　体心立方晶格示意图

2. 面心立方晶格

面心立方晶格的晶胞也是立方体，立方体的八个顶角和六个面的中心各有一个原子，因此，每个晶胞实有原子数是 4 个，如图 3-3 所示。具有这种晶格的金属有 γ 铁（γ-Fe）、金（Au）、银（Ag）、铝（Al）、铜（Cu）、镍（Ni）、铅（Pb）等金属。

3. 密排六方晶格

密排六方晶格的晶胞是六方柱体，在六方柱体的 12 个顶角和上、下底面中心各有一个原子，另外在上、下面之间还有三个原子，因此，每个晶胞实有原子数是 6 个，如图 3-4 所示。具有这种晶格的金属有 α 钛（α-Ti）、镁（Mg）、锌（Zn）、铍（Be）、镉（Cd）等金属。

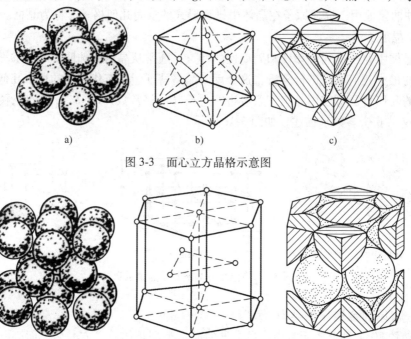

a)　　　　　　　　　b)　　　　　　　　　c)

图 3-3　面心立方晶格示意图

a)　　　　　　　　　b)　　　　　　　　　c)

图 3-4　密排六方晶格示意图

三、金属的实际晶体结构

原子从一个核心（或晶核）按同一方向进行排列生长而形成的晶体，称为单晶体。自然界存在的单晶体有水晶（图 3-5）、金刚石等，采用特殊方法也可获得单晶体，如单晶硅、单晶锗等。单晶体具有显著的各向异性特点。实际使用的金属材料即使体积很小，其内部仍包含了许多颗粒状的小晶体，各小晶体中原子排列的方向不尽相同，这种由许多晶粒组成的晶体称为多晶体，如图 3-6 所示。

图 3-5　水晶

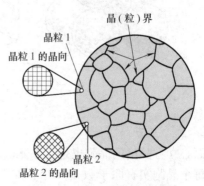

图 3-6　金属的多晶体结构示意图

由于一般的金属是多晶体结构，故通常测出的金属的性能是各个位向不同的晶粒的平均性能，其结果使金属显示出各向同性。

多晶体材料内部以晶界分开的、晶体学位向相同的晶体称为晶粒。将任何两个晶体学位向不同的晶粒隔开的那个内界面称为晶界。在晶界上原子的排列不像晶粒内部那样有规则，这种原子排列不规则的部位称为晶体缺陷。根据晶体缺陷的几何特点，可将晶体缺陷分为点缺陷、线缺陷和面缺陷三种。

1. 点缺陷

点缺陷是晶体中呈点状的缺陷，即在三维空间上尺寸都很小的晶体缺陷。最常见的缺陷是晶格空位和间隙原子。原子空缺的位置称为空位；存在于晶格间隙位置的原子称为间隙原子，如图 3-7 所示。

2. 线缺陷

线缺陷是指晶体内部某一平面上沿某一方向呈线状分布的缺陷，如图 3-8 所示。线缺陷主要指各种类型的位错。位错是指晶格中一列或若干列原子发生了某种有规律的错排现象。由于位错存在，造成金属晶格产生畸变，并对金属的性能，如强度、塑性、疲劳及原子扩散、相变过程等产生重要影响。

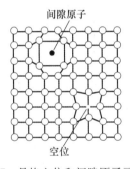

图 3-7　晶格空位和间隙原子示意图

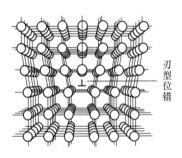

图 3-8　刃型位错示意图

3. 面缺陷

面缺陷是指晶体内部呈面状分布的缺陷，通常是指晶界（图 3-9）和亚晶界。在晶界处由于原子呈不规则排列，使晶格处于畸变状态，它在常温下对金属的塑性变形起阻碍作用，从而使金属材料的强度和硬度有所提高。

在实际晶体中，晶体的缺陷并不是静止不变的，而是随着条件（如温度、加工工艺等）的改变而不断变化的。晶体中的缺陷既可以产生、发展、运动和交叉，又可以合并或消失。

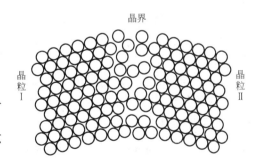

图 3-9　晶界过渡结构示意图

第二节　纯金属的结晶

大多数金属工件都是经过熔化、冶炼和浇注获得的。金属由液态转变为固态的过程称为凝固。金属由液态通过凝固形成晶体的过程称为结晶。金属结晶形成的铸态组织，将直接影响金属的性能。研究金属的结晶过程是为了掌握金属结晶的基本规律，以便指导实际生产，保证金属获得所需要的组织和性能。

一、冷却曲线与过冷度

纯金属的结晶是在一定温度下进行的，通常采用热分析法测量其结晶温度。首先，将金属熔化，然后以缓慢的速度冷却，在冷却过程中，每隔一定时间测定一次温度，最后将测量结果绘制在温度-时间坐标上，即可得到如图3-10a所示的纯金属冷却曲线。

从冷却曲线上可以看出，液态金属随着时间的推移，温度逐渐下降，当冷却到某一温度时，在冷却曲线上出现一水平线段，这个水平线段所对应的温度就是金属的理论结晶温度 T_0。另外，从图3-10b所示的冷却曲线中还可以看出，金属在实际结晶过程中，液态金属冷却到理论结晶温度 T_0 以下的某一温度时，才开始结晶，这种现象称为过冷。理论结晶温度 T_0 与实际结晶温度 T_1 之差 ΔT，称为过冷度。

a) 缓慢冷却时的冷却曲线　　　b) 实际冷却条件下的冷却曲线　　　c) 不同冷却速度下的冷却曲线

图3-10　纯金属结晶时的冷却曲线

研究指出，实际上金属总是在过冷的情况下结晶的，而且同一金属结晶时的过冷度并不是一个恒定值，过冷度的大小与冷却速度有关，冷却速度越大，过冷度就越大，金属的实际结晶温度也就越低，如图3-10c所示。过冷是金属结晶的必要条件，但不是充分条件。金属要进行结晶，还要满足动力学条件，如必须有原子的移动和扩散等。

二、金属的结晶过程

实验证明，晶核的形成和晶核的长大就是金属结晶的基本过程。液态金属在达到结晶温度时，首先形成一些极细小的微小晶体，称为晶核。随着时间的推移，已形成的晶核会不断长大。与此同时，又有新的晶核形成和长大，直至液态金属全部凝固。凝固结束后，由各个晶核长成的晶粒彼此相互接触，如图3-11所示。

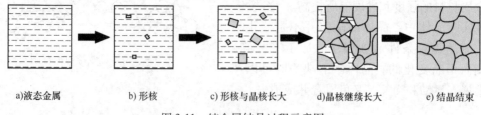

a)液态金属　　　b) 形核　　　c) 形核与晶核长大　　　d)晶核继续长大　　　e) 结晶结束

图3-11　纯金属结晶过程示意图

大多数情况下，在实际结晶过程中，液态金属是依附在一些未熔化的微粒表面上形成晶核的。这些未熔化的微粒可能是液态金属中存在的杂质，也可能是有意加入的微粒。此外，也可以在容器壁上形成晶核。

晶核的长大方式主要是平面生长方式和树枝状生长方式。纯金属晶核的长大主要是以结晶表面向前平移的方式进行的，即采取平面生长方式；当过冷度较大，液态金属中存在未熔化的微粒时，金属晶核的长大主要以树枝状生长方式长大，如图 3-12 所示。当液态金属采用树枝状生长方式长大时，如果最后凝固的树枝之间不能及时填满，树枝状的晶体就很容易显露出来，如在很多金属铸锭表面就可以看到树枝状的浮雕组织（图 3-13）。

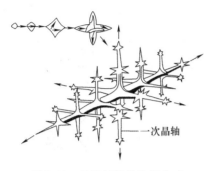

图 3-12　晶核树枝状生长方式

图 3-13　金属铸锭中的树枝状晶体

三、金属结晶后的晶粒大小

1. 晶粒大小对金属力学性能的影响

金属结晶后形成由许多晶粒组成的多晶体。晶粒大小对金属的力学性能有很大影响。一般情况下，晶粒越细小，金属的强度与硬度越高，塑性与韧性越好。因此，生产实践中总是使金属及其合金获得较细的晶粒组织。晶粒大小对纯铁力学性能的影响见表 3-1。

表 3-1　晶粒大小对纯铁力学性能的影响

晶粒平均直径 d_{av}/mm	抗拉强度 R_m/MPa	伸长率 A（%）
0.0970	168	28.8
0.0700	184	30.6
0.0250	215	39.6
0.0020	268	48.8
0.0016	270	50.7
0.0010	284	50.0

2. 晶粒大小的控制

在生产中为了获得细小的晶粒组织，常采用以下一些方法或措施。

1）加快液态金属的冷却速度，增大过冷度。生产中主要采用散热快的金属铸型、在铸型中局部区域加冷铁及采用水冷铸型等，但这些措施对于大型铸件效果不太显著。

2）采用变质处理。变质处理就是在浇注前，将少量固体材料加入熔融金属液中，促进金属液形核，以改善其组织和性能的方法。加入的少量固体材料可起晶核作用，从而达到细化晶粒的效果。当金属的体积较大时，难以获得较大的过冷度，尤其是形状复杂的金属铸件，也不容许冷却速度过快，此时即可以采用变质处理。例如：在铸造铝合金浇注之前，加入钠盐，使钠附着在硅的表面，阻碍粗大片状硅晶体的形成，从而细化铸造铝合金的晶粒。

3）采用机械搅拌、机械振动、超声波振动和电磁振动等措施，可使生长中的树枝状晶体破碎和细化，且破碎的树枝状晶体又可起到新晶核作用，使晶核数量增多，从而可细化晶粒。

第三节　金属的同素异构转变

大多数金属结晶完成后晶格类型不会再发生变化，但有少数金属（如铁、钴、锰、钛、锡等）在结晶为固态后，再继续冷却时其晶格类型则会发生变化。金属在固态下由一种晶格转变为另一种晶格的转变过程，称为同素异构转变或同素异晶转变。如图3-14所示，液态纯铁在结晶后具有体心立方晶格，称为δ-Fe，当纯铁冷却到1394℃时，发生同素异构转变，由体心立方晶格转变为面心立方晶格的γ-Fe；当纯铁冷却到912℃时，铁原子排列方式又由面心立方晶格转变为体心立方晶格的α-Fe。上述转变过程可由下式表示，即

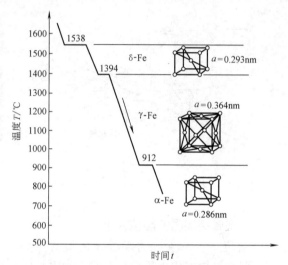

图3-14　纯铁的冷却曲线和同素异构转变

$$L \xrightarrow{1538℃} \delta\text{-Fe} \xrightarrow{1394℃} \gamma\text{-Fe} \xrightarrow{912℃} \alpha\text{-Fe}$$

同素异构转变是钢铁材料的一个重要特性，也是钢铁材料能够进行热处理的理论依据。同素异构转变是通过原子的重新排列来完成的，这一过程类似于队列变换，具有如下特点。

1）同素异构转变是由晶核形成和晶核长大两个基本过程完成的，新晶核优先在原晶界处生成。

2）同素异构转变也有过冷（或过热）现象，而且转变过程中具有较大的过冷度。

3）同素异构转变过程中，有相变潜热产生，在冷却曲线上也出现水平线段，但这种转变是在固态下进行的。

4）同素异构转变时，常伴有金属的体积变化等。

【拓展知识】　锡（Sn）是稀有金属之一，具有熔点低、耐蚀的特性，在-13.2℃以下时会由白色金属性的β-Sn变成灰色粉末状的非金属性的α-Sn。在拿破仑对俄国的战争中，由于俄国的冬季特别寒冷（-30℃左右），而当时法国士兵的大衣纽扣是采用金属锡制作的，严寒导致法国士兵的大衣纽扣变成了粉状，使法国士兵深受寒冷之苦，大大降低了法国士兵的战斗力，从而成为导致最终拿破仑兵败俄国的原因之一。

第四节　合金的晶体结构

一、基本概念

1. 组元

组成合金最基本的、独立的物质称为组元。一般来说，组元就是组成合金的元素，但有

时也可将稳定的化合物作为组元。

2. 合金系

由两种或两种以上的组元按不同比例配制而成的一系列不同化学成分的所有合金，称为合金系。

3. 相

相是指在一个合金系统中具有相同的物理性能和化学性能，并与该系统的其余部分以界面分开的部分。例如：在铁碳合金中 α-Fe 为一个相，Fe_3C 为另一个相；水和冰虽然化学成分相同，但其物理性能不同，故为两个相。

4. 组织

组织是指用金相观察方法，在金属及其合金内部看到的涉及晶体或晶粒的大小、方向、形状、排列状况等组成关系的构造情况。

由于合金的性能取决于组织，而组织又与合金的晶体结构密切相关，所以，为了了解合金的组织和性能，首先必须了解合金的晶体结构。

二、合金的晶体结构

根据合金中各组元之间的相互作用，合金中的晶体结构可分为固溶体、金属化合物及机械混合物三种类型。

（一）固溶体

将糖溶于水中可以得到糖在水中的“液溶体”，其中水是溶剂，糖是溶质。如果糖水结成冰，便得到糖在固态水中的“固溶体”。合金中也有类似的现象，在固态下的一种组元的晶格内溶解了另一种原子而形成的晶体相，称为固溶体。根据溶质原子在溶剂晶格中所占位置的不同，可将固溶体分为置换固溶体和间隙固溶体。

1. 置换固溶体

溶质原子代替一部分溶剂原子，并占据溶剂晶格的部分结点位置时，所形成的晶体相称为置换固溶体，如图 3-15a 所示。按溶质溶解度的不同，置换固溶体又可分为有限固溶体和无限固溶体。置换固溶体的溶解度主要取决于组元间的晶格类型、原子半径和原子结构。实践证明，大多数置换固溶体只能有限固溶，且溶解度随着温度的升高而增加。只有两组元晶格类型相同、原子半径相差很小时，才可以无限互溶，形成无限固溶体。

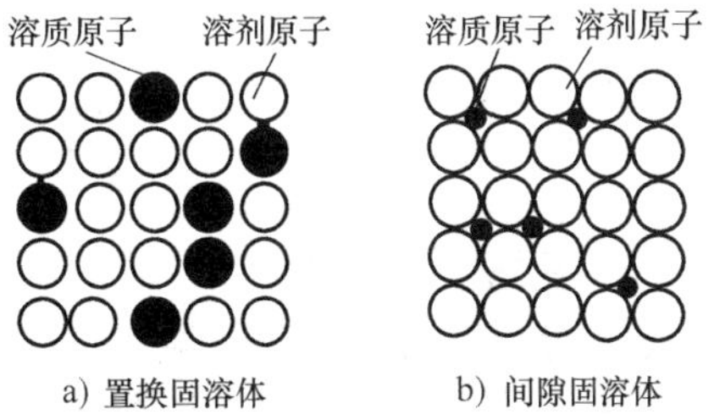

图 3-15 固溶体的类型

2. 间隙固溶体

溶质原子在溶剂晶格中不占据溶剂晶格的结点位置，而是嵌入溶剂晶格各结点之间的间隙内时，所形成的晶体相称为间隙固溶体，如图 3-15b 所示。

由于溶剂晶格的间隙有限，所以间隙固溶体只能有限地溶解溶质原子，同时只有在溶质原子与溶剂原子半径的比值小于 0.59 时，才能形成间隙固溶体。间隙固溶体的溶解度与温度、溶质与溶剂的原子半径比值，以及溶剂晶格类型等有关。

值得注意的是，无论是置换固溶体，还是间隙固溶体，异类原子的插入都将使固溶体的晶格发生畸变（图 3-16），增加位错运动的阻力，使固溶体的强度与硬度提高。这种通过溶入溶质原子形成固溶体，使合金强度与硬度升高的现象称为固溶强化。固溶强化是强化金属材料的重要途径之一。

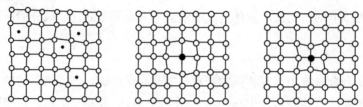

●溶质原子　　　　　　　　○溶剂原子

a) 间隙固溶体　　b) 置换固溶体(大溶质原子)　c) 置换固溶体(小溶质原子)

图 3-16　形成固溶体时产生的晶格畸变

实践证明，只要适当控制固溶体中溶质的含量，就能在显著提高金属材料强度的同时仍然使其保持较高的塑性和韧性。

（二）金属化合物

金属化合物是指合金中各组元之间发生相互作用而形成的具有金属特性的一种新相。例如：铁碳合金中的渗碳体 Fe_3C 就是铁和碳组成的金属化合物。金属化合物具有与其构成组元的晶格截然不同的特殊晶格，具有熔点高、硬而脆的特点。合金中出现金属化合物时，通常能显著地提高合金的强度、硬度和耐磨性，但合金的塑性和韧性也会明显地降低。

（三）机械混合物

固溶体和金属化合物均是组成合金的基本相。由两相或两相以上组成的多相组织，称为机械混合物。在机械混合物中，各组成相仍保持着其原有晶格的类型和性能，而整个机械混合物的性能则介于各组成相的性能之间，并与各组成相的性能及相的数量、形状、大小和分布状况等密切相关。绝大多数金属材料中存在机械混合物这种组织状态。

第五节　合金的结晶

一、合金的结晶过程

合金结晶后可形成不同类型的固溶体、金属化合物或机械混合物。合金的结晶过程与纯金属一样，也包括晶核形成和晶核长大两个过程，同时结晶时也需要一定的过冷度，结晶后形成多晶体。与纯金属的结晶过程相比，合金在结晶过程中具有如下特点。

1）纯金属的结晶是在恒温下进行的，只有一个结晶温度。而绝大多数合金的结晶是在一个温度范围内进行的，一般结晶的开始温度与终止温度是不相同的，即有两个结晶温度。

2）合金在结晶过程中，在局部范围内相的化学成分（即浓度）有差异，但当结晶终止后，整个晶体的平均化学成分与原合金的化学成分相同。

3）合金结晶后一般有三种情况，第一种情况是形成单相固溶体；第二种情况是形成单相金属化合物或同时结晶出两相机械混合物（如共晶体）；第三种情况是结晶开始时形成单相固溶体（或单相金属化合物），剩余液体又同时结晶出两相机械混合物（如共晶体）。

二、合金结晶的冷却曲线

合金的结晶过程比纯金属复杂得多，但其结晶过程仍可用结晶冷却曲线来描述。一般合金的结晶冷却曲线有以下三种形式。

1. 形成单相固溶体的结晶冷却曲线

如图 3-17 中的曲线 I 所示,组元在液态下完全互溶,固态下仍完全互溶,结晶后形成单相固溶体。曲线 I 上的点 a 和点 b 分别为结晶开始温度和终止温度。结晶开始后,随着结晶温度的不断下降,剩余液体的化学成分将不断发生改变,另外,晶体放出的结晶潜热又不能完全补偿结晶过程中向外散失的热量,所以,ab 线段为一倾斜线段,结晶过程中有两个结晶温度。

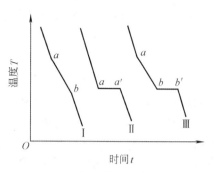

图 3-17　合金的结晶冷却曲线
I—形成单相固溶体
II—形成单相金属化合物或共晶体
III—形成机械混合物

2. 形成单相金属化合物或共晶体的结晶冷却曲线

如图 3-17 中的曲线 II 所示,组元在液态下完全互溶,在固态下完全不互溶或部分互溶,结晶后形成单相金属化合物或共晶体。曲线 II 上的点 a 和点 a' 分别为结晶开始温度和终止温度,结晶开始温度和终止温度是相同的。这是由于金属化合物的组成成分是一定的,在结晶过程中无化学成分变化,与纯金属结晶相似,所以 aa' 线段为一水平线段。如果从一定化学成分的液体合金中同时结晶出两种固相物质,则该转变过程称为共晶转变(或称为共晶反应),其结晶产物称为共晶体。实验证明,共晶转变是在恒温下进行的。

3. 形成机械混合物的冷却曲线

如图 3-17 中的曲线 III 所示,组元在液态下完全互溶,在固态下部分互溶,结晶开始形成单相固溶体(或单相金属化合物)后,剩余液体则同时结晶出两相共晶体。曲线 III 上的点 a 和点 b 分别为结晶开始温度和终止温度。在 ab 线段所示结晶过程中,随结晶温度不断下降,剩余液体的化学成分不断改变。到达点 b 时,剩余液体将进行共晶转变,结晶将在恒温下继续进行,持续到点 b' 时结晶结束,结晶过程中有两个结晶温度。

在固态下由一种单相固溶体同时析出两相固体物质,称为共析转变(或称为共析反应)。共析转变与共晶转变一样,也是在恒温条件下进行的。

第六节　金属铸锭的组织特征

金属经过冶炼后,要将金属液浇注成铸锭,然后再经过热锻或热轧制成各种规格的型材,供用户使用。金属在铸锭中的组织状态会直接影响其在后续加工过程中的性能及其相关产品的性能。下面分析金属铸锭的组织特征。

一、铸锭的组织结构

金属液在铸锭中的结晶过程除了受过冷度和未熔杂质两个重要因素影响外,还受其他因素的影响,这种影响结果可以从金属铸锭的组织构造中看出来。图 3-18 所示为纵向及横向剖开的铸锭,从中可以发现金属铸锭呈现三个不同的结晶区,即表面细晶粒区、柱状晶粒区和等轴晶粒区。

1. 表面细晶粒区

金属液刚注入锭模时,模壁温度较低,表层金属液受到快速冷却,金属液在较大过冷度下结晶。另外，在锭模壁上有很多固体质点，可起到自发形核作用，因而使金属铸锭表层产生细晶粒组织。表面细晶粒区的组织特点是：晶粒细小，区域厚度较小，组织致密，化学成分均匀，力学性能较好。

2. 柱状晶粒区

柱状晶粒区的出现，主要是因为金属铸锭受垂直于模壁方向散热的影响。表面细晶粒区形成后，随着模壁温度的升高，铸锭的冷却速度便有所降低，晶核的长大速度占主导地位，各晶粒长大较快。同时，凡晶轴垂直于模壁的晶粒，不仅因其沿着晶轴向模壁传热比较有利，而且晶粒的成长也不会因彼此之间相互抵触而受到限制，所以，这些晶粒优先得到成长，从而形成柱状晶粒区。

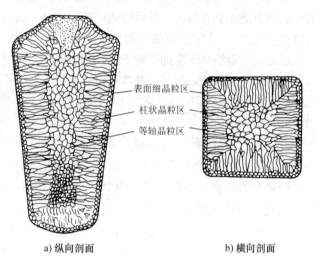

a) 纵向剖面　　　b) 横向剖面

图 3-18　纵向及横向剖开的铸锭

在金属铸锭的凝固过程中，如果金属液始终维持较大的内外温差，则柱状晶粒可以长大到铸锭中心，直到两排相对长大的柱状晶粒接触为止，这种情况称为穿晶。

在柱状晶粒区，两排柱状晶粒相接触的接合面上存在着脆弱区，此区域常有低熔点杂质及非金属夹杂物积聚，使金属材料的强度和塑性降低。这种组织在锻造和轧制时，容易使金属材料沿接合面开裂，所以，生产上经常采用振动浇注或变质处理方法来抑制柱状晶粒的扩展。但对于熔点低，不含易熔杂质，具有良好塑性的非铁金属，如铝、铜等，即使铸锭全部为柱状晶粒区，也能顺利地进行热轧、热锻等加工。

3. 等轴晶粒区

随着柱状晶粒发展到一定程度，通过已结晶的柱状晶层和锭模壁向外散热的速度越来越慢，这时散热方向已不明显，而且锭模中心部分的液态金属温度逐渐降低而趋于均匀。同时，由于其他原因（如金属液的流动），可能将一些未熔杂质推至铸锭中心或将柱状晶粒的枝晶分枝冲断，漂移到铸锭中心，它们都可成为剩余金属液的晶核，这些晶核由于在不同方向上的长大速度相同，加之过冷度较小，因而便形成粗大的等轴晶粒区。等轴晶粒区的组织特点是：晶粒粗大，组织疏松，力学性能较差。

在金属铸锭中，除存在组织不均匀外，还常有缩孔、气泡、偏析、夹杂等缺陷。根据浇注方法的不同，金属铸锭分为钢锭模铸锭（简称为铸锭）和连续铸锭。连续铸锭是指金属液经连铸机直接生产的铸锭，其组织结构也分为三个区，但与铸锭组织结构略有不同。

二、定向结晶和单晶制备原理

定向结晶是通过控制冷却方式，使铸件沿轴向形成一定的温度梯度，从而使铸件从一端开始凝固，并按一定方向逐步向另一端结晶的工艺方法。目前，已用该工艺方法生产出了整个铸件都是由同一方向的柱状晶粒所构成的涡轮叶片。柱状晶粒区比较致密，并且沿晶柱的方向和垂直于晶柱的方向在性能上有较大差别。沿晶柱方向的性能较好，而叶片工作时恰好是沿这个方向承受较大载荷，因此，这种叶片具有良好的使用性能。例如：结晶成等轴晶粒的叶片，其工作温度最高可达 880℃，而采用定向结晶的柱状晶粒叶片的工作温度则可达 930℃。

单晶是指其原子都按照一个规律和一致的位向排列的晶体。单晶制备的基本原理是使液体结晶时只形成一个晶核，再由这个晶核长成一整块晶体。生产单晶的方法主要有提拉法和坩埚下降法两种。

提拉法是一种直接从熔体中拉出单晶的方法。熔体置于坩埚中，籽晶固定于可以旋转和升降的提拉杆上。降低提拉杆，将籽晶插入熔体，调节温度使籽晶生长。提升提拉杆，使晶体一面生长，一面被慢慢地拉出来，如图 3-19 所示。坩埚可以采用高频感应加热或电阻加热。用此法可以拉出多种晶体，如单晶硅、单晶锗、白钨矿、氧化物单晶铝榴石（如钇铝石榴石、钆镓石榴石、铌酸锂等）和均匀透明的红宝石等。

坩埚下降法是指将盛满材料的坩埚置于竖直的炉内（图 3-20），炉分上、下两部分，中间以挡板隔开，上部温度较高，能使坩埚内的材料维持熔融状态，下部则温度较低。当坩埚在炉内由上缓缓下降到炉内下部位置时，材料熔体就开始结晶。为了便于在坩埚底部形成晶核，坩埚的底部形状多是尖锥形，或带有细颈，便于优选籽晶；也有半球形状的，以便于籽晶生长。晶体的形状与坩埚的形状是一致的，大的碱卤化合物及氟化物等光学晶体就是用这种方法生产的。

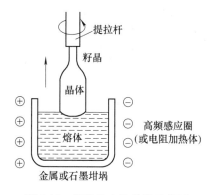

图 3-19　提拉法生长单晶示意图

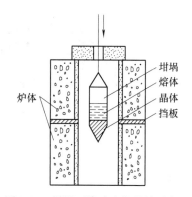

图 3-20　坩埚下降法生长单晶示意图

第七节　金属的塑性变形与再结晶

塑性是金属的重要特性。金属压力加工（又称为塑性加工）就是利用金属的塑性，通过轧制、锻压、挤压、拉拔、冲压等成形工艺，使金属材料产生一定的塑性变形而获得需要的工件。因此，研究金属的塑性变形方式及变形后的组织结构与性能的变化规律，对于发挥金属的潜力是非常重要的。

一、金属的塑性变形

金属在外力作用下将产生塑性变形，其变形过程包括弹性变形和塑性变形两个阶段。弹性变形在外力去除后能够恢复，所以，不能用于成形加工，只有塑性变形这种永久性的变形，才能用于金属成形加工。同时，塑性变形还会对金属的组织和性能产生很大影响，因此，了解金属的塑性变形对于理解压力加工的基本原理具有重要意义。

1. 金属塑性变形的实质

实验证明，金属单晶体的变形方式主要有滑移和孪晶两种，在大多数情况下，滑移是金属塑性变形的主要方式。如图 3-21 所示，金属单晶体在切应力作用下，晶体的一部分相对于另一部分沿着一定的晶面产生滑动，这种现象称为滑移。产生滑动的晶面和晶向分别称为滑移面和滑移方向。一般来说，滑移面是原子排列密度最大的平面，滑移方向是原子排列密度最大的方向。

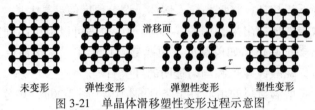

图 3-21　单晶体滑移塑性变形过程示意图

理论上讲，理想的金属单晶体产生滑移运动时需要很大的变形力，但实验测定的金属单晶体滑移时的临界变形力较理论计算的数值低百倍以上。这说明金属的滑移并不是晶体的一部分沿滑移面相对于另一部分做刚性的整体滑移，而是通过晶体内部的位错运动实现的，如图 3-22 所示。

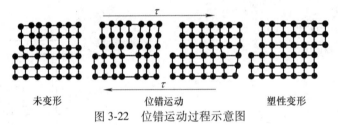

图 3-22　位错运动过程示意图

多晶体（如金属）是由许多微小的单个晶粒杂乱组合而成的，其塑性变形过程可以看成是许多单个晶粒塑性变形的总和；另外，多晶体塑性变形还存在着晶粒与晶粒之间的滑移和转动，即晶间变形，如图 3-23 所示。但多晶体的塑性变形以晶内变形为主，晶间变形很小。由于晶界处原子排列紊乱，各个晶粒的位向不同，使晶界处的位错运动较难，所以晶粒越细，晶界面积越大，变形抗力就越大，金属的强度也越高；另外，晶粒越细，金属的塑性变形可分散在更多的晶粒内进行，应力集中较小，金属的塑性变形能力也越好。因此，生产中尽量获得细晶粒组织。

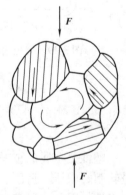

图 3-23　金属多晶体塑性变形示意图

多晶体塑性变形时，首先是一小部分晶粒逐步地进行塑性变形，然后逐步扩大到大部分晶粒进行塑性变形，由不均匀塑性变形逐步过渡到比较均匀的塑性变形。多晶体塑性变形过程比单晶体塑性变形复杂得多。

实验观察证明，金属的塑性变形过程实质上是位错沿着滑移面的运动过程。金属在滑移变形过程中，一部分旧的位错消失，又产生大量新的位错，总的位错数量是增加的，大量位错运动的宏观表现就是金属的塑性变形过程。位错运动观点认为，晶体缺陷及位错相互纠缠会阻碍位错运动，导致金属的强化，即产生冷变形强化现象。

2. 金属的冷变形强化

随着金属冷变形程度的增加，金属的强度指标和硬度都有所提高，但塑性有所下降，这种现象称为冷变形强化。金属变形后，金属的晶格结构产生严重畸变，形变金属的晶粒被压扁或拉长，形成纤维组织，甚至破碎成许多小晶块，如图 3-24 所示。此时金属的位错密度提高，变形难度加大，金属的可锻性恶化。低碳钢塑性变形时，其力学性能的变化规律如图 3-25 所示，从图中可以看出，低碳钢的强度与硬度随变形程度的增大而增加，塑性与韧性则明显下降。

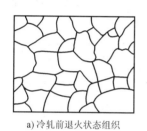

a) 冷轧前退火状态组织　　b) 冷轧后纤维组织

图 3-24　金属冷轧前后多晶体晶粒形状的变化

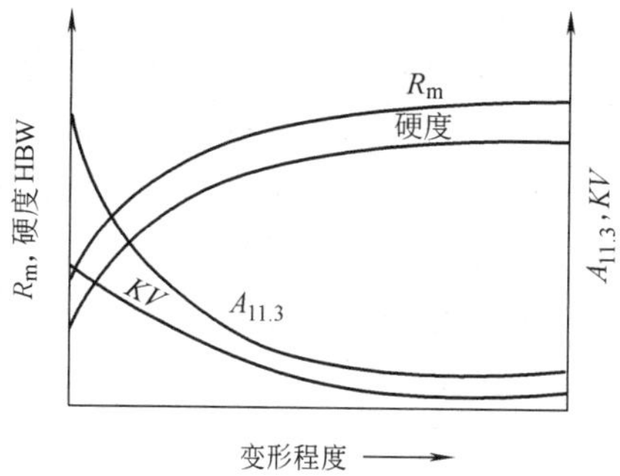

图 3-25　低碳钢的冷变形强化规律

二、回复、再结晶和晶粒长大

金属经过冷塑性变形后，由于晶体被拉长、压扁，使金属中的位错密度增大、晶格产生严重畸变，金属组织处于不稳定状态，它具有自发地恢复到稳定状态的倾向。但是在室温下，由于金属原子的活动能力很小，这种不稳定状态的组织能够保持很长时间而不发生明显的变化。只有对冷变形金属进行加热，增大金属原子的活动能力，才会发生显微组织和力学性能的变化，并逐步使冷变形金属的内部组织状态恢复到稳定状态。对冷变形金属进行加热时，金属将相继发生回复、再结晶和晶粒长大三个阶段的变化，如图 3-26 所示。

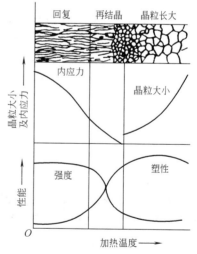

图 3-26　冷变形金属加热时组织与性能变化规律

1. 回复

将冷变形后的金属加热至一定温度后，使原子回复到平衡位置，晶粒内残余应力大大减少的现象称为回复。冷变形金属在回复过程中，由于加热温度不高，原子的活动能力较小，金属中的显微组织变化不大，金属的强度和硬度基本保持不变，但金属的塑性略有回升，残余内应力部分消除。例如：用冷拔弹簧钢丝绕制成弹簧后，常进行低温退火（也称为定形处理），就是利用回复保持冷拔钢丝的高强度，并消除冷卷弹簧时产生的内应力。

2. 再结晶

当加热温度较高时，塑性变形后的金属中被拉长了的晶粒重新生核，并转变为等轴晶粒的过程，称为再结晶。再结晶过程包括新晶体形核及晶核长大两个过程。再结晶不是一个相变过程，没有恒定的转变温度，没有晶格类型的变化，再结晶过程是在一定的温度范围内进行的，开始产生再结晶现象的最低温度称为再结晶温度。加入合金元素会使再结晶温度显著提高。纯金属的再结晶温度可按下式估算

$$T_{再} \approx 0.4 T_{熔}$$

式中 $T_{熔}$——纯金属的熔点（K）。

冷塑性变形后的金属，经过再结晶后，金属的晶粒形貌发生显著变化，由原来的长条状或纤维状组织转变为等轴晶粒；金属的塑性与韧性显著提高，强度与硬度显著降低，几乎所有力学性能和物理性能全部恢复到冷变形前的状态，金属内部的内应力和冷变形强化现象消除，恢复了冷变形金属的变形能力，即再结晶恢复了变形金属的可锻性。

在常温下经过塑性变形的金属，加热到再结晶温度以上，使其发生再结晶的处理过程，称为再结晶退火。再结晶退火可以消除冷变形强化或加工硬化，提高金属的塑性与韧性，便于金属继续进行压力加工，如金属在冷轧、冷拉、冲压过程中，需在各工序中穿插再结晶退火，对金属进行软化。有些金属，如铅（Pb）和锡（Sn），再结晶温度均低于室温，约为零度，因此它们在室温下不会产生冷变形强化现象，材质较软。

3. 晶粒长大

产生纤维化组织的金属，通过再结晶，一般都能得到细小而均匀的等轴晶粒。但是由于细小晶粒具有较大的表面积和表面能，且具有自发地向减少表面能方向转化的趋势，因此，如果加热温度过高或加热时间过长，则再结晶后形成的小晶粒会明显地长大，成为粗晶粒组织（图 3-27），从而使金属的强度、塑性和韧性降低，金属继续进行压力加工的能力恶化。

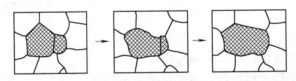

图 3-27　金属再结晶后晶粒长大示意图

【拓展知识】　　　　　　　　　冷加工与热加工的界限

从金属学的观点来说，划分冷加工与热加工的界限是再结晶温度。在再结晶温度以上进行的塑性变形属于热加工，而在再结晶温度以下进行的塑性变形称为冷加工。显然，冷加工与热加工并不是以具体的加工温度的高低来区分的。例如：金属钨（W）的最低再结晶温度约为1200℃，所以，钨即使是在稍低于1200℃的高温下进行塑性变形仍属于冷加工；而锡（Sn）的最低再结晶温度约为-7℃，铅（Pb）的最低再结晶温度约为-33℃，所以，锡和铅即使是在室温下进行塑性变形却仍属于热加工。

在冷加工过程中，由于金属会产生冷变形强化现象，所以金属的可锻性趋于恶化。可锻性是指金属在锻压加工过程中产生塑性变形而不开裂的能力。在热加工过程中，由于同时进行着再结晶软化过程，金属的可锻性较好，因此，金属能够顺利地进行大量的塑性变形，从而实现各种成形加工。

三、锻造流线与锻造比

1. 锻造流线

　　在锻造时，金属的脆性杂质被打碎，顺着金属主要伸长方向呈带状分布；塑性杂质随着金属变形沿主要伸长方向呈带状分布，且在再结晶过程中不会消除。这种热锻后的金属组织具有一定的方向性，通常将这种组织称为锻造流线（图 3-28）。锻造流线使金属的性能呈各向异性（表 3-2），即沿着流线方向（纵向）的抗拉强度较高，而垂直于流线方向（横向）的抗拉强度较低。

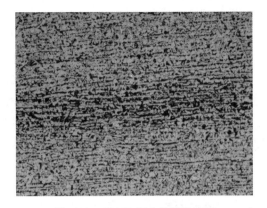

图 3-28　Q345B 钢中的锻造流线

表 3-2　$w_C = 0.45\%$ 的非合金钢在锻造状态时的力学性能与测量方向的关系

测量方向	R_m/MPa	R_{eL}/MPa	$A_{11.3}$（%）	Z（%）	吸收能量 K/J
纵向	715	470	17.5	60.2	77.50
横向	672	440	10.5	31.0	37.50

　　在设计锻件时，必须考虑使锻件的锻造流线合理分布。尽量使锻件的锻造流线与零件的轮廓相吻合，是锻件工艺设计的一条基本原则。例如：图 3-29 所示的吊钩、螺钉头和曲轴，锻造流线的分布状态就是比较合理的。

  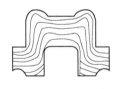

a) 吊钩的锻造流线　　　b) 螺钉头的锻造流线　　　c) 曲轴的锻造流线

图 3-29　锻造流线的合理分布

2. 锻造比

　　在锻造生产中，金属的变形程度常以锻造比 Y 来表示，即以变形前后的截面比、长度比或高度比表示。当锻造比 $Y = 2$ 时，原始铸态组织中的疏松、气孔被压合，组织被细化，锻件各个方向的力学性能均有显著提高；当 $2 < Y \leqslant 5$ 时，锻件中的锻造流线组织明显，产生明显的各向异性，沿锻造流线方向力学性能略有提高，但垂直于锻造流线方向的力学性能开始下降；当 $Y > 5$ 时，锻件沿锻造流线方向的力学性能不再提高，垂直于锻造流线方向的力学性能急剧下降。例如：以钢锭为坯料进行锻造时，应按锻件的力学性能要求选择合理的锻造比。对沿锻造流线方向有较高力学性能要求的锻件（如拉杆），应选择较大的锻造比；对垂直于锻造流线方向有较高力学性能要求的锻件（如吊钩），锻造比取 2~2.5 即可。

3. 影响金属可锻性的因素

金属的塑性变形能力和变形抗力决定了是否容易对它进行锻造成形加工。金属的塑性变形抗力决定了锻造设备吨位的选择。在锻造生产中，必须控制各项因素，改善金属的可锻性。影响金属可锻性的因素有金属的化学成分、组织结构及变形条件。

1）化学成分及组织的影响。一般来说，纯金属的可锻性优于合金的可锻性；合金中合金元素的质量分数越高，成分越复杂，其可锻性越差；非合金钢中碳的质量分数越高，可锻性越差；纯金属组织和未饱和的单相固溶体组织具有良好的可锻性；合金中金属化合物数量增加会使其可锻性急剧恶化；细晶粒组织的可锻性优于粗晶粒组织。

2）变形条件的影响。在一定温度范围内，随着变形温度的升高，再结晶过程逐渐进行，金属的变形抗力减小，金属的可锻性得到改善。一般来说，变形速度提高，金属的可锻性变差。金属在挤压时呈三向压应力状态，表现出较高的塑性和较大的变形抗力；金属在拉拔时呈两向压应力和一向拉应力状态，表现出较低的塑性和较小的变形抗力。

第八节　金属材料的焊接性和焊接接头组织

一、金属材料的焊接性

焊接性是指金属材料在限定的施工条件下焊接成规定设计要求的构件，并满足预定服役要求的能力。它包括两方面的内容：一是使用焊接性，指在一定工艺条件下所获得的焊接接头或整体结构，满足技术条件所规定的各项使用性能的能力，如对强度、塑性、耐蚀性、低温韧性、抗疲劳、高温抗蠕变等的要求；二是工艺焊接性，指在一定的焊接工艺条件下，金属材料在焊接过程中由于受到热作用和冶金作用，所得焊接接头性能发生改变的程度，尤其是对产生裂纹等缺陷的敏感性。例如：钛及钛合金采用气焊和焊条电弧焊进行焊接时，焊接接头会出现气孔、冷裂纹和塑性下降；而采用氩弧焊方法焊接时，则焊接接头就不会出现上述问题。

焊接性是一个相对概念。如果金属材料在比较简单的焊接工艺条件下能够获得优质的焊接接头，则表明该金属材料的焊接性好；如果金属材料在比较复杂的焊接工艺条件下（如高温预热、真空保护、焊后热处理等）才能进行焊接，或其焊接接头不能很好地满足使用要求，则表明该金属材料的焊接性差。例如：低碳钢在一般条件下，不需要复杂的工艺措施，就能获得优质的焊接接头，其焊接性好。但在低温条件下焊接时，需要采取预热等措施才能保证焊接接头质量，此时低碳钢的焊接性就变差。金属材料的焊接性主要受其化学成分、焊接方法、构件类型及使用条件四个因素影响。

对于非合金钢及低合金钢，常用碳当量来评定其焊接性。碳当量是指把钢中的合金元素（包括碳）含量按其作用换算成碳的相当含量的总和。国际焊接学会推荐的碳当量（CE）的计算公式为

$$CE = w_C + w_{Mn}/6 + (w_{Cr} + w_{Mo} + w_V)/5 + (w_{Ni} + w_{Cu})/15$$

在计算碳当量时，各元素的质量分数都取化学成分范围的上限。

根据一般经验，当钢的碳当量 CE < 0.4% 时，钢的淬硬倾向小，产生冷裂纹倾向小，钢的焊接性良好，焊接时不需预热；当钢的碳当量 CE = 0.4% ~ 0.6% 时，钢的淬硬倾向较大，

产生冷裂纹倾向明显，钢的焊接性较差，一般需要预热；当钢的碳当量 CE>0.6%时，钢的淬硬倾向严重，产生冷裂纹倾向严重，钢的焊接性差，需要较高的预热温度和严格的工艺措施。

二、焊接接头组织

如图 3-30 所示，金属材料焊接接头包括焊缝区、熔合区和热影响区三部分。焊缝区是焊件经焊接后所形成的结合部分。熔合区是焊接接头中焊缝向热影响区过渡的区域，即焊缝与母材交接的过渡区，熔合区的范围很窄（非合金钢电弧焊时其宽度仅为 0.133~0.5mm）。热影响区是焊接或切割过程中金属材料因受热影响（但未熔化）而发生金相组织和力学性能变化的区域。

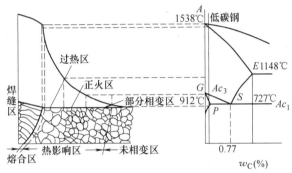

图 3-30　低碳钢熔焊接头组织示意图

1. 焊缝区

焊缝组织是由熔池金属结晶后得到的铸态组织。熔池中金属的结晶一般从液固交界的熔合线上开始，晶核从熔合线向两侧和熔池中心长大。由于晶核向熔合线两侧生长受到相邻晶体的阻挡，所以晶核主要向熔池中心长大，这样就使焊缝金属获得柱状晶粒组织。由于熔池较小，熔池中的液态金属冷却较快，所以柱状晶粒并不粗大。另外，由于焊条中含有合金元素，可以保证焊缝金属的力学性能与母材相近。

2. 熔合区

熔合区在焊接过程中始终处于半熔化状态，该区域晶粒粗大，塑性和韧性差，化学成分不均匀，容易产生裂纹，是焊接接头组织中力学性能最差的区域。

3. 热影响区

热影响区温度分布不均匀，可以分为过热区、正火区和部分相变区。

1）过热区。过热区是指热影响区中，热影响温度接近于 AE 线，冷却后具有过热组织或晶粒显著粗大的区域。过热区的塑性和韧性最差，容易产生焊接裂纹，该区域是焊接接头组织中最薄弱的区域。

2）正火区。正火区是指热影响区中，热影响温度接近于 Ac_3 线，具有正火组织特征的区域。该区域的组织冷却后获得细小均匀的铁素体和珠光体组织。正火区组织的性能较好，优于母材，是焊接接头组织中性能最好的区域。

3）部分相变区。部分相变区是指热影响区中，热影响温度处于 $Ac_1 \sim Ac_3$ 线之间，部分组织发生相变的区域。该区域的组织冷却后得到细小铁素体和珠光体组织，但组织不均匀，力学性能略有下降。

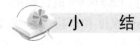 小 结

　　本章主要介绍金属材料的晶体结构、结晶过程、同素异构转变、铸锭组织、塑性变形与再结晶、焊接性与焊接接头组织等知识。学习时，第一，要准确认识不同金属的晶体结构特征，并且能够从宏观和微观两个角度研究金属材料的不同性能表现，善于利用所学的微观理论知识对金属材料的宏观性能表现进行分析，深入微观分析金属材料的本质特征，如活性炭、石墨和金刚石三种物质，虽然它们都由碳元素构成，但是它们所表现出的宏观性能却是截然不同的，其差别的主要原因在于它们的晶体结构不同；第二，要学会对日常生活中的现象进行思考和分析，理解结晶的过程和现象，如"冰冻三尺非一日之寒"，雪花是如何形成的，为什么雪花融化后会形成粉末沉淀等；第三，要准确理解和认识同素异构转变现象，因为金属的各种热处理工艺均与此现象相关；第四，学完本章的有关知识后，将为学习后续章节及相关课程在材料的微观知识方面奠定一定程度的基础，如准确认识目前正在兴起的"纳米技术或纳米材料""功能材料"等。

—————— 复习与思考 ——————

一、名词解释

1. 晶体　2. 晶格　3. 晶胞　4. 单晶体　5. 多晶体　6. 晶界　7. 晶粒　8. 结晶
9. 变质处理　10. 合金　11. 组元　12. 相　13. 组织　14. 定向结晶　15. 回复　16. 再结晶　17. 焊接性

二、填空题

1. 固态物质通常可分为_____与_____两类。

2. 金属晶格的基本类型主要有_____、_____与_____三种。

3. 实际金属的晶体缺陷有_____、_____、_____三类。

4. 金属的结晶过程是一个_____和_____的过程。

5. 过冷是金属结晶的_____条件，金属的实际结晶温度_____是一个恒定值。

6. 金属结晶时_____越大，过冷度越大，金属的_____温度越低。

7. 金属的晶粒越细小，其强度、硬度_____，塑性、韧性_____。

8. 合金的晶体结构分为_____、_____与_____三种。

9. 根据溶质原子在溶剂晶格中所占据的位置不同，固溶体可分为_____和_____两类。

10. 在大多数情况下，溶质在溶剂中的溶解度随着温度升高而_____。

11. 在金属铸锭中，除存在组织不均匀外，还常有_____、_____、_____及_____等缺陷。

12. 金属铸锭分为_____铸锭（简称为铸锭）和_____铸锭。

13. 金属单晶体的变形方式主要有_____移和_____晶两种。

14. 对冷变形金属进行加热时，金属将相继发生_____、_____和_____三个阶段的变化。

15. 金属材料的焊接接头包括_____区、_____区和_____区三部分。

三、判断题

1. 单晶体具有显著的各向异性特点。（　　）

2. 纯铁在 780℃ 时为面心立方结构的 γ-Fe。（　　）

3. 实际金属的晶体结构不仅是多晶体，而且还存在着多种缺陷。（　　）

4. 纯金属的结晶过程是一个恒温过程。（　　）

5. 固溶体的晶格中仍然保持溶剂的晶格。（　　）

6. 间隙固溶体只能为有限固溶体，置换固溶体可以是无限固溶体。（　　）

7. 金属铸锭中，柱状晶粒区的出现主要是因为金属铸锭受垂直于模壁方向散热的影响。（　　）

8. 再结晶退火可以消除冷变形强化或加工硬化，提高金属的塑性与韧性，便于金属继续进行压力加工。（　　）

9. 锻造流线使金属的性能呈各向异性。（　　）

10. 如果金属材料在比较简单的焊接工艺条件下能够获得优质的焊接接头，我们就说该金属材料的焊接性好。（　　）

四、简答题

1. 常见的金属晶格类型有哪几种？试绘图说明。

2. 实际金属晶体中存在哪些晶体缺陷？对性能有何影响？

3. 什么是过冷现象和过冷度？过冷度与冷却速度有什么关系？

4. 金属的结晶是怎样进行的？

5. 金属在结晶时如何控制晶粒的大小？

6. 什么是金属的同素异构转变？试画出纯铁的冷却曲线和晶体结构变化图。

7. 什么是固溶体？什么是金属化合物？金属化合物的性能特点是什么？

8. 与纯金属相比，合金的结晶有何特点？

9. 金属铸锭呈现几个不同的晶粒区？各区有何特点？

10. 为什么金属在冷轧、冷拉、冲压过程中，需在各工序中穿插再结晶退火？

五、研讨与交流

通过学习与查阅资料，相互探讨一下某一种金属材料的宏观特点与微观结构的关系。

第四章
铁碳合金

铁碳合金是由铁和碳两种元素为主组成的合金,如钢和铸铁都是铁碳合金。铁碳合金相图是研究铁碳合金组织、化学成分、温度之间关系的重要图形,掌握铁碳合金相图,对于了解钢铁的组织、性能及制订钢铁材料的各种加工工艺有着重要的指导作用。

第一节 铁碳合金的基本组织

铁碳合金在固态下的基本组织有铁素体、奥氏体、渗碳体、珠光体和莱氏体。

一、铁素体 F

铁素体是指 α-Fe 或其内固溶有一种或数种其他元素所形成的晶体点阵为体心立方的固溶体,用符号 F(或 α)表示。铁素体仍保持 α-Fe 的体心立方晶格,碳原子在铁素体中的位置如图 4-1 所示。铁素体中碳的溶解度很小,在 727℃ 时溶解度最大($w_C = 0.0218\%$),随着温度的下降其溶解度逐渐减少,所以在室温状态下铁素体的性能几乎与纯铁相同,即强度和硬度较低($R_m = 180 \sim 280\text{MPa}$,$50 \sim 80\text{HBW}$),而塑性和韧性好($A_{11.3} = 30\% \sim 50\%$,$KU \approx 128 \sim 160\text{J}$)。在显微镜下观察,铁素体呈明亮的多边形晶粒,如图 4-2 所示。

铁素体在 770℃(居里点)时有磁性转变,即在 770℃ 以下具有铁磁性,在 770℃ 以上则失去铁磁性。

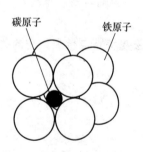

图 4-1 铁素体晶胞示意图

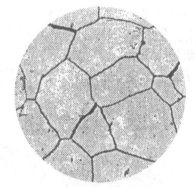

图 4-2 铁素体显微组织

二、奥氏体 A

奥氏体是指 γ-Fe 内固溶有碳和(或)其他元素所形成的晶体点阵为面心立方的固溶体,常用符号 A(或 γ)表示。奥氏体仍保持 γ-Fe 的面心立方晶格,碳原子在奥氏体中的位置如图 4-3 所示。奥氏体溶碳能力较大,在 1148℃ 时溶解度最大($w_C = 2.11\%$),随着温度下降溶解度逐渐减少,在 727℃ 时的溶解度为 $w_C = 0.77\%$。

奥氏体是非铁磁性相，具有一定的强度和硬度（$R_m \approx 400MPa$，$160 \sim 220HBW$），塑性好（$A_{11.3} \approx 40\% \sim 50\%$）。在机械零件制造中，因为奥氏体塑性好，便于进行压力加工成形，因此，钢材大多数要加热至高温奥氏体状态。奥氏体的显微组织呈多边形晶粒状态，但晶界比铁素体的晶界平直些，如图4-4所示。

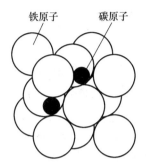

图4-3　奥氏体晶胞示意图

图4-4　奥氏体显微组织

值得注意的是，稳定的奥氏体属于铁碳合金的高温组织，当铁碳合金缓冷到727℃时，奥氏体将发生转变，转变为其他类型的组织。

三、渗碳体 Fe₃C

渗碳体是指晶体点阵为正交点阵、化学成分近似于 Fe_3C 的一种间隙式化合物。渗碳体的晶格形式与碳和铁都不一样，是复杂的晶格类型，如图4-5所示。渗碳体中碳的质量分数 $w_C = 6.69\%$，熔点为1227℃，其分子式为 Fe_3C，以符号 Cm 表示。渗碳体的结构比较复杂，硬度高（约为950～1050HV），脆性大，塑性与韧性极低。渗碳体在钢和铸铁中与其他相共存时呈片状、球状、网状或板条状，并且当渗碳体以适量、细小、均匀状态分布时，可作为钢铁的强化相，相反，当渗碳体数量过多或呈粗大、不均匀状态分布时，将使钢铁的韧性降低，脆性增大。

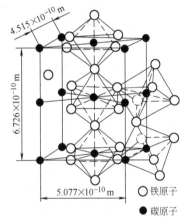

图4-5　渗碳体的晶胞

渗碳体不发生同素异构转变，有磁性转变，在230℃以下具有弱铁磁性，而在230℃以上则失去磁性。渗碳体是亚稳定的金属化合物，在一定条件下，渗碳体可分解成铁和石墨，这一过程对于铸铁的生产具有重要意义。

四、珠光体 P

珠光体是奥氏体从高温缓慢冷却时发生共析转变所形成的组织。常见的珠光体是铁素体薄层和渗碳体薄层交替重叠的层状复相组织。珠光体也是铁素体（软相）和渗碳体（硬相）组成的机械混合物，常用符号 P 表示。在珠光体中，铁素体和渗碳体仍保持各自原有的晶格类型。珠光体中碳的平均质量分数 $w_C = 0.77\%$。珠光体的性能介于铁素体和渗碳体之间，有一定的强度（$R_m \approx 770MPa$）、塑性（$A \approx 20\% \sim 35\%$）和韧性（$KU \approx 24 \sim 32J$），硬度适中（约180HBW），是一种综合力学性能较好的组织。

在珠光体组织中，渗碳体一般是呈片状分布在铁素体基体上，铁素体薄层和碳化物薄层交替重叠，显微组织形态酷似珍珠贝母外壳图纹，故称为珠光体组织，如图4-6所示。

五、莱氏体 Ld

莱氏体是指高碳的铁基合金在凝固过程中发生共晶转变时所形成的奥氏体和渗碳体组成的共晶体，莱氏体中碳的质量分数 $w_C = 4.3\%$，用符号 Ld 表示。$w_C > 2.11\%$ 的铁碳合金从液态缓冷至 1148℃ 时，将同时从液体中结晶出奥氏体和渗碳体的机械混合物（即莱氏体）。由于奥氏体在 727℃ 时转变为珠光体，所以，在室温时莱氏体由珠光体和渗碳体所组成。为了区别起见，将 727℃ 以上存在的莱氏体称为高温莱氏体 Ld，在 727℃ 以下存在的莱氏体称为低温莱氏体 L′d，或称为变态莱氏体。

莱氏体的性能与渗碳体相似，硬度很高（相当于 700HBW），塑性很差。莱氏体的显微组织可以看成是在渗碳体的基体上分布着颗粒状的奥氏体（或珠光体），如图 4-7 所示。

图 4-6 珠光体显微组织

图 4-7 莱氏体显微组织

第二节 铁碳合金相图

一、铁碳合金相图及分析

铁碳合金相图是表示铁碳合金在极缓慢冷却（或加热）条件下，不同化学成分的铁碳合金，在不同温度下所具有的组织状态的一种图形。生产实践表明，碳的质量分数 $w_C > 5\%$ 的铁碳合金，尤其当碳的质量分数增加到 $w_C = 6.69\%$ 时，铁碳合金几乎全部变为渗碳体 Fe_3C。渗碳体硬而脆，机械加工困难，在机械工程上很少应用。所以，在研究铁碳合金相图时，只需研究 $w_C \leqslant 6.69\%$ 的部分。而 $w_C = 6.69\%$ 时，铁碳合金全部为亚稳定的渗碳体，渗碳体可看成是铁碳合金的一个组元。因此，研究铁碳合金相图，就是研究 $Fe-Fe_3C$ 相图部分，如图 4-8 所示。

（一）铁碳合金相图中的特性点

铁碳合金相图中主要特性点的温度、碳的质量分数及其含义见表 4-1。

（二）铁碳合金相图中的主要特性线

1. 液相线 ACD

铁碳合金在液相线 ACD 以上是液态 L。当碳的质量分数 $w_C < 4.3\%$ 的铁碳合金冷却到 AC 线时，开始从合金液中结晶出奥氏体 A；当碳的质量分数 $w_C > 4.3\%$ 的铁碳合金冷却到 CD 线时，开始从合金液中结晶出渗碳体（称为一次渗碳体），用 Fe_3C_I 表示。

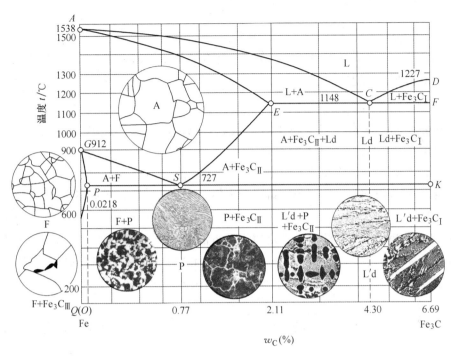

图 4-8　简化的铁碳合金相图

2. 固相线 *AECF*

铁碳合金在固相线 *AECF* 以下时，铁碳合金均呈固体状态。

3. 共晶线 *ECF*

ECF 线是一条水平（恒温）线，称为共晶线。在 *ECF* 线上，液态铁碳合金将发生共晶转变，反应式为

$$L_{4.3} \underset{}{\overset{1148℃}{\rightleftharpoons}} A_{2.11} + Fe_3C$$

共晶转变形成了奥氏体与渗碳体的机械混合物，称为莱氏体 Ld。碳的质量分数 $w_C = 2.11\% \sim 6.69\%$ 的铁碳合金均会发生共晶转变。

表 4-1　铁碳合金相图中主要特性点的温度、碳的质量分数及其含义

特性点	温度/℃	$w_C(\%)$	特性点的含义
A	1538	0	纯铁的熔点或结晶温度
C	1148	4.3	共晶点，发生共晶转变 $L_{4.3} \rightleftharpoons A_{2.11} + Fe_3C$
D	1227	6.69	渗碳体的熔点
E	1148	2.11	碳在奥氏体中的最大溶解度，也是钢与生铁的化学成分分界点
F	1148	6.69	共晶渗碳体的成分点
G	912	0	α-Fe $\rightleftharpoons$ γ-Fe 同素异构转变点
S	727	0.77	共析点，发生共析转变 $A_{0.77} \rightleftharpoons F_{0.0218} + Fe_3C$
P	727	0.0218	碳在铁素体中的最大溶解度
K	727	6.69	共析渗碳体的成分点
Q	室温	0.0008	碳在铁素体中的最大溶解度

4. 共析线 PSK

PSK 线也是一条水平（恒温）线，称为共析线，通常称为 A_1 线。在 PSK 线上固态奥氏体将发生共析转变，反应式为

$$A_{0.77} \underset{727℃}{\rightleftharpoons} F_{0.0218} + Fe_3C$$

共析转变形成了铁素体与渗碳体的机械混合物，称为珠光体 P。碳的质量分数 $w_C > 0.0218\%$ 的铁碳合金均会发生共析转变。

5. GS 线

GS 线表示冷却时由奥氏体组织中析出铁素体组织的开始线，通常称为 A_3 线。

6. ES 线

ES 线是碳在奥氏体中的溶解度变化曲线，通常称为 A_{cm} 线。它表示随着温度的降低，奥氏体中碳的质量分数沿着 ES 线逐渐减少，而多余的碳以渗碳体形式析出，可称为二次渗碳体，用 Fe_3C_{II} 表示，以区别于从液体中直接结晶出来的一次渗碳体 Fe_3C_I。

7. GP 线

GP 线为冷却时奥氏体组织转变为铁素体的终了线或者加热时铁素体转变为奥氏体的开始线。

8. PQ 线

PQ 线是碳在铁素体中的溶解度变化曲线。它表示随着温度的降低，铁素体中碳的质量分数沿着 PQ 线逐渐减少，在 727℃ 时碳在铁素体中的最大溶解度是 0.0218%，冷却时多余的碳以渗碳体形式析出，称为三次渗碳体，用 Fe_3C_{III} 表示。由于 Fe_3C_{III} 数量极少，一般在钢中对性能的影响不大，故可忽略。

铁碳合金相图中的特性线及其含义归纳于表 4-2 中。

表 4-2 铁碳合金相图中的特性线及其含义

特性线	特性线含义
ACD	液相线
AECF	固相线
GS	冷却时由奥氏体组织中析出铁素体的开始线，用 A_3 表示
ES	碳在奥氏体中的溶解度曲线，用 A_{cm} 表示
ECF	共晶线，$L_{4.3} \underset{1148℃}{\rightleftharpoons} A_{2.11} + Fe_3C$
PSK	共析线，$A_{0.77} \underset{727℃}{\rightleftharpoons} F_{0.0218} + Fe_3C$，用 A_1 表示
GP	冷却时奥氏体组织转变为铁素体的终了线
PQ	碳在铁素体中的溶解度曲线

（三）铁碳合金相图中的相区

铁碳合金相图中的主要相区见表 4-3。

表 4-3　铁碳合金相图中的主要相区

范围	ACD 线以上	AESGA	AECA	DFCD	GSPG	ESKF	PSK 以下
组织	L	A	L+A	L+Fe$_3$C$_I$	A+F	A+Fe$_3$C	F+Fe$_3$C
相区	单相区	单相区	两相区	两相区	两相区	两相区	两相区

【快速记忆铁碳合金相图的方法】铁碳合金相图记忆比较难，可按下列口诀记忆和绘制：天边两条水平线 ECF 和 PSK（一高、一低、一短、一长），飞来两只雁 ACD 和 GSE（一高、一低、一大、一小），雁前两条彩虹线 AE 和 GP（一高、一低、一长、一短），小雁画了一条月牙线 PQ。

二、铁碳合金的分类

铁碳合金相图上的各种合金，按其碳的质量分数和室温平衡组织的不同，可分为工业纯铁、钢和白口铸铁（生铁）三类，见表 4-4。

表 4-4　铁碳合金分类

合金类别	工业纯铁	钢			白口铸铁		
		亚共析钢	共析钢	过共析钢	亚共晶白口铸铁	共晶白口铸铁	过共晶白口铸铁
$w_C(\%)$	≤0.0218	0.0218<w_C≤2.11			2.11<w_C<6.69		
		<0.77	0.77	>0.77	<4.3	4.3	>4.3
室温组织	F	F+P	P	P+Fe$_3$C$_{II}$	L'd+P+Fe$_3$C$_{II}$	L'd	L'd+Fe$_3$C$_I$

三、碳对铁碳合金组织和性能的影响

碳是决定铁碳合金组织和性能最主要的元素。不同碳的质量分数的铁碳合金在缓冷条件下，其结晶过程及最终得到的室温平衡组织是不相同的。碳的质量分数与室温平衡组织的关系见表 4-4 。

铁碳合金的室温平衡组织是由铁素体和渗碳体两相构成的。其中铁素体是含碳极少的固溶体，是钢中的软韧相，渗碳体是硬而脆的金属化合物，是钢中的强化相。随着钢中碳的质量分数的不断增加，钢中的铁素体量不断减少，渗碳体量不断增多，因此，钢的力学性能将发生明显的变化。当碳的质量分数 w_C<0.9%时，随着碳的质量分数的增加，钢的强度和硬度逐步提高，而塑性和韧性逐步降低；当碳的质量分数 w_C>0.9%时，由

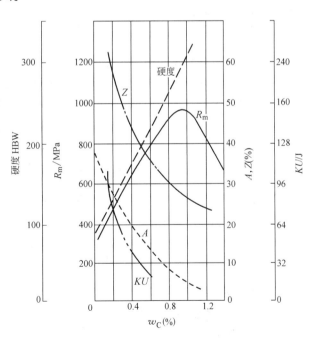

图 4-9　碳的质量分数对钢力学性能的影响

于钢中 Fe$_3$C$_{II}$的含量随着碳的质量分数的增加而急剧增多，并明显地呈网状分布于奥氏体晶

界上，这样不仅降低了钢的塑性和韧性，而且也降低了钢的强度，如图4-9所示。

四、铁碳合金相图的应用

铁碳合金相图从客观上反映了钢铁材料的组织随化学成分和温度变化的规律，因此，它在工程上为零件选材以及制订零件铸、锻、焊、热处理等热加工工艺提供了理论依据，如图4-10所示。例如：钢在室温时，其显微组织由铁素体和渗碳体组成，塑性不如单相奥氏体组织好，如果将钢加热到单相奥氏体区，则钢的内部组织就可转变为奥氏体组织，钢的塑性则明显提高，便于进行压力加工，因此，在锻件的实际生产过程中，锻件的坯料一般都加热到奥氏体单相区，这也就是"趁热打铁"的含义。

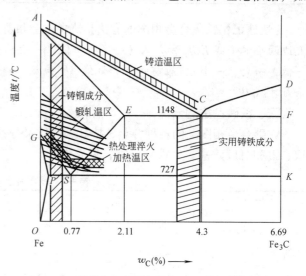

需要说明的是，铁碳合金相图在实际应用时还需考虑其他合金元素、杂质及生产中加热（或冷却）速度较快对相图的影响，不能完全绝对地仅用铁碳合金相图对实际问题进行分析，必须借助

图 4-10　铁碳合金相图与热加工工艺规范的关系

其他知识和参照有关相图等对实际问题进行全面和准确的分析。

小　结

本章主要介绍铁碳合金的基本组织、相图及其应用等内容。在学习过程中，第一，要了解基本组织的特征和性能，并且能结合第三章的金属晶体结构的知识进行分析与对比；第二，要了解相图各个区间的组织组成和特征，尤其是在室温时的六个典型铁碳合金的组织特征一定要熟记，并做到举一反三；第三，要理解共晶转变和共析转变的实质和条件，尤其是转变温度和化学成分要熟记；第四，要了解铁碳合金的化学成分、组织状态和性能之间的定性关系，初步认识本章内容与后续章节之间的关系。

—————— 复习与思考 ——————

一、名词解释

1. 铁素体　2. 奥氏体　3. 珠光体　4. 莱氏体　5. 渗碳体　6. 铁碳合金相图　7. 低温莱氏体　8. 高温莱氏体

二、填空题

1. 填写铁碳合金基本组织的符号：奥氏体_____，铁素体_____，渗碳体_____，珠光体_____，高温莱氏体_____，低温莱氏体_____。

2. 珠光体是由_____和_____组成的机械混合物。

3. 莱氏体是由_____和_____组成的机械混合物。

4. 奥氏体在 1148℃ 时碳的质量分数可达_____，在 727℃ 时碳的质量分数是_____。

5. 碳的质量分数为_____的铁碳合金称为共析钢，当其从高温冷却到点 S（727℃）时会发生_____转变，从奥氏体中同时析出_____和_____的混合物，称为_____。

6. 奥氏体和渗碳体组成的共晶产物称为_____，其碳的质量分数是_____。

7. 亚共析钢中碳的质量分数是_____，其室温组织是_____。

8. 过共析钢中碳的质量分数是_____，其室温组织是_____。

9. 亚共晶白口铸铁中碳的质量分数是_____，其室温组织是_____。

10. 过共晶白口铸铁中碳的质量分数是_____，其室温组织是_____。

三、单项选择题

1. 铁素体是_____晶格，奥氏体是_____晶格，渗碳体是_____晶格。

　A. 体心立方　　　B. 面心立方　　　C. 密排六方　　　D. 复杂的

2. 铁碳合金相图上的 ES 线，用符号_____表示，PSK 线用符号_____表示，GS 线用符号_____表示。

　A. A_1　　　　B. A_{cm}　　　　C. A_3

3. 铁碳合金相图上的共析线是_____，共晶线是_____。

　A. ECF 线　　　B. ACD 线　　　C. PSK 线

四、判断题

1. 金属化合物的特性是硬而脆，莱氏体的性能也是硬而脆，故莱氏体属于金属化合物。（　　）

2. 渗碳体中碳的质量分数是 6.69%。（　　）

3. 在 Fe-Fe₃C 相图中，A_3 温度是随着碳的质量分数的增加而上升的。（　　）

4. 碳溶于 α-Fe 中所形成的间隙固溶体，称为奥氏体。（　　）

5. 铁素体在 770℃ 有磁性转变，在 770℃ 以下具有铁磁性，在 770℃ 以上则失去铁磁性。（　　）

五、简答题

1. 简述碳的质量分数为 0.4% 和 1.2% 的铁碳合金从液态冷至室温时的结晶过程。

2. 将碳的质量分数为 0.45% 的钢和白口铸铁都加热到 1000~1200℃，能否进行锻造？为什么？

六、研讨与交流

1. 针对铁碳合金相图，同学之间互相提问，熟悉铁碳合金相图中的各个相区组成。

2. 如何区分生活中遇到的钢件与铸铁件？想一想，有几种方法可以区分？

第五章

非合金钢

钢是指以铁为主要元素，碳的质量分数一般在 2.11% 以下并含有其他元素的金属材料。钢按化学成分可分为非合金钢、低合金钢和合金钢三大类。其中非合金钢具有价格低、工艺性能好、力学性能可以满足一般使用要求的优点，是工业生产中用量较大的钢铁材料。

第一节　杂质元素对钢性能的影响

实际生产中使用的非合金钢除含有碳元素外，还含有少量的硅、锰、硫、磷等元素。其中硅和锰是钢在冶炼过程中由于加入脱氧剂而残留下来的，而硫、磷、氢等则是从炼钢原料或空气中带入的。这些元素的存在对于钢的组织和性能都能有一定的影响，它们通称为杂质元素。

一、硅对钢性能的影响

硅是作为脱氧剂带入钢中的。硅的脱氧作用比锰强，可防止钢中形成 FeO，有利于改善钢的质量；此外，硅能溶于铁素体中，并使铁素体强化，从而提高钢的强度、硬度和弹性，但硅降低了钢的塑性和韧性。因此，总的来说，硅是钢中的有益元素。

二、锰对钢性能的影响

锰是炼钢时用锰铁脱氧后残留在钢中的杂质元素。锰具有一定的脱氧能力，能把钢中的 FeO 还原成铁，改善钢的质量；锰还可以与硫化合形成 MnS，以减轻硫在钢中的有害作用，降低钢的脆性，改善钢的热加工性能；同时，锰能大部分溶解于铁素体中，形成置换固溶体，并使铁素体强化，提高钢的强度和硬度。因此，总的来说，锰也是钢中的有益元素。

三、硫对钢性能的影响

硫是在炼钢时由矿石和燃料带入钢中的，在炼钢时难以除尽。总的来说，硫是钢中的有害元素。在固态下硫不溶于铁，以 FeS 的形式存在于钢中。FeS 与 Fe 能形成低熔点的共晶体（Fe+FeS），其熔点为 985℃，而且分布在显微组织的晶界上。当钢材在 1000~1200℃ 进行热压力加工时，由于共晶体的熔化，导致钢在热加工时易开裂。这种金属在高温时出现脆裂的现象，称为热脆。因此，钢中硫的质量分数必须严格控制，在我国硫的质量分数一般控制在 0.050% 以下。但在易切削钢中，可适当地提高硫的质量分数，其目的在于提高钢材的切削加工性能。此外，硫对钢的焊接性有不良影响，容易导致焊缝产生热裂、气孔和疏松等缺陷。

四、磷对钢性能的影响

磷是由矿石带入钢中的。一般来说，磷在钢中能全部溶于铁素体中，提高铁素体的强度和硬度。但在室温下磷使钢的塑性和韧性急剧下降，产生低温脆性，这种现象称为冷脆。磷是钢中的有害元素，钢中磷的质量分数即使只有千分之几，也会因析出脆性金属化合物

Fe₃P 而使钢的脆性增加，特别是在低温时更为显著，因此，要限制磷的质量分数。但在易切削钢中，也可适当地提高磷的质量分数，脆化铁素体，改善钢材的切削加工性能。此外，钢中加入适量的磷还可以提高钢材的耐大气腐蚀性能，尤其是在钢中含有适量的铜元素时，其耐大气腐蚀性能更为显著。

五、非金属夹杂物的影响

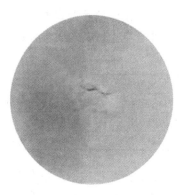

在炼钢过程中，由于少量炉渣、耐火材料及冶炼中的反应物融入钢液中，从而形成氧化物、硫化物、硅酸盐、氮化物等非金属夹杂物（图 5-1）。非金属夹杂物会降低钢的力学性能，特别是降低塑性、韧性及疲劳强度；严重时还会使钢在热加工与热处理时产生裂纹，或使用时造成钢突然脆断。非金属夹杂物也会促使钢形成热加工纤维组织与带状组织，使钢材具有各向异性；严重时使钢的横向塑性仅为纵向塑性的一半，并使钢的韧性大大降低。因此，对于弹簧钢、滚动轴承钢、渗碳钢等重要用途的钢材，需

图 5-1　不锈钢中的非金属夹杂物

要检查其中的非金属夹杂物的数量、形状、大小与分布情况，并按相应的等级标准进行评定。

此外，钢在整个冶炼过程中，由于与空气接触，因而钢液中会吸收一些气体，如氮、氧、氢等。这些气体对钢的质量也会产生不良的影响。尤其是氢对钢的危害很大，它使钢变脆（称为氢脆），也可使钢产生微裂纹（称为白点），严重影响钢的力学性能，使钢容易产生脆断。

【史海探析】 1909 年 3 月 31 日，泰坦尼克号（图 5-2）开始建造于北爱尔兰的最大城市贝尔法斯特的哈南德·沃尔夫造船厂。1912 年 4 月 10 日泰坦尼克号从英国南安普敦港出发，向着计划中的目的地美国纽约行进，开始了"梦幻客轮"的处女航行。当时泰坦尼克号被认为是一个技术成熟的杰作。它有两层船底，由配备的15 道自动水密门隔墙分为 16 个水窗隔舱，即使其中任意2 个隔舱灌满了水，它仍然可正常行驶；即使 4 个隔舱灌满了水，它也可以保持漂浮状态。在当时泰坦尼克号被认为是"根本不可能沉没的船"。1912 年 4 月 14 日晚23 点40 分，泰坦尼克号在北大西洋撞上冰山，仅 2 小时 40 分

图 5-2　泰坦尼克号

钟后就沉没了，造成了当时最严重的一次航海事故。关于泰坦尼克号迅速沉没的原因有多种，其中之一就是因当时的炼钢技术并不十分成熟，炼出的钢铁按现代的标准来说根本不能用于造船。泰坦尼克号上所使用的钢板含有许多化学杂质（如硫化锌），使钢材的韧性不够，再加上长期浸泡在冰冷的海水中，在 -40~0℃的温度范围内，钢材的力学行为由韧性变成脆性，使得钢板更加脆弱，容易断裂。当船体撞上冰山时，便立即破裂并开始进水，从而导致灾难性的脆性断裂。另外，船壳上的铆钉里也含有异常多的玻璃状渣粒，因而铆钉非常脆弱、容易断裂。在船体逐步下沉的过程中，脆弱的船身便迅速发生破裂，这时的船体上层部分几乎已经散了架。因此，即使泰坦尼克号设计先进，也未能逃脱它快速沉没的厄运。

第二节　非合金钢的分类

非合金钢的分类方法有多种，常用的分类方法有以下几种。

一、按非合金钢中碳的质量分数分类

非合金钢按碳的质量分数高低分类，可分为低碳钢、中碳钢和高碳钢三类，见表5-1。

表5-1　低碳钢、中碳钢和高碳钢的定义和典型牌号

名称	定义	典型牌号
低碳钢	碳的质量分数 $w_C<0.25\%$ 的钢铁材料	08钢、10钢、15钢、20钢等
中碳钢	碳的质量分数 $w_C=0.25\%\sim0.60\%$ 的钢铁材料	35钢、40钢、45钢、50钢、55钢等
高碳钢	碳的质量分数 $w_C>0.60\%$ 的钢铁材料	65钢、70钢、75钢、80钢、85钢等

二、按非合金钢主要质量等级和主要性能或使用特性分类

非合金钢按主要质量等级可分为普通质量非合金钢、优质非合金钢和特殊质量非合金钢三类。

1. 普通质量非合金钢

普通质量非合金钢是指对生产过程中控制质量无特殊规定的一般用途的非合金钢。此类钢应用时应满足下列条件：①钢为非合金化的；②不规定热处理；③如产品标准或技术条件中有规定，其特性值（最高值和最低值）应达规定值；④未规定其他质量要求。

普通质量非合金钢主要包括：①一般用途碳素结构钢，如GB/T 700—2006《碳素结构钢》中的A、B级钢；②碳素钢筋钢；③铁道用一般碳素钢，如轻轨和垫板用碳素钢；④一般钢板桩型钢。

2. 优质非合金钢

优质非合金钢是指除普通质量非合金钢和特殊质量非合金钢以外的非合金钢。此类钢在生产过程中需要特别控制质量（如控制晶粒度，降低硫、磷含量，改善表面质量或增加工艺控制等），以达到比普通质量非合金钢特殊的质量要求（如良好的抗脆断性能，良好的冷成形性等），但这种钢的生产控制不如特殊质量非合金钢严格。

优质非合金钢主要包括：①机械结构用优质碳素钢，如GB/T 699—2015《优质碳素结构钢》中的低碳钢和中碳钢；②工程结构用碳素钢，如GB/T 700—2006规定的C、D级钢；③冲压薄板的低碳结构钢；④镀层板、带用的碳素钢；⑤锅炉和压力容器用碳素钢；⑥造船用碳素钢；⑦铁道用优质碳素钢，如重轨用碳素钢；⑧焊条用碳素钢；⑨冷锻、冲压等冷加工用非合金钢；⑩非合金易切削钢；⑪电工用非合金钢板或带；⑫优质铸造碳素钢。

3. 特殊质量非合金钢

特殊质量非合金钢是指在生产过程中需要特别严格控制质量和性能（如控制淬透性和纯洁度）的非合金钢。此类钢（包括易切削钢和工具钢）要经热处理并至少具有下列一种特殊要求：①要求淬火和回火状态下的冲击性能；②有效淬硬深度或表面硬度；③限制表面缺陷；④限制钢中非金属夹杂物含量和（或）要求内部材质均匀性；⑤限制磷和硫的含量（成品中 w_P 和 w_S 均≤0.025%）；⑥限制残余元素Cu、Co、V的最高含量等。

特殊质量非合金钢主要包括：①保证淬透性非合金钢；②保证厚度方向性能非合金钢；

③铁道用特殊非合金钢，如制作车轴坯、车轮、轮箍的非合金钢；④航空、兵器等用非合金结构钢；⑤核压力容器用非合金钢；⑥特殊焊条用非合金钢；⑦碳素弹簧钢；⑧特殊盘条钢及钢丝；⑨特殊易切削钢；⑩碳素工具钢和中空钢；⑪电磁纯铁；⑫原料纯铁。

三、按非合金钢的用途分类

非合金钢按用途分类，可分为碳素结构钢和碳素工具钢。

1. 碳素结构钢

碳素结构钢主要用于制造各种机械零件和工程结构件，其碳的质量分数一般都小于0.70%。此类钢常用于制造齿轮、轴、螺母、弹簧、连杆等机械零件，制作桥梁、船舶、建筑等工程结构件。

2. 碳素工具钢

碳素工具钢主要用于制造工具，如制作刃具、模具、量具等，其碳的质量分数一般都大于0.70%。

四、非合金钢的其他分类方法

非合金钢还可以从其他角度进行分类。例如：按专业分类，可分为锅炉用钢、桥梁用钢、矿用钢、钢轨钢等；按冶炼方法等进行分类，可分为氧气转炉钢、电弧炉钢等。

第三节　非合金钢的牌号及用途

一、普通质量非合金钢

普通质量非合金钢中应用最多的是碳素结构钢，其牌号由代表屈服强度的字母、屈服强度数值、质量等级符号、脱氧方法符号四部分按顺序组成。质量等级分 A、B、C、D 四级，从左至右质量依次提高。屈服强度用"屈"的汉语拼音首位字母"Q"和一组数字表示；脱氧方法用 F、Z、TZ 分别表示沸腾钢、镇静钢、特殊镇静钢，在牌号中"Z"与"TZ"可以省略。例如：Q235AF，表示屈服强度大于或等于235MPa，质量为A级的沸腾碳素结构钢。碳素结构钢的牌号、化学成分和力学性能见表5-2。

表 5-2　碳素结构钢的牌号、化学成分和力学性能（板材厚度小于16mm）

牌号	质量等级	w_C(%)	R_{eH}/MPa	R_m/MPa	A(%)	脱氧方法
Q195		≤0.12	≥195	315~430	≥33	F、Z
Q215A	A	≤0.15	≥215	335~450	≥31	F、Z
Q215B	B	≤0.15	≥215	335~450	≥31	F、Z
Q235A	A	≤0.22	≥235	370~500	≥26	F、Z
Q235B	B	≤0.20	≥235	370~500	≥26	F、Z
Q235C	C	≤0.17	≥235	370~500	≥26	Z
Q235D	D	≤0.17	≥235	370~500	≥26	TZ
Q275A	A	≤0.24	≥275	410~540	≥22	F、Z
Q275B	B	≤0.21	≥275	410~540	≥22	Z
Q275C	C	≤0.20	≥275	410~540	≥22	Z
Q275D	D	≤0.20	≥275	410~540	≥22	TZ

注：数据取自 GB/T 700—2006《碳素结构钢》。

碳素结构钢通常轧制成板材或各种型材（图 5-3 和图 5-4）。碳素结构钢中有害杂质含量相对较多，价格便宜，多用于制作要求不高的机械零件和一般结构件。Q195 系列钢和 Q215 系列钢塑性好，常用于制作薄板、焊接钢管、铁丝、铁钉、铆钉、垫圈、地脚螺栓、冲压件、屋面板、烟囱等。Q235 系列钢常用于制作薄板、中板、型钢、钢筋、钢管、铆钉、螺栓、连杆、销、小轴、法兰盘、机壳、桥梁与建筑结构件、焊接结构件等。Q275 系列钢强度较高，常用于制作要求高强度的拉杆、连杆、键、轴、销钉等。

图 5-3　线材

图 5-4　角钢

二、优质非合金钢的牌号及用途

优质非合金钢中应用最多的是优质碳素结构钢，其牌号用两位数字表示。此两位数字表示该钢的平均碳的质量分数的万分之几（以 0.01% 为单位），如 45 钢表示平均碳的质量分数 $w_C = 0.45\%$ 的优质碳素结构钢；08 钢表示平均碳的质量分数 $w_C = 0.08\%$ 的优质碳素结构钢。

优质碳素结构钢的牌号、化学成分、力学性能和用途举例见表 5-3。

表 5-3　优质碳素结构钢的牌号、化学成分、力学性能和用途举例

牌号	w_C(%)	R_m/MPa	R_{eL}/MPa	A(%)	Z(%)	KU_2/J	用途举例
		不小于					
08	0.05~0.11	325	195	33	60	—	塑性好，适合制造高韧性的冲压件、焊接件、紧固件等，如容器、搪瓷制品、螺栓、螺母、垫圈、法兰盘、钢丝、轴套、拉杆等。部分钢经渗碳淬火后可制造强度不高的耐磨件，如凸轮、滑块、活塞销等
10	0.07~0.13	335	205	31	55	—	
15	0.12~0.18	375	225	27	55	—	
20	0.17~0.23	410	245	25	55	—	
25	0.22~0.29	450	275	23	50	71	
30	0.27~0.34	490	295	21	50	63	综合力学性能较好，适合制造负荷较大的零件，如连杆、螺杆、螺母、轴销、曲轴、传动轴、活塞杆（销）、飞轮、表面淬火齿轮、凸轮、链轮等
35	0.32~0.39	530	315	20	45	55	
40	0.37~0.44	570	335	19	45	47	
45	0.42~0.50	600	355	16	40	39	
50	0.47~0.55	630	375	14	40	31	
55	0.52~0.60	645	380	13	35	—	
60	0.57~0.65	675	400	12	35	—	屈服强度高，硬度高，适合制造弹性零件（如各种螺旋弹簧、板簧等）及耐磨零件（如轧辊、钢丝绳、偏心轮、轴、凸轮、离合器等）
65	0.62~0.70	695	410	10	30	—	
70	0.67~0.75	715	420	9	30	—	

（续）

牌号	w_C(%)	R_m/MPa	R_{eL}/MPa	A(%)	Z(%)	KU_2/J	用途举例
		不小于					
75	0.72~0.80	1080	880	7	30	—	屈服强度高，硬度高，适合制造弹性零件（如各种螺旋弹簧、板簧等）及耐磨零件（如轧辊、钢丝绳、偏心轮、轴、凸轮、离合器等）
80	0.77~0.85	1080	930	6	30	—	
85	0.82~0.90	1130	980	6	30	—	

注：数据取自 GB/T 699—2015《优质碳素结构钢》。

优质碳素结构钢按用途可分为冲压钢、渗碳钢、调质钢和弹簧钢。

1）冲压钢。冲压钢中碳的质量分数低，塑性好，强度低，焊接性能好，主要用于制造薄板，制造冲压零件和焊接件，常用钢种有 08 钢、10 钢和 15 钢。

2）渗碳钢。渗碳钢强度较低，塑性和韧性较高，冲压性能和焊接性能好，可以制造各种受力不大但要求高韧性的零件，如焊接容器与焊接件、螺钉、杆件、轴套、冲压件等。这类钢经渗碳淬火后，表面硬度可达 60HRC 以上，表面耐磨性较好，而心部具有一定的强度和良好的韧性，可用于制造要求表面硬度高、耐磨，并承受冲击载荷的零件。常用钢种有 15 钢、20 钢、25 钢等。

3）调质钢。调质钢经过热处理后具有良好的综合力学性能，主要用于制作要求强度、塑性、韧性都较高的零件，如齿轮（图 5-5）、套筒、轴类等零件。这类钢在机械制造中应用广泛，特别是 40 钢、45 钢在机械零件中应用更广泛。常用钢种有 30 钢、35 钢、40 钢、45 钢、50 钢、55 钢等。

4）弹簧钢。弹簧钢经热处理后可获得较高的规定塑性延伸强度，主要用于制造尺寸较小的弹簧、弹性零件及耐磨零件，如机车车辆及汽车上的螺旋弹簧（图 5-6）、板弹簧、气门弹簧、弹簧发条等。常用钢种有 60 钢、65 钢、70 钢、75 钢、80 钢、85 钢等。

图 5-5　齿轮

图 5-6　螺旋弹簧

三、其他专用优质非合金钢的牌号及用途

在优质碳素结构钢基础上发展了一些专门用途的钢，如易切削钢、锅炉用钢、矿用钢、钢轨钢、桥梁钢等。专门用途钢的牌号表示方法是在牌号的首部或尾部用符号标明其用途，如 25MnK 即表示在 25Mn 钢的基础上发展起来的矿用钢，钢中平均碳的质量分数 w_C = 0.25%，锰的质量分数约为 1%。常用钢材名称及其用途表示符号见表 5-4。

表 5-4 常用钢材名称及其用途表示符号

名称	汉字	符号	在牌号中的位置	名称	汉字	符号	在牌号中的位置
易切削钢	易	Y	头	船用钢	—	用国际符号	—
钢轨钢	轨	U	头	碳素结构钢	屈	Q	头
焊接用钢	焊	H	头	低合金高强度结构钢	屈	Q	头
热轧光圆钢筋	—	HPB（英）	头	铸造用生铁	铸	Z	头
地质钻探钢管用钢	地质	DZ	头	矿用钢	矿	K	尾
车辆车轴用钢	辆轴	LZ	头	桥梁用钢	桥	q	尾
机车车轴用钢	机轴	JZ	头	锅炉和压力容器用钢	容	R	尾
（滚珠）轴承钢	滚	G	头	汽车大梁用钢	梁	L	尾
热轧带肋钢筋	—	HRB（英）	头	耐候钢	耐候	NH	尾
低温压力容器用钢	低容	DR	尾	焊接气瓶用钢	焊瓶	HP	头
非调质机械结构钢	非	F	头	保证淬透性钢	淬透性	H（英）	尾
电磁纯铁	电铁	DT	头	沸腾钢	沸	F	尾
碳素工具钢	碳	T	头	镇静钢	镇	Z	尾
冷镦钢（铆螺钢）	铆螺	ML	头	半镇静钢	半	b	尾
船用锚链钢	船锚	CM	头	特殊镇静钢	特镇	TZ	尾
管线用钢	管线	L（英）	头	高性能建筑结构用钢	高建	GJ	尾
细晶粒热轧带肋钢筋	—	HRBF（英）	头	低焊接裂纹敏感性钢	—	CF（英）	尾
冷轧带肋钢筋	—	CRB（英）	头	煤机用钢	煤	M	头
预应力混凝土用螺纹钢筋	—	PSB（英）	头				

注：数据取自 GB/T 221—2008《钢铁产品牌号表示方法》。

1. 易切削钢

易切削钢是在钢中加入一种或几种元素，使其本身或与其他元素形成一种对切削加工有利的夹杂物，来改善钢材的切削加工性能的钢材。易切削钢中常加入的元素有硫（S）、磷（P）、铅（Pb）、钙（Ca）、硒（Se）、碲（Te）等。易切削钢适合于在自动机床上进行高速切削制作通用零件，如 Y45Ca 钢适合于高速切削加工，其生产率比 45 钢高一倍多，又节省工时，可用于制造齿轮轴、花键轴等零件。易切削钢不仅应保证在高速切削条件下零件对刀具的磨损要小，而且还要求零件切削后其表面的粗糙度值要小。例如：为了提高切削加工性，钢中加入硫（$w_S = 0.18\% \sim 0.30\%$）和锰（$w_{Mn} = 0.6\% \sim 1.55\%$），使钢内形成大量的 MnS 夹杂物。在切削时，这些夹杂物可起断屑作用，从而减少动力损耗。另外，硫化物在切削过程中还具有一定的润滑作用，可以减小刀具与零件表面的摩擦，延长刀具的使用寿命。在易切削钢中适当提高磷的质量分数，可使铁素体脆化，也能提高钢材的切削加工性能。

易切削钢的牌号以"Y+数字"表示，"Y"是"易"字汉语拼音首位字母，数字为钢中平均碳的质量分数的万分之几，如 Y12 表示平均碳的质量分数 $w_C = 0.12\%$ 的易切削钢；锰的质量分数较高的易切削钢，应在牌号后附加 Mn，如 Y40Mn 等。

目前，易切削钢主要用于制造受力较小、不太重要的、大批生产的标准件，如螺钉、螺母、垫圈、垫片、缝纫机、计算机和仪表零件等。此外，易切削钢还用于制造炮弹的弹头、炸弹壳等，使之在爆炸时能碎裂成更多的弹片来提高杀伤力。常用易切削钢有 Y12 钢、Y20 钢、Y30 钢、Y35 钢、Y40Mn 钢、Y45Ca 钢等。

2. 锅炉用钢

锅炉用钢是在优质碳素结构钢的基础上发展起来的专门用于制作锅炉构件的钢种，如 20G、22G、16MnG 钢等。锅炉用钢要求化学成分与力学性能均匀，经冷成形后在长期存放和使用过程中仍能保证足够高的韧性。

3. 焊接用钢

焊接用钢（焊芯、实芯焊丝）牌号用"H"表示，"H"后面的一位或两位数字表示平均碳的质量分数的万分数；化学符号及其后面的数字表示该元素平均质量分数的百分数（若含量小于 1%，则不标明数字）；"A"表示优质（即焊接用钢中 S、P 含量比优质钢低）；"E"表示高级优质（即焊接用钢中 S、P 含量比优质钢更低）。例如：H08MnA 中，H 表示焊接用钢，08 表示平均碳的质量分数为 0.08%，Mn 表示平均锰的质量分数小于 1%，A 表示优质焊接用钢。常用焊接用钢有 H08、H08E、H08MnA、H08Mn2、H10MnSi 钢等。

4. 铸造非合金钢

在生产中有许多形状复杂的零件，很难用锻压等方法成形，用铸铁铸造又难以满足力学性能要求，这时常选用铸钢，并采用铸造成形方法来获得铸钢件。铸造非合金钢包括一般工程用铸造碳钢和焊接结构用碳素铸钢。铸造非合金钢广泛用于制造重型机械的结构件，如箱体、曲轴、连杆（图 5-7）、轧钢机机架、水压机横梁、锻锤砧座等。铸造非合金钢中碳的质量分数一般在 0.20%~0.60% 之间，如果碳的质量分数过高，则钢的塑性差，且铸造时易产生裂纹。

图 5-7　连杆

一般工程用铸造碳钢的牌号由"铸钢"两字的汉语拼音字首"ZG"后面加两组数字组成，第一组数字代表屈服强度的最低值，第二组数字代表抗拉强度的最低值。例如：ZG 200-400 表示屈服强度≥200MPa，抗拉强度 R_m≥400MPa 的一般工程用铸造碳钢。常用一般工程用铸造碳钢的牌号有 ZG 200-400、ZG 230-450、ZG 270-500、ZG 310-570 和 ZG 340-640。

焊接结构用碳素铸钢的牌号表示方法与一般工程用铸造碳钢的牌号基本相同，所不同的是需要在数字后面加注字母"H"，如 ZG 200-400H、ZG 230-450H、ZG 270-480H 等。

四、特殊质量非合金钢的牌号及用途

特殊质量非合金钢中应用最多的是碳素工具钢。碳素工具钢是用于制造刀具、模具和量具的钢。由于大多数工具都要求高硬度和耐磨性好，故碳素工具钢中碳的质量分数都在 0.7% 以上，而且此类钢都是优质钢和高级优质钢，有害杂质元素 S、P 含量较少，质量较高。

碳素工具钢的牌号以碳的汉语拼音字首"T"开头，其后的数字表示平均碳的质量分数的千分数。例如：T8 表示平均碳的质量分数 w_C = 0.80% 的碳素工具钢。如果是高级优质碳素工具钢，则在钢的牌号后面标以字母"A"，如 T12A 表示平均碳的质量分数 w_C = 1.20% 的高级优质碳素工具钢。碳素工具钢的牌号、化学成分、硬度及用途举例见表 5-5。

表5-5 碳素工具钢的牌号、化学成分、硬度及用途举例

牌号	化学成分（%）			退火状态的硬度	试样淬火（水冷）温度及硬度	用途举例
	w_C	w_{Si}	w_{Mn}			
T7 T7A	0.65~0.74	≤0.35	≤0.40	≤187HBW	800~820℃ ≥62HRC	用于制造能承受冲击、韧性较好、要求硬度适当的工具，如扁铲、手钳、手用大锤、旋具、木工工具、钳工工具、钢印、锻模等
T8 T8A	0.75~0.84	≤0.35	≤0.40	≤187HBW	780~800℃ ≥62HRC	用于制造能承受一定冲击、要求具有较高硬度与耐磨性的工具，如冲模、铆钉冲模、压缩空气锤工具、钳工装配工具、刀具及木工工具等
T10 T10A	0.95~1.04	≤0.35	≤0.40	≤197HBW	760~780℃ ≥62HRC	用于制造不受剧烈冲击、要求具有高硬度与耐磨性的工具，如车刀、刨刀、冲头、丝锥、钻头、手锯锯条、钳工刮刀等
T12 T12A	1.15~1.24	≤0.35	≤0.40	≤207HBW	760~780℃ ≥62HRC	用于制造不受冲击、要求具有高硬度、高耐磨性的工具，如锉刀、刮刀、车刀、丝锥、钻头、板牙、量规、冷切边模、冲孔模等

注：数据取自 GB/T 1299—2014《工模具钢》。

　　碳素工具钢随着碳的质量分数的增加，其硬度和耐磨性提高，而韧性下降，其应用场合也有所不同。T7、T8 一般用于制造要求韧性稍高的工具，如冲头、錾子、简单模具、木工工具等；T10 一般用于制造要求中等韧性、高硬度的工具，如手锯锯条（图5-8）、丝锥、板牙等，也可用于制造要求不高的模具；T12 具有高硬度和高耐磨性，但韧性低，一般用于制造量具、锉刀（图5-9）、钻头、刮刀等。高级优质碳素工具钢由于含杂质和非金属夹杂物少，在磨削加工后能获得较高级的精加工表面，可用于制造精度较高、形状较复杂的工具。

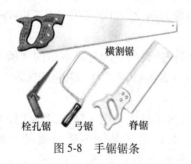

横割锯

栓孔锯　弓锯　脊锯

图5-8 手锯锯条

图5-9 锉刀

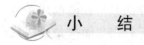 小　结

　　本章主要介绍非合金钢的定义、分类、牌号、性能及其应用等内容。学习目标：第一，要了解非合金钢的分类方法和牌号的命名方法，以便为学习后续章节奠定基础，如钢的热处

理一章与此章内容密切相关；第二，要了解非合金钢的化学成分与组织和性能之间的定性关系，为分析和确定钢材的性能和加工工艺建立分析思路；第三，初步了解部分非合金钢在典型零件生产中的应用，为以后零件的选材和制订加工工艺建立感性认识，如简单弹簧零件一般可选用60钢、65钢、70钢等，一般的轴与齿轮类零件可选用40钢、45钢等，这方面的实践经验和认识非常重要，它也是学习金属材料相关知识的最终目的。

-------- 复习与思考 --------

一、名词解释

1. 热脆 2. 冷脆 3. 普通质量非合金钢 4. 优质非合金钢 5. 特殊质量非合金钢

二、填空题

1. 钢中所含的有害杂质元素主要是_____、_____。

2. 钢中非金属夹杂物主要有_____、_____、_____、_____等。

3. 按碳的质量分数高低分类，非合金钢可分为_____碳钢、_____碳钢和_____碳钢三类。

4. 在非合金钢中按钢的用途可分为_____、_____两类。

5. 碳素结构钢的质量等级可分为_____、_____、_____、_____四级。

6. 优质碳素结构钢按用途可分为_____钢、_____钢、_____钢和弹簧钢。

7. 45钢按用途分类，属于_____钢；按主要质量等级分类，属于_____钢。

8. 铸造非合金钢包括_____用铸造碳钢和_____用碳素铸钢。

9. ZG 200-400 表示_____≥200MPa，_____≥400MPa 的一般工程用铸造碳钢。

10. T12A按用途分类，属于_____钢；按碳的质量分数分类，属于_____；按主要质量等级分类，属于_____。

三、单项选择题

1. 普通非合金钢、优质非合金钢和特殊质量非合金钢是按_____进行区分的。

    A. 主要质量等级   B. 主要性能   C. 使用特性   D. 前三者综合考虑

2. 08钢牌号中，08表示其平均碳的质量分数是_____。

    A. 0.08%   B. 0.8%   C. 8%

3. 在下列三种钢中，_____钢的弹性最好，_____钢的硬度最高，_____钢的塑性最好。

    A. T12   B. 15   C. 65

4. 选择制造下列零件的钢材：冲压件用_____，齿轮用_____，小弹簧用_____。

    A. 08钢   B. 70钢   C. 45钢

5. 选择制造下列工具所用的钢材：木工工具用_____，锉刀用_____，手锯锯条用_____。

    A. T8A   B. T10   C. T12

四、判断题

1. 氢对钢的危害很大，它使得钢变脆（称为氢脆），也使钢产生微裂纹（称为白点）。
（　　）

2. Y12 表示其平均碳的质量分数 $w_C = 0.12\%$ 的易切削钢。（　　）

3. 铸钢可用于铸造生产形状复杂而力学性能要求较高的零件。（　　）

4. T10 中碳的质量分数是 10%。（　　）

5. 高碳钢的质量优于中碳钢，中碳钢的质量优于低碳钢。（　　）

6. 碳素工具钢都是高级优质钢。（　　）

7. 碳素工具钢中碳的质量分数一般都大于 0.7%。（　　）

8. 高级优质碳素工具钢由于含杂质和非金属夹杂物少，在磨削加工后能获得较高级的精加工表面，可用于制造精度较高、形状较复杂的工具。（　　）

五、简答题

1. 为什么在非合金钢中要严格控制硫、磷元素的质量分数？而在易切削钢中又要适当地提高硫、磷元素的质量分数？

2. 碳素工具钢随着碳的质量分数的提高，其力学性能有何变化？

六、课外调研

通过看报纸或查阅有关资料，调研一下各种非合金钢的牌号、应用和实际价格。

第六章
钢的热处理

热处理是指采用适当的方式对金属材料或工件进行加热、保温和冷却，以获得预期的组织结构与性能的工艺。热处理工艺过程由加热、保温和冷却三个阶段组成，并可用热处理工艺曲线来表示，如图6-1所示。热处理是机械零件及工模具制造过程中的重要工序，它担负着改善零件的组织和性能，充分发挥材料的潜力，改善零件的使用性能和提高零件使用寿命的任务。对于机械装备制造业来说，各类机床中需要经过热处理的工件约占其总重量的60%~70%；汽车、拖拉机中约占其70%~80%；而轴承、各种工模具等几乎100%需要热处理。因此，热处理在机械装备制造业中占有十分重要的地位。

常用的热处理加热设备有箱式电阻炉（图6-2）、盐浴炉、井式炉、火焰加热炉等。常用的冷却设备有水槽、油槽、盐浴、缓冷坑、吹风机等。

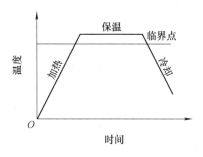

图6-1　热处理工艺曲线

图6-2　箱式电阻炉

钢的热处理依据是铁碳合金相图，基本原理主要是利用钢在加热和冷却时其内部组织发生转变的基本规律。人们根据这些基本规律和零件预期的使用性能要求，选择科学合理的加热温度、保温时间和冷却介质等参数，以改善钢材性能，满足零件的性能需要。根据零件热处理的目的、加热方法和冷却方法的不同，热处理工艺分类及名称见表6-1。

表6-1　热处理工艺分类及名称

工艺类型	热处理		
	整体热处理	表面热处理	化学热处理
工艺名称	退火	表面淬火和回火	渗碳
	正火	物理气相沉积	碳氮共渗
	淬火	化学气相沉积	渗氮
	淬火和回火	等离子体增强化学气相沉积	氮碳共渗
	调质	离子注入	渗其他非金属
	稳定化处理		渗金属
	固溶处理、水韧处理		多元共渗
	固溶处理和时效		

【对比与分析】与其他加工工艺相比，热处理一般不改变工件的形状和整体的化学成分，而是通过改变工件内部的显微组织，或改变工件表面的化学成分，赋予或改善工件的使用性能。热处理的特点是改善工件的内在组织和质量，而这种变化过程并不能通过肉眼从零件外观上看到。

第一节　钢在加热时的组织转变

大多数零件的热处理都是先加热到临界点以上某一温度区间，使其全部或部分得到均匀的奥氏体组织，但奥氏体一般不是人们最终需要的组织，而是在随后的冷却中，通过采用适当的冷却方法，获得人们所需要的其他组织，如马氏体、贝氏体、托氏体、索氏体、珠光体等组织。

金属材料在加热或冷却过程中，发生相变的温度称为临界点（或相变点）。铁碳合金相图中 A_1、A_3、A_{cm} 是平衡条件下的临界点。铁碳合金相图中的临界点是在缓慢加热或缓慢冷却条件下测得的，而在实际生产过程中，加热过程或冷却过程并不是平衡状态或非常缓慢地进行的，所以，实际生产中钢铁材料发生组织转变的温度与铁碳合金相图中的理论临界点 A_1、A_3、A_{cm} 之间有一定的偏离，如图 6-3 所示。实际生产过程中钢铁材料随着加热速度或冷却速度的增加，其相变点的偏离程度将逐渐增大。为了区别钢铁材料在实际加热或冷却时的相变点，加热时在"A"后加注"c"，冷却时在"A"后加注"r"。因此，钢铁材

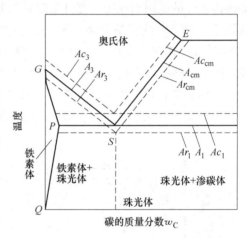

图 6-3　铁碳合金相图上各相变点的位置

料实际加热时的临界点标注为 Ac_1、Ac_3、Ac_{cm}；钢铁材料实际冷却时的临界点标注为 Ar_1、Ar_3、Ar_{cm}。

【联想与分析】我们经常会遇到这样的问题，即从点 A 到点 B 如果无法实现时，往往会想到先到可以去的点 C，然后再从点 C 到点 B，从而实现预定目标。热处理过程中加热的目的就相当于我们要选的点 C，而点 B 就相当于冷却时我们要获得的组织和使用性能。同时，从这个比喻中我们可以看出，从点 A→点 C 代表热处理中的加热过程，而从点 C→点 B 则代表热处理中的冷却过程。这样也就不难理解热处理过程中钢铁材料为什么需要加热过程和冷却过程了。

一、奥氏体的形成

以共析钢（$w_C=0.77\%$）为例，其室温平衡组织是珠光体 P，即由铁素体 F 和渗碳体 Fe_3C 两相组成的机械混合物。铁素体是体心立方晶格，在点 A_1 时 $w_C=0.0218\%$；渗碳体是复杂晶格，其 $w_C=6.69\%$。当加热到临界点 A_1 以上时，珠光体转变为奥氏体 A，奥氏体是面心立方晶格，其 $w_C=0.77\%$。由此可见，珠光体向奥氏体的转变，是由化学成分和晶格类型都不相同的两相，转变为另一种化学成分和晶格的过程，因此，在转变过程中必须进行碳原子的扩散和铁原子的晶格重构，即发生相变。

实验与研究结果证明，奥氏体的形成是通过形核和核长大过程实现的。珠光体向奥氏体的转变可以分为四个阶段，即奥氏体晶核形成、奥氏体晶核长大、剩余渗碳体溶解和奥氏体化学成分均匀化。图 6-4 所示为共析钢奥氏体形成过程示意图。

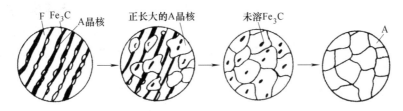

a) 奥氏体晶核形成　　b) 奥氏体晶核长大　　c) 剩余渗碳体溶解　　d) 奥氏体化学成分均匀化

图 6-4　共析钢奥氏体形成过程示意图

1）奥氏体晶核形成。共析钢加热到 A_1 时，奥氏体晶核优先在铁素体与渗碳体的相界面上形成，这是由于相界面的原子是以渗碳体与铁素体两种晶格的过渡结构排列的，原子偏离平衡位置处于畸变状态，具有较高的能量；另外，渗碳体与铁素体的交界处碳的分布是不均匀的，这些都在化学成分、结构和能量上为形成奥氏体晶核提供了有利条件。

2）奥氏体晶核长大。奥氏体形核后，奥氏体核的相界面会向铁素体与渗碳体两个方向同时长大。奥氏体晶核长大过程一方面是由铁素体晶格逐渐改组为奥氏体晶格的过程；另一方面是通过渗碳体连续分解和碳原子扩散，逐步使奥氏体晶核长大。

3）剩余渗碳体溶解。由于渗碳体的晶体结构和碳的质量分数与奥氏体差别较大，因此，渗碳体向奥氏体中溶解的速度必然落后于铁素体向奥氏体的转变速度。在铁素体全部转变完后，仍会有部分渗碳体尚未溶解，因而渗碳体还需要一段时间继续向奥氏体中溶解，直至全部溶解完为止。

4）奥氏体化学成分均匀化。奥氏体转变结束时，其化学成分处于不均匀状态，在原来铁素体处碳的质量分数较低，在原来渗碳体处碳的质量分数较高。因此，只有继续延长保温时间，通过碳原子的扩散过程才能得到化学成分均匀的奥氏体组织。均匀的奥氏体组织可以保证奥氏体在以后的冷却过程中获得化学成分均匀的组织与性能。

亚共析钢（$0.0218\% \leqslant w_C < 0.77\%$）和过共析钢（$0.77\% < w_C \leqslant 2.11\%$）的奥氏体形成过程基本上与共析钢相同。所不同的是，亚共析钢和过共析钢在加热时有剩余相出现。由铁碳合金相图可以看出，亚共析钢的室温平衡组织是铁素体和珠光体，当加热温度为 $Ac_1 \sim Ac_3$ 时，珠光体转变为奥氏体，剩余相为铁素体；当加热温度超过 Ac_3，并保温适当时间时，剩余相铁素体全部消失，得到化学成分均匀单一的奥氏体组织。同样，过共析钢的室温平衡组织是渗碳体和珠光体，当加热温度为 $Ac_1 \sim Ac_{cm}$ 时，珠光体转变为奥氏体，剩余相为渗碳体；当加热温度超过 Ac_{cm}，并保温适当时间时，剩余相渗碳体全部消失，得到化学成分均匀单一的奥氏体组织。

二、奥氏体晶粒长大及其控制措施

钢铁材料中奥氏体晶粒的大小将直接影响其冷却后的组织和性能。如果奥氏体晶粒细小，则其转变产物的晶粒也较细小，其性能（如韧性和强度）也较高；反之，转变产物的晶粒则粗大，其性能（如韧性和强度）则较低。将钢铁材料加热到临界点以上时，刚形成的奥氏体晶粒一般都很细小。如果继续升温或延长保温时间，便会使奥氏体晶粒长大。因此，在生产中常采用以下措施来控制奥氏体晶粒的长大。

1. 合理选择加热温度和保温时间

奥氏体形成后，随着加热温度的继续升高，或者保温时间的延长，奥氏体晶粒将会不断长大，特别是加热温度的升高对奥氏体晶粒的长大影响更大。这是由于晶粒长大是通过原子扩散进行的，而扩散速度是随加热温度的升高而急剧增大的。因此，合理选择加热温度和保温时间，可以获得较细小的奥氏体晶粒。

2. 选用含有合金元素的钢

碳能与一种或数种金属元素构成金属化合物（或称为碳化物）。大多数合金元素，如Cr、W、Mo、V、Ti、Nb、Zr等，在钢中均可以形成难溶于奥氏体的碳化物，如 Cr_7C_3、W_2C、Mo_2C、VC、TiC、NbC、ZrC 等，这些碳化物弥散分布在晶粒边界上，可以阻碍或减慢奥氏体晶粒的长大。因此，含有合金元素的钢铁材料可以获得较细小的晶粒组织，同时也可以获得较好的使用性能。另外，碳化物硬度高、脆性大，因此钢铁材料中存在适量的碳化物可以提高其硬度和耐磨性，满足特殊需要。

评价奥氏体晶粒大小的指标是奥氏体晶粒度。一般根据标准晶粒度等级图确定钢的奥氏体晶粒大小，如图6-5所示。标准晶粒度等级分为8个等级，其中1~4级为粗晶粒，5~8级为细晶粒。

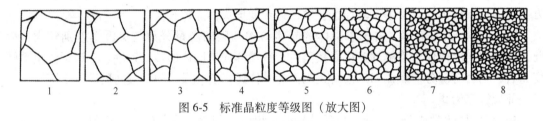

图6-5 标准晶粒度等级图（放大图）

第二节 钢在冷却时的组织转变

一、冷却方式

实践经验证明，同一化学成分的钢，加热到奥氏体状态后，如果采用不同的冷却速度进行冷却，将得到形态不同的各种室温组织，从而获得不同的使用性能，见表6-2。这种现象已不能用铁碳合金相图来解释了。因为铁碳合金相图只能说明平衡状态时的相变规律，如果冷却速度提高，则脱离了平衡状态。因此，正确认识钢铁材料在冷却时的相变规律，对理解和制订钢铁材料的热处理工艺有着重要意义。

表6-2 $w_C = 0.45\%$ 的非合金钢经 840℃加热后，以不同方法冷却后的力学性能

冷却方法	R_m/MPa	屈服强度/MPa	A（%）	Z（%）	硬度
炉内缓冷	530	280	32.5	49.3	160~200HBW
空气冷却	670~720	340	15~18	45~50	170~240HBW
油中冷却	900	620	18~20	48	40~50HRC
水中冷却	1000	720	7~8	12~14	52~58HRC

通常钢铁材料在冷却时，可以采取两种转变方式，即等温转变和连续冷却转变，如图6-6所示。钢铁材料在一定冷却速度下进行冷却时，奥氏体需要过冷到共析温度 A_1 以下才能完成转变。在共析温度 A_1 以下存在的奥氏体称为过冷奥氏体，也称为亚稳奥氏体，它具有较强的相变趋势，可以转变为其他组织。

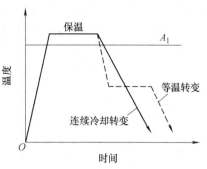

图6-6　等温转变曲线
和连续冷却转变曲线

【联想与对比】我们在炎热的夏天能够品尝各种冰凉透心的冰糕，我们也知道冰糕在户外是不会保持很长时间的，迟早会转变为"液体冰糕"。

联想到奥氏体组织，我们会发现，奥氏体应该在共析温度 A_1 以上存在，在共析温度 A_1 以下奥氏体便会转变为其他组织，如珠光体、贝氏体、马氏体等，但如果冷却速度较快，奥氏体还来不及发生转变时，就会出现暂时存在的亚稳奥氏体，即在共析温度 A_1 以下存在的奥氏体。这里的亚稳奥氏体就相当于我们在夏天吃的"冰糕"，而"液体冰糕"就相当于亚稳奥氏体即将转变的产物。但需注意的是，冰糕是固液两态的转变，而奥氏体的转变却没有物态的变化。

二、过冷奥氏体的等温转变

过冷奥氏体的等温转变是指工件奥氏体化后，冷却到临界点（Ar_1 或 Ar_3）以下的某一温度区间内等温保持时，过冷奥氏体发生的相变。

1. 过冷奥氏体等温转变图

以共析钢为例，使具有不同过冷度的过冷奥氏体进行等温转变，分别测定过冷奥氏体转变开始和转变终止的时间，并标注在温度-时间坐标中，然后分别将转变开始点和转变终止点连接起来，即可得到过冷奥氏体转变开始曲线和过冷奥氏体转变终止曲线，如图6-7所示。

在过冷奥氏体等温转变图（图6-7）中，过冷奥氏体转变开始曲线以左部分是过冷奥氏

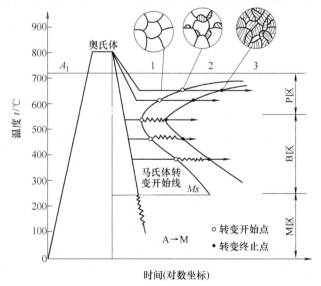

图6-7　共析钢过冷奥氏体等温转变图

体区，过冷奥氏体在此区域处于等温转变的孕育期，但尚未发生转变。过冷奥氏体转变终止曲线以右部分是过冷奥氏体等温转变完成区。过冷奥氏体转变开始曲线和过冷奥氏体转变终止曲线之间的区域是过冷奥氏体正在发生等温转变的转变区。A_1线以上的区域是稳定的奥氏体区。过冷奥氏体等温转变图下面的水平线为 Ms 线，是奥氏体连续快冷时过冷奥氏体直接向马氏体转变的开始线，Ms 线下方的水平线 Mf 线（一般在 0℃ 以下，图 6-7 中未标出）是过冷奥氏体向马氏体转变的终止线。

从过冷奥氏体等温转变图可以看出，曲线左中部突出的"鼻尖"部位（约550℃处）是过冷奥氏体等温转变孕育期最短的部分。在"鼻尖"附近，过冷奥氏体转变最快，同时也说明过冷奥氏体在"鼻尖"附近最不稳定。而在"鼻尖"的上部和下部，过冷奥氏体的孕育期相对较长，过冷奥氏体转变放慢，同时过冷奥氏体的稳定性也相对增大。

2. 过冷奥氏体等温转变的产物和性能

由过冷奥氏体等温转变图可以看出，过冷奥氏体在 A_1 线以下不同温度进行等温转变时，会产生不同的等温转变产物。对于共析钢的等温转变过程，根据转变产物的组织特征不同，可划分为高温转变区（珠光体型转变区）、中温转变区（贝氏体型转变区）和低温转变区（马氏体型转变区）。共析钢过冷奥氏体等温转变温度与转变产物的组织和性能见表6-3。

表 6-3　共析钢过冷奥氏体等温转变温度与转变产物的组织和性能

转变温度范围	过冷程度	转变产物	代表符号	组织形态	层片间距	转变产物的硬度
$A_1 \sim 650℃$	小	珠光体	P	粗片状	约 0.3μm	<25HRC
650~600℃	中	索氏体	S	细片状	0.1~0.3μm	25~30HRC
600~550℃	较大	托氏体	T	极细片状	约 0.1μm	30~40HRC
550~350℃	大	上贝氏体	$B_上$	羽毛状	—	40~50HRC
350℃ ~ Ms	更大	下贝氏体	$B_下$	针叶状	—	50~60HRC
Ms ~ Mf	最大	马氏体	M	板条状	—	40HRC 左右
Ms ~ Mf	最大	马氏体	M	双凸透镜状	—	>60HRC

另外，采用等温转变可以获得单一的组织，如珠光体、索氏体、托氏体、上贝氏体、下贝氏体和马氏体等组织。

三、过冷奥氏体的连续冷却转变

过冷奥氏体的连续冷却转变是指工件奥氏体化后以不同冷却速度连续冷却时过冷奥氏体发生的相变。

1. 过冷奥氏体连续冷却转变图

在实际生产中，钢铁材料的冷却一般不是等温进行而是连续进行的，如钢件退火时是炉冷，正火时是空冷，淬火时是水冷等。因此，认识过冷奥氏体连续冷却转变曲线具有实际的指导意义。图 6-8 所示为共析钢过冷奥氏体连续冷却转变图。从图 6-8 中可以看出，共析钢在连续冷却转变过程中，只发生珠光体转变和马氏体转变，没有贝氏体转变。珠光体转变区由三条线构成：Ps 线是过冷奥氏体

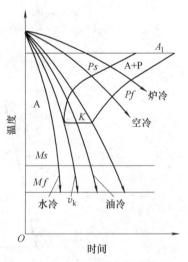

图 6-8　共析钢过冷奥氏体连续冷却转变图

向珠光体转变开始线；*Pf* 线是过冷奥氏体向珠光体转变终了线；*K* 线是过冷奥氏体向珠光体转变停止线，它表示冷却曲线碰到 *K* 线时，过冷奥氏体向珠光体转变便立即停止，剩余的过冷奥氏体一直冷却到 *Ms* 线以下时发生马氏体转变。如果过冷奥氏体在连续冷却过程中不发生分解而全部过冷到马氏体区的最小冷却速度是 v_k，则称 v_k 是获得马氏体组织的临界冷却速度。钢在淬火时的冷却速度必须大于 v_k。

2. 过冷奥氏体连续冷却转变的产物

采用连续冷却转变时，由于连续冷却转变是在一个温度范围内进行的，因此，连续冷却转变的转变产物往往不是单一的，根据冷却速度的不同，其转变产物有可能是 P+S、S+T 及 T+M 等。

第三节 退火与正火

退火与正火是钢铁材料常用的两种基本热处理工艺方法，主要用来处理毛坯件（如铸件、锻件、焊件等），为以后的切削加工和最终热处理做组织准备，因此，退火与正火通常又称为预备热处理。对一般铸件、锻件、焊件以及性能要求不高的工件来讲，退火和正火也可作为最终热处理。

【实践经验】钢铁材料适宜切削加工的硬度范围是 170~260HBW。如果钢铁材料的硬度高于 260HBW，则不容易切削，并会加剧切削刀具的磨损；相反，如果钢铁材料的硬度低于 170HBW，则容易发生"粘刀"现象，影响工件表面加工质量和加工效率。对于钢铁材料，合理选择退火工艺或正火工艺的目的之一就是为了使钢铁材料获得适宜切削加工的硬度。一般来说，选择退火工艺，可以降低钢铁材料的硬度；而选择正火工艺，则可以适当提高钢铁材料的硬度。

一、退火

退火是将工件加热到适当温度，保持一定时间，然后缓慢冷却的热处理工艺。退火的目的是消除钢铁材料的内应力；降低钢铁材料的硬度，提高其塑性；细化钢铁材料的组织，均匀其化学成分，并为最终热处理做好组织准备。根据钢铁材料化学成分和退火目的的不同，退火通常分为完全退火、等温退火、球化退火、去应力退火、均匀化退火等。在机械零件的制造过程中，一般将退火作为预备热处理工序，并安排在铸造、锻造、焊接等工序之后，粗切削加工之前，用来消除前一道工序中所产生的某些缺陷或残余应力，为后续工序做好组织准备。

部分退火工艺的加热温度范围如图 6-9 所示。部分退火工艺曲线如图 6-10 所示。

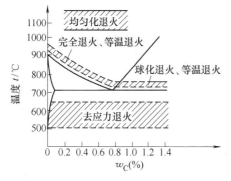

图 6-9 部分退火工艺的加热温度范围

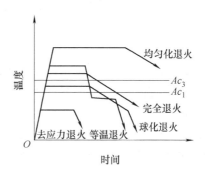

图 6-10 部分退火工艺曲线

1. 完全退火

完全退火是将工件完全奥氏体化后缓慢冷却，获得接近平衡组织的退火。钢经完全退火后所得到的室温组织是铁素体和珠光体。完全退火的主要目的是细化组织，降低硬度，提高塑性，消除化学成分偏析。

完全退火主要用于处理亚共析钢（$0.0218\% \leqslant w_C < 0.77\%$）制造的铸件、锻件、焊件等，其加热温度是 Ac_3 以上 $30 \sim 50℃$。过共析钢（$0.77\% < w_C \leqslant 2.11\%$）制造的工件不宜采用完全退火，因为过共析钢加热到 Ac_{cm} 以上后形成奥氏体组织，而奥氏体在冷却时会以网状二次渗碳体（Fe_3C_{II}）形式沿奥氏体晶界析出（图6-11），使过共析钢的强度和韧性显著降低，同时也使零件在后续的热处理工序（如淬火）中容易产生淬火裂纹。

2. 球化退火

球化退火是使工件中的碳化物球状化而进行的退火。钢经球化退火后所得到的室温组织是铁素体基体上均匀分布着球状（或粒状）碳化物（或渗碳体），即球状珠光体组织，如图6-12所示。球化退火的基本原理是，在工件保温阶段，没有溶解的片状碳化物会自发地趋于球状化（球体表面积最小），并在随后的缓冷过程中，最终形成球状珠光体组织（图6-13）。

图6-11　T12钢中的网状
二次渗碳体显微组织

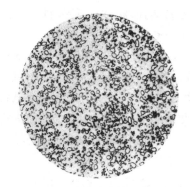

图6-12　球状珠光体显微组织

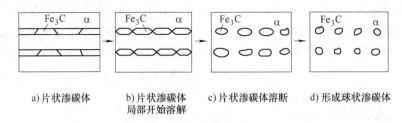

a) 片状渗碳体　　　b) 片状渗碳体　　　c) 片状渗碳体溶断　　　d) 形成球状渗碳体
　　　　　　　　　局部开始溶解

图6-13　片状渗碳体在 Ac_1 附近加热球化过程示意图

球化退火在 Ac_1 上、下 $20 \sim 30℃$ 温度区间交替加热及冷却或在稍低于 Ac_1 温度保温，然后缓慢冷却。球化退火的主要目的是使碳化物（或渗碳体）球化，降低钢材硬度，改善钢材切削加工性能，并为淬火做组织准备。球化退火主要用于处理过共析钢和共析钢制造的刀具、量具、模具、轴承钢件等。

【对比与分析】物体的体积一定时，球体形状物体的表面积最小，其表面能也最小。因此，自然界的物体为了降低表面能，会自发地趋向于呈球体形状，如海滩上的岩石被海浪冲刷后，随着时间的延续，岩石会逐渐地被海浪磨成美丽的鹅卵石。

球化退火过程中的片状碳化物相当于"岩石"，获得的球状碳化物则相当于"鹅卵石"，保温过程相则当于"海浪冲刷"。

3. 等温退火

等温退火是指将工件加热到高于Ac_3（或Ac_1）的温度，保持适当时间后，较快地冷却到珠光体转变温度范围并等温保持，使奥氏体转变为珠光体类组织后再在空气中冷却的退火。对于亚共析钢制造的工件，其加热温度是Ac_3+（30~50）℃；对于共析钢和过共析钢制造的工件，其加热温度是Ac_1+（20~40）℃。等温退火的目的与完全退火相同，但等温

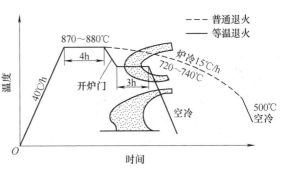

图 6-14　高速工具钢的等温退火与完全退火的比较

退火可以缩短退火时间（图6-14），获得比较均匀的组织与性能，其应用与完全退火和球化退火基本相同。

4. 去应力退火

去应力退火是为去除工件塑性形变加工、切削加工或焊接造成的内应力及铸件内存在的残余应力而进行的退火。去应力退火的加热温度是Ac_1以下温度区间，其主要目的是消除工件在切削加工、铸造、锻造、热处理、焊接等过程中产生的残余应力，减小工件变形，稳定工件的形状和尺寸。去应力退火主要用于去除铸件、锻件、焊件及精密加工件中的残余应力。钢铁材料在去应力退火的加热及冷却过程中无相变发生。

5. 均匀化退火

均匀化退火是以减少工件化学成分和组织的不均匀程度为主要目的，将工件加热到高温并长时间保温，然后缓慢冷却的退火。均匀化退火的加热温度是Ac_3+（150~200）℃，一般在1050~1150℃进行加热。均匀化退火的主要目的是减少钢的化学成分偏析和组织不均匀性，主要应用于质量要求高的合金钢铸锭、铸件和锻坯等。

【工艺实例与分析】用 T10（$w_C=1.0\%$）制作小冲模零件的加工工艺流程是：下料→锻造→球化退火→粗加工（切削）→半精加工（切削）→淬火和回火→精加工（磨削）→去应力退火→精加工（磨削）→检验→投入使用。小冲模零件加工工艺流程中球化退火和去应力退火的目的是什么？

在小冲模零件的加工流程中，当小冲模零件锻造成形后，由于其内部组织比较粗大，而且存在内部组织不均匀、硬度偏高及残余应力高等缺陷，因此，需要安排"球化退火"，其目的是降低小冲模零件的硬度，提高其塑性，获得球状珠光体组织，并为后续切削加工和淬火做组织准备。小冲模零件的球化退火工艺曲线如图6-15所示。安排"去应力退火"的目的是消除小冲模零件在精加工过程中产生的残余应力，稳定小冲模零件的尺寸和形状，提高其加工精度。

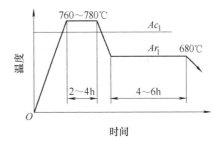

图 6-15　小冲模零件的球化退火工艺曲线

二、正火

正火是指将工件加热到奥氏体化后再在空气中冷却的热处理工艺。正火的目的是细化晶粒，提高钢材硬度，消除钢材中的网状碳化物（或渗碳体），并为淬火、切削加工等后续工序做组织准备。

正火与退火相比，奥氏体化温度比较高，冷却速度比较快，奥氏体发生转变的过冷度也较大，因此，正火后的钢件得到的组织比较细密，其强度和硬度也比退火后的钢件高一些。同时正火与退火相比具有操作简便、生产周期短、生产效率高和生产成本低的特点。一般正火主要应用于生产中的以下场合。

1) 用于改善钢铁材料的切削加工性能。低碳钢（$w_C < 0.25\%$）和低碳合金钢（$w_C < 0.25\%$）退火后其组织中铁素体所占比例较大，硬度偏低，切削加工时有"粘刀"现象，而且切削后的表面粗糙度 Ra 值较大。但此类钢通过正火后，能够适当地提高其硬度，改善切削加工性能。因此，低碳钢、低碳合金钢一般选择正火作为预备热处理；而对于中碳钢（$w_C > 0.5\%$）、高碳钢（$w_C > 0.6\%$）、合金钢（$w_C > 0.6\%$）等，则一般选择退火作为预备热处理。

2) 用于消除钢中的网状碳化物，为球化退火做组织准备。对于过共析钢，正火加热到 Ac_{cm} 以上时可使网状碳化物充分溶解到奥氏体中，在空冷时可以使碳化物来不及析出，这样便消除了钢中的网状碳化物组织，同时也细化了珠光体组织，有利于以后的球化退火和淬火。

3) 用于普通结构零件或某些大型非合金钢工件的最终热处理，代替调质处理，如铁道车辆的车轴就是用正火工艺作为最终热处理的。

4) 用于淬火返修件，可消除淬火应力，细化组织，防止工件重新淬火时产生变形与开裂。

第四节 淬 火

淬火是指将工件加热到奥氏体化后以适当方式冷却获得马氏体或（和）贝氏体组织的热处理工艺。马氏体是碳或合金元素在 α-Fe 中的过饱和固溶体，是单相亚稳组织，硬度较高，用符号"M"表示。马氏体的硬度主要取决于马氏体中碳的质量分数。马氏体中由于溶入了过多的碳原子，使 α-Fe 晶格发生畸变，提高了其塑性变形抗力，故马氏体中碳的质量分数越高，其硬度也越高。

【史海探析】公元前 6 世纪，钢铁兵器逐渐被采用，为了提高钢的硬度，淬火工艺得到了进一步发展。我国河北省易县燕下都曾出土了两把剑和一把戟，其显微组织中都有马氏体的存在，这说明出土的这三把兵器都是经过淬火处理的。

一、淬火的目的

淬火的主要目的是使钢铁材料获得马氏体或贝氏体组织，提高钢铁材料的硬度和强度，并与回火工艺合理配合，以获得所需要的使用性能。一些重要的结构件，特别是在动载荷与摩擦力作用下的零件，各种类型的重要工具（如刀具、钻头、丝锥、板牙、精密量具等）及重要零件（销、套、轴、滚动轴承、模具等）都要进行淬火处理。

二、淬火加热温度与淬火冷却介质

1. 淬火加热温度

不同的钢种其淬火加热温度不同。非合金钢的淬火加热温度可由铁碳合金相图确定，如

图 6-16 所示。为了防止奥氏体晶粒粗化，淬火温度不宜选得过高，一般仅比临界点（Ac_1 或 Ac_3）高 30～50℃。

亚共析钢的淬火加热温度是 Ac_3 以上 30～50℃。因为亚共析钢在此温度范围内加热，可获得全部细小的奥氏体晶粒，淬火后又可得到均匀细小的马氏体组织。如果加热温度过高，则容易引起奥氏体晶粒粗大，使亚共析钢淬火后的使用性能变差；如果加热温度过低，则淬火后的组织中尚有未溶的铁素体组织，从而使钢材淬火后的硬度不足，达不到技术要求。

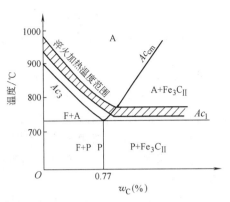

图 6-16　非合金钢淬火加热的温度范围

共析钢和过共析钢的淬火加热温度是 Ac_1 以上 30～50℃。在此温度范围内加热时，钢材中的组织是奥氏体和碳化物（或渗碳体）颗粒，淬火后可以获得细小的马氏体和球状碳化物（或渗碳体），能够保证钢材淬火后获得高硬度和高耐磨性。如果加热温度超过 Ac_{cm}，将导致钢材中的碳化物（或渗碳体）消失，奥氏体晶粒粗化，淬火后得到粗大针状马氏体，而且残留奥氏体量增多，硬度和耐磨性降低，脆性增大；相反，如果淬火温度过低，则可能得到非马氏体组织（如铁素体），进而导致钢材的硬度达不到技术要求。

2. 淬火冷却介质

淬火时为了得到足够的冷却速度，保证奥氏体向马氏体转变，又不至于由于冷却速度过大而引起零件内应力增大，造成零件变形和开裂，应科学合理地选用淬火冷却介质。常用的淬火冷却介质有油、水、盐水、硝盐浴、碱浴和空气等。各种常用淬火冷却介质的冷却能力见表 6-4。

要想使钢件既能保证获得马氏体组织，同时又尽量避免钢件发生变形与开裂，理想的冷却曲线如图 6-17 所示。即在曲线"鼻尖"附近（650～550℃）应快冷，使钢件冷却速度 v 大于临界冷却速度 v_k，而在 Ms 线附近（300～200℃）应缓冷，以减少马氏体转变过程中产生较大的淬火内应力。

表 6-4　各种常用淬火冷却介质的冷却能力

淬火冷却介质	在不同温度范围内的冷却速度/(℃/s)	
	650～550℃	300～200℃
水（18℃）	600	270
水（50℃）	100	270
水（74℃）	30	200
10%NaCl 水溶液（18℃）	1100	300
10%NaOH 水溶液（18℃）	1200	300
全损耗系统用油（18℃）	100	20
全损耗系统用油（50℃）	150	30
水玻璃氢氧化钠水溶液	310	70
乳化液	70	200

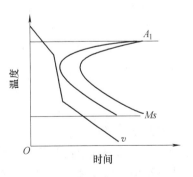

图 6-17　理想淬火冷却介质的冷却曲线

生产中使用的水或盐水在高温区的冷却能力较强，但在低温区冷却速度过快，不利于减少钢件的变形与开裂，因此，水或盐水一般仅适用于形状简单、截面尺寸较大的非合金钢工件。

常用的淬火油，如全损耗系统用油（如L-AN15、L-AN32和L-AN46）在低温区具有比较理想的冷却能力，但在高温区的冷却能力则较弱，因此，全损耗系统用油一般仅适用于合金钢或小尺寸的非合金钢工件。

到目前为止，还很难找到一种完全符合要求的理想淬火冷却介质，在实际生产中需要根据工件的技术要求、材质及形状，科学合理地选择淬火冷却方法，以弥补单一淬火冷却介质的不足之处。

【史海探析】相传蒲元是三国时期铸刀高手。据宋《太平御览》记载，蒲元曾在今陕西斜谷为诸葛亮铸刀3000把。他铸的刀被誉为神刀。蒲元铸刀的主要诀窍在于掌握了精湛的钢刀淬火技术。他能够辨别不同水质对钢刀淬火质量的影响，并且选择冷却速度快的蜀江水（今四川成都）作为淬火冷却介质，把钢刀淬到合适的硬度。这说明中国在古代就发现了淬火冷却介质对淬火质量的影响，发现了不同水质的冷却能力。

三、淬火方法

根据钢材化学成分及对组织、性能和钢件尺寸精度的要求，在保证技术要求规定的前提下，应尽量选择简便、经济的淬火方法。常用的淬火方法有单液淬火、双液淬火、马氏体分级淬火和贝氏体等温淬火。

1. 单液淬火

单液淬火是指将已奥氏体化的工件在一种淬火冷却介质中冷却的方法，如图6-18中曲线①所示。例如，低碳钢和中碳钢在水或盐水中淬火，合金钢在油中淬火等就是典型的单液淬火方法。单液淬火方法主要用于处理形状简单的工件。

2. 双液淬火

双液淬火是指将工件加热到奥氏体化后先浸入冷却能力强的介质中，在组织即将发生马氏体转变时立即转入冷却能力弱的介质中冷却的方法，如图6-18中曲线②所示。例如，首先将钢件在水中冷却一段时间，然后再在油中冷却的方法就是典型的双液淬火方法。此外，将钢件先在油中冷却一段时间，然后再在空气中冷却的方法也是常用的双液淬火方法。双液淬火主要用于处理中等复杂形状的高碳钢工件和较大尺寸的合金钢工件。

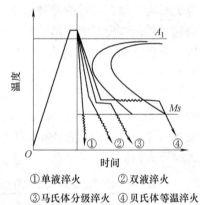

①单液淬火　②双液淬火
③马氏体分级淬火　④贝氏体等温淬火

图6-18　常用淬火方法的冷却曲线

3. 马氏体分级淬火

马氏体分级淬火是指将工件加热到奥氏体化后再浸入温度稍高于或稍低于Ms线的盐浴或碱浴中，保持适当时间后，在工件整体达到淬火冷却介质温度后取出空冷，以获得马氏体组织的淬火方法，如图6-18中曲线③所示。马氏体分级淬火能够减小工件中的热应力，并缓和相变过程中产生的组织应力，减少淬火变形。马氏体分级淬火用于处理尺寸较小、形状复杂的由高碳钢或合金钢制造的工具和模具。

4. 贝氏体等温淬火

贝氏体等温淬火是指将工件加热到奥氏体化后快冷到贝氏体转变温度区间并等温保持一段时间，使奥氏体转变为贝氏体的淬火方法，如图6-18曲线④所示。贝氏体等温淬火的特点是工件在淬火后，工件的淬火应力与变形较小，工件具有较高的韧性、塑性、硬度和耐磨性。贝氏体等温淬火用于处理由各种中碳钢、高碳钢和合金钢制造的尺寸较小、形状复杂的模具与刃具等工件。

四、冷处理

冷处理是指将工件淬火冷却到室温后，继续在一般制冷设备或低温介质中冷却，使残留奥氏体转变为马氏体的工艺。对于高碳钢及一些合金钢，由于马氏体转变终止线 Mf 位于 0℃以下，钢件淬火后组织中含有大量的残留奥氏体。采用冷处理可以消除和减少钢中的残留奥氏体数量，使钢件获得更多的马氏体，提高钢件的硬度与耐磨性，稳定钢件尺寸。如量具、精密轴承、精密丝杠、精密刀具等要求形状精确和尺寸稳定的工件，均应在淬火之后进行冷处理，以消除或减少残留奥氏体数量，稳定工件的尺寸。目前常用的低温介质有：干冰（固态 CO_2），其最低使用温度是-78℃；液氮，用于-130℃以下的深冷处理。

五、淬透性与淬硬性

淬透性是评定钢淬火性能的一个重要参数，它对于钢材选择、编制热处理工艺具有重要意义。淬透性是指以规定条件下钢试样淬硬深度和硬度分布表征的材料特性。换句话说，淬透性是钢材的一种属性，是指钢淬火时获得马氏体的能力。对于亚共析钢，随着碳的质量分数的提高，其淬透性提高；但对于过共析钢，随着碳的质量分数的提高，其淬透性却降低。

钢淬火后可以获得较高硬度，但不同化学成分的钢淬火后所得马氏体组织的硬度值是不相同的。以钢在理想条件下淬火所能达到的最高硬度来表征的材料特性，称为淬硬性。淬硬性主要与钢中碳的质量分数有关，与合金元素含量没有多大关系，更确切地说，它取决于淬火加热时固溶于奥氏体中碳的质量分数的多少。奥氏体中碳的质量分数越高，则钢的淬硬性越高，钢淬火后的硬度值也越高。

【温馨提示】淬硬性和淬透性是两个不同的概念，因此，必须注意：淬火后硬度高的钢，不一定淬透性就高；淬火后硬度低的钢，不一定淬透性就低。

六、淬火缺陷

工件在淬火加热和冷却过程中，由于加热温度高，冷却速度快，很容易产生某些缺陷。因此，在热处理生产过程中需要采取合理的措施，尽量减少各种缺陷的产生。

1. 过热与过烧

工件加热温度偏高，而使晶粒过度长大，导致力学性能显著降低的现象，称为过热。钢件过热后，形成的粗大奥氏体晶粒可以通过正火和退火来消除。

工件加热温度过高，致使晶界氧化和部分熔化的现象，称为过烧。过烧的钢件淬火后强度低，脆性很大，并且无法补救，只能报废。

过热和过烧主要是由于加热温度过高或高温下保温时间过长引起的，因此，合理制订加热规范，严格控制加热温度和保温时间可以防止过热和过烧现象的发生。

2. 氧化与脱碳

工件加热时，加热介质中的氧、二氧化碳、水蒸气等与之反应生成氧化物的过程，称为氧化。工件加热时，加热介质与工件中的碳发生反应，使表层碳的质量分数降低的现象，称为脱碳。

氧化使钢件表面烧损，增大表面粗糙度 Ra 值，减小钢件尺寸，甚至使钢件报废。脱碳使钢件表面碳的质量分数降低，使其力学性能下降，容易引起钢件早期失效。防止氧化与脱碳的措施主要有两大类：第一类是控制加热介质的化学成分和性质，使之与钢件不发生氧化与脱碳反应，如采用可控气氛、氮基气氛等；第二类是钢件表面进行涂层保护和真空加热。

3. 硬度不足和软点

工件淬火后较大区域内硬度达不到技术要求的现象，称为硬度不足。加热温度过低或保温时间过短，淬火冷却介质冷却能力不够，钢件表面氧化、脱碳，奥氏体中碳的质量分数较低或成分不均匀，存在未溶的铁素体等，均容易导致钢件淬火后达不到技术要求的硬度值。

工件淬火硬化后，其表面许多小区域存在硬度偏低的现象，称为软点。

工件产生硬度不足和大量的软点后，可经退火或正火后，重新进行正确的淬火，即可消除工件表面的硬度不足和大量的软点。

4. 变形和开裂

变形是指淬火时工件产生形状或尺寸偏差的现象。开裂是指淬火时工件表层或内部产生裂纹的现象。钢件产生变形与开裂的主要原因是钢件在热处理过程中其内部产生了较大的内应力（包括热应力和相变应力）。

热应力是指钢件加热和（或）冷却时，由于不同部位出现温差而导致热胀和（或）冷缩不均所产生的内应力。相变应力是指热处理过程中，因钢件不同部位组织转变不同步而产生的内应力。热应力和相变应力使工件产生变形的情况如图6-19所示。

a) 工件原形　　b) 热应力产生的变形　c) 相变应力产生的变形

图6-19　热应力和相变应力使工件产生变形的情况

钢件在淬火时，热应力和相变应力同时存在，这两种应力总称为淬火应力。当淬火应力大于钢的屈服强度时，钢件就发生变形；当淬火应力大于钢的抗拉强度时，钢件就产生开裂。

为了减少钢件淬火时产生开裂现象，可以从两方面采取措施：第一，淬火时正确选择加热温度、保温时间和冷却方式，可以有效地减少钢件变形和开裂现象；第二，淬火后及时进行回火处理。

第五节　回　　火

一、回火过程中的组织转变

回火是指工件淬硬后，加热到 Ac_1 以下的某一温度，保温一定时间，然后冷却到室温的热处理工艺。淬火钢的组织主要由马氏体和少量残留奥氏体组成（有时还有未溶碳化物），其中的马氏体和残留奥氏体都是不稳定组织，它们有自发地向稳定组织转变的趋势，如马氏体中过饱和的碳原子要析出，残留奥氏体要分解等，回火就是为了促进这种转变。因为回火过程是一个由非平衡组织向平衡组织转变的过程，这个过程是依靠原子的迁移和扩散进行的，所以，回火温度越高，则原子扩散速度越快；反之，则原子扩散速度越慢。

另外，淬火钢内部存在很大的内应力，脆性大、韧性低，一般不能直接使用，如不及时消除，将会引起工件的变形甚至开裂。回火是在淬火之后进行的，通常也是零件进行热处理的最后一道工序，其目的是消除和减小内应力、稳定组织、调整性能，以获得较好的强度和韧性配合。

一般来说，随着回火温度的升高，淬火组织将发生一系列变化，回火时的组织转变过程一般分为四个阶段。

1）第一阶段（≤200℃），马氏体分解。淬火组织经过回火，转变为回火马氏体（过饱和度较低的马氏体和极细微碳化物的混合组织）。

2）第二阶段（200~300℃），残留奥氏体分解。淬火组织经过回火，转变为回火马氏体（或下贝氏体）组织。

3）第三阶段（250~400℃），碳化物析出。淬火组织经过回火，形成回火托氏体（铁素体基体内分布着细小粒状或片状碳化物的混合组织）。

4）第四阶段（>400℃），碳化物的聚集长大与铁素体的再结晶。淬火组织经过回火，最终形成回火索氏体（铁素体基体内分布着粒状渗碳体的混合组织）。

如图 6-20 所示，淬火钢随回火温度的升高，强度与硬度降低，而塑性与韧性提高。

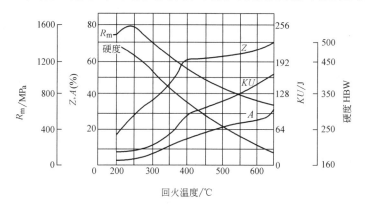

图 6-20　40 钢（$w_C = 0.4\%$）回火后力学性能与温度的关系

二、回火方法及其应用

根据钢材在回火时加热温度的不同，可将回火分为低温回火、中温回火和高温回火三种。

1. 低温回火

低温回火的温度范围是 250℃ 以下。淬火钢经低温回火后，获得的组织为回火马氏体。回火马氏体是过饱和度较低的马氏体和极细微碳化物的混合组织。回火马氏体保持了淬火组织的高硬度和高耐磨性，降低了钢的淬火应力，减小了钢的脆性。淬火钢经低温回火后，钢的硬度一般为 58~62HRC。低温回火主要用于由高碳钢、合金工具钢制造的刀具、量具、冷作模具、滚动轴承及渗碳件、表面淬火件等。

2. 中温回火

中温回火的温度范围是250~500℃。淬火钢经中温回火后，获得的组织为回火托氏体。回火托氏体是铁素体基体内分布着细小粒状（或片状）碳化物的混合组织。淬火钢经中温回火降低了淬火应力，可以使钢获得较高的规定塑性延伸强度和屈服强度，并具有一定的韧性，钢的硬度一般为35~50HRC。中温回火主要用于处理钢制弹性元件，如各种卷簧、板弹簧、弹簧钢丝等。有些受小能量多次冲击载荷作用的结构件，为了提高强度，增加小能量多次冲击抗力，也采用中温回火进行处理。

3. 高温回火

高温回火的温度范围是500℃以上。淬火钢经高温回火后，获得的组织为回火索氏体。回火索氏体是铁素体基体上分布着粒状碳化物的组织。淬火钢经高温回火后，钢的淬火应力完全消除，强度较高，塑性和韧性提高，具有良好的综合力学性能，钢的硬度一般为200~330HBW。

另外，钢件淬火加高温回火的复合热处理工艺又称为调质处理。它主要用于处理轴类、连杆、螺栓、齿轮等工件。同时，钢件经过调质处理后，不仅具有较高的强度和硬度，而且塑性和韧性也明显比经正火处理的高，因此，一些重要的钢制零件一般都采用调质处理，而不采用正火处理。

调质处理一般作为最终热处理，但由于调质处理后钢的硬度不太高，便于切削加工，并能得到较好的表面质量，故也作为表面淬火和化学热处理的预备热处理。

第六节　金属的时效

金属材料经过冷加工、热加工或固溶处理后，在室温下放置或适当升温加热时，发生力学性能和物理性能随着时间而变化的现象，称为时效。固溶处理是指工件加热至适当温度并保温，使过剩相充分溶解，然后快速冷却以获得过饱和固溶体的热处理工艺。在时效过程中，金属材料的显微组织并不发生明显的变化。机械制造过程中常用的时效方法主要有自然时效、热时效、变形时效、振动时效和沉淀硬化时效等。

一、自然时效

自然时效是指金属材料经过冷加工、热加工或固溶处理后，在室温下性能随着时间而变化的现象。例如，钢铁铸件、锻件、焊接件等在室温下长时间（半年或几年）在户外或室内堆放，就是自然时效。利用自然时效可以减轻或部分消除工件内的部分残余应力（大约消除10%~12%），稳定工件的形状和尺寸。自然时效的优点是不使用任何设备，不消耗能源，但时效周期长，工件内部的残余应力不能完全消除。

二、热时效

热时效是指低碳钢固溶处理后，随着温度的不同，α-Fe 中碳的溶解度发生变化，使钢的性能发生改变的过程。例如：低碳钢在 A_1 线之下加热，并较快冷却时，三次渗碳体 Fe_3C_{III} 来不及析出，形成过饱和的固溶体。但在室温放置过程中，由于碳的溶解度较低，碳会以 Fe_3C_{III} 形式从过饱和固溶体中析出，使钢的硬度和强度上升，而塑性和韧性下降，如图 6-21所示。

从图 6-21 中可以看出，虽然低碳钢中碳的质量分数并不高，但经过时效后，其硬度有时会提高 50% 左右，这对低碳钢进行锻压加工是不利的。同时，随着热时效温度的提高，热时效过程中碳的扩散速度也会越来越快，使热时效的时间大大缩短。

三、变形时效

变形时效是指钢在冷变形后进行的时效。钢经冷变形后，在室温下进行自然时效，一般需要放置 15~16d（较大钢件需要半年或更长时间）；在 300℃ 左右进行时效时，则仅需几分钟（较大钢件仅需几小时）。变形时效也降低了钢（尤其是汽车用板材）的锻压加工性能，因此，对于重要的工件，在制造之前需要对所选钢材进行变形时效倾向试验。

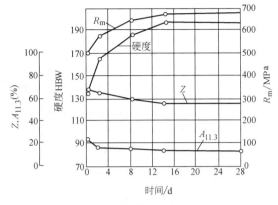

图 6-21　低碳钢热时效后力学性能的变化

【观察与思考】 产生变形时效的原因是：钢材在冷塑性变形时，铁素体 α-Fe 中的个别晶格空隙被碳、氮饱和（或占据），但钢材在放置过程中则析出了碳化物和氮化物，从而导致钢材的强度与硬度提高，塑性与韧性降低。

四、振动时效

振动时效是指通过机械振动（如超声波）的方式来消除、降低或均匀工件内残余应力的工艺。振动时效工艺适用于重要的铸件、锻件和焊接件等，在国内外已获得广泛应用。振动时效是借助专用设备对需要时效的工件施加周期性的动载荷，迫使工件在共振频率范围内振动，并释放出内部残余应力，从而提高工件的抗疲劳性能和尺寸精度。振动时效具有节能和效率高（时间仅需 10~60min）的特点，而且不受工件尺寸和重量的限制，工件内部的残余应力可消除 30% 左右，可代替人工时效和自然时效。

五、沉淀硬化时效

沉淀硬化时效是指在过饱和固溶体中形成或析出弥散分布的强化相，从而使金属材料硬化的热处理工艺。它是不锈钢、耐热合金、高强度铝合金等的重要强化方法。

第七节　表面热处理与化学热处理

生产中有些零件如齿轮、花键轴、活塞销、凸轮等，要求其表面具有高硬度和高耐磨性，而心部具备一定的强度和足够的韧性。在这种情况下，要达到上述技术要求，单从材料方面去解决是比较困难的。如果选用高碳钢制作这些零件，经过淬火后虽然表面硬度很高，但其心部韧性严重不足，不能满足技术需要；如果采用低碳钢制作这些零件，经过淬火后虽然其心部韧性好，但其表面硬度和耐磨性均较低，也不能满足技术需要。这时就需要考虑对零件进行表面热处理或化学热处理，以满足上述"表里不一"的性能要求。

【观察与思考】 在机械制造过程中，由于零件的工作环境和受力条件存在差别，因此，这种零件对性能的要求呈现出"表里不一"的现象很多，如某些零件要求表面具有较高的耐蚀性，或者具有较高的抗氧化性，或者具有较高的抗咬合性，或者具有良好的润滑性等。此外，某些零件的局部进行热处理，而另一部分不进行热处理，如局部退火、局部淬火、局部回火、局部渗碳等。

一、表面热处理

表面热处理是为改变工件表面的组织和性能，仅对其表面进行热处理的工艺。

1. 表面淬火和回火

表面淬火是指仅对工件表层进行淬火的工艺。其目的是使工件表面获得高硬度和高耐磨性，而心部保持较好的塑性和韧性，以提高其在扭转、弯曲、循环应力或在摩擦、冲击、接触应力等工作条件下的使用寿命，是最常用的表面热处理工艺之一。

表面淬火不改变工件表面的化学成分，而是采用快速加热方式，使工件表层迅速奥氏体化，使工件心部温度仍处于临界点 Ac_1 以下，并随之淬火，从而使工件表面硬化。按加热方法的不同，表面淬火方法主要有感应淬火、火焰淬火、接触电阻加热淬火等。目前生产中应用最多的是感应淬火和火焰淬火。

（1）感应淬火　利用感应电流通过工件所产生的热效应，使工件表面、局部或整体加热并进行快速冷却的淬火工艺，称为感应淬火。

1）感应淬火的基本原理。当将一个用薄壁纯铜管制作的加热感应器（或线圈）通以交流电流时，就会在加热感应器内部和周围产生与电流频率相同的交变磁场。此时如果将钢件置于此交变磁场中，钢件受交变磁场的影响，将产生与加热感应器频率相同的、交变的感应电流，并在钢件中形成闭合回路，称为"涡流"。但是，"涡流"在钢件内的分布是不均匀的，它在钢件表面密度大，而在钢件心部密度却很小或几乎没有。通入加热感应器线圈的电流频率越高，"涡流"越集中于钢件的表层，这种现象称为"趋肤效应"。依靠钢件表面强大的感应电流产生的热效应，可以使钢件表层在几秒钟内快速加热到淬火温度（约900℃左右），而钢件的心部温度基本不变，然后迅速喷水冷却，就可以淬硬钢件表层。感应淬火的基本原理如图6-22所示。

2）感应淬火的特点。感应淬火具有工件加热速度快、时间短、变形小、基本无氧化和无脱碳的特点；工件表面经感应淬火后，在淬硬的表面层中存在较大的残余压应力，可以有效地提高工件的疲劳强度；生产率高，易实现机械化、自动化，适于大批量生产。

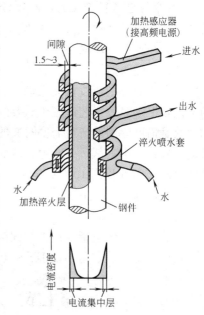

图6-22　感应淬火的基本原理

3）感应淬火的应用。感应淬火主要用于中碳钢和中碳合金钢制造的工件，如40钢、45钢、40Cr、40MnB等。感应淬火时，工件表面的加热层深度主要取决于交流电流频率的高低。交流电流频率越高，工件表面加热层深度越浅。因此，生产中可通过调整交流电流频率来获得不同的淬硬层深度。

根据交流电流频率的不同，感应淬火分为高频感应淬火、中频感应淬火和工频感应淬火三类。感应淬火的应用范围见表6-5。

表 6-5　感应淬火的应用范围

分类	频率范围/kHz	淬硬层深度/mm	应用范围
高频感应淬火	50~300	0.3~2.5	中小型轴、销、套等圆柱形零件，小模数齿轮
中频感应淬火	1~10	3~10	尺寸较大的轴类，大、中模数齿轮
工频感应淬火	0.05	10~20	大型零件（截面直径大于300mm）表面淬火或棒料穿透加热

钢件感应淬火后，需要进行低温回火，其回火温度比普通低温回火温度稍低。生产中有时采用自热回火法，即当淬火冷至200℃左右时，停止喷水，利用工件中的余热达到低温回火目的。

【**实践经验**】一般感应淬火零件的加工工艺流程是：毛坯锻造（或轧材下料）→退火或正火→粗加工→调质→精加工→感应淬火→低温回火→磨削加工→检验→投入使用。

（2）火焰淬火　火焰淬火是利用氧乙炔焰或其他可燃气体燃烧的火焰对工件表层进行加热，随之快速冷却的淬火工艺，如图6-23所示。

火焰淬火的淬硬层深度一般是2~6mm，若淬硬层过深，往往会使工件表面过热，甚至产生变形与裂纹。火焰淬火操作简便，不需要特殊设备，生产成本低，但工件表面淬火质量比较难控制，生产率低，主要用于单件或小批量生产各种齿轮、轴、轧辊等。

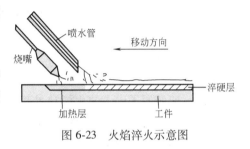

图 6-23　火焰淬火示意图

2. 气相沉积

气相沉积是利用气相中发生的物理、化学过程，改变工件表面成分，从而在工件表面形成具有特殊性能的金属或化合物涂层的表面处理技术。气相沉积按照过程的本质可分为化学气相沉积和物理气相沉积两大类。

1）化学气相沉积。化学气相沉积是利用气态物质在一定的温度下，在固体表面上进行化学反应，并在其表面上生成固态沉积膜的过程。化学气相沉积反应一般在 900~1000℃ 的真空中进行，目前已在硬质合金刀具涂层、钢制模具涂层及耐磨件涂层等方面得到应用，工件的使用寿命较未涂层前提高了 3~10 倍。

2）物理气相沉积。物理气相沉积是通过真空蒸发、电离或溅射等过程产生金属离子，并沉积在工件表面上形成金属涂层或与反应气体反应生成化合物涂层的过程。物理气相沉积一般在低于 600℃ 的温度下进行，沉积速度比化学气相沉积快。它适用于钢铁材料、非铁金属、陶瓷、玻璃、塑料等。物理气相沉积方法有真空蒸镀、真空溅射和离子镀三类。

图6-24所示为真空蒸镀原理图，基板置于高真空（10^{-3}Pa）的玻璃容器中，将欲蒸镀的金属放在蒸发源上，通电加热蒸镀金属，使镀膜金属的蒸气凝结沉积在基板表面上从而形成金属涂层，这种方法称为真空蒸镀。铝、铜、镍、银、金等均可作为蒸镀金属。真空蒸镀技术可用于制作半导体器件、切削刀具、生活用品表面装饰等。

图 6-24　真空蒸镀原理图

二、化学热处理

化学热处理是将工件置于适当的活性介质中加热、保温，使一种或几种元素渗入到工件的表层，以改变其化学成分、组织和性能的热处理工艺。与表面淬火相比，化学热处理的特点是工件表层不仅有组织的变化，而且还有化学成分的变化。

化学热处理方法很多，通常以渗入的元素来命名工艺名称，如渗碳、渗氮、碳氮共渗、渗硼、渗硅、渗金属等。由于渗入元素不同，工件表面处理后获得的性能也不相同。渗碳、渗氮、碳氮共渗是以提高工件表面硬度和耐磨性为主；渗金属的主要目的是为了提高工件表面的耐蚀性和抗氧化性等。

化学热处理由分解、吸收和扩散三个基本过程组成。分解是指渗入介质在高温下通过化学反应进行分解，形成渗入元素的活性原子；吸收是指渗入元素的活性原子被工件表面吸附，进入晶格内形成固溶体或形成化合物；扩散是指被吸附的渗入原子由工件表层逐渐向内扩散，形成一定深度的扩散层。目前在机械制造业中，最常用的化学热处理是渗碳、渗氮和碳氮共渗。

1. 渗碳

为提高工件表层碳的质量分数并在其中形成一定的碳含量梯度，将工件在渗碳介质中加热、保温，使碳原子渗入的化学热处理工艺称为渗碳。渗碳层深度一般为 $0.5 \sim 2.5$ mm，渗碳层中碳的质量分数 $w_C = 0.8\% \sim 1.1\%$。

渗碳所用钢种一般是碳的质量分数为 $0.10\% \sim 0.25\%$ 的低碳钢和低碳合金钢，如 15 钢、20 钢、20Cr、20CrMnTi 等。工件经渗碳后，表面硬度等性能并不能完全达到技术要求，还需要进行淬火和低温回火，才能使工件表面获得高硬度（56~64HRC）、高耐磨性和高疲劳强度，而心部仍保持一定的强度和良好的韧性。渗碳工艺被广泛用于要求表面硬而心部韧的工件上，如齿轮、凸轮轴、活塞销等工件。

根据渗碳介质的物理状态不同，渗碳可分为气体渗碳、固体渗碳和液体渗碳，其中气体渗碳应用最广泛。气体渗碳温度一般为 $920 \sim 930$℃。气体渗碳是工件在气体渗碳介质（甲烷、丙烷、煤油、丙酮、甲醇、天然气等）中进行的渗碳工艺。它是将工件放入密封的加热炉（如井式气体渗碳炉）中，通入气体渗碳剂进行渗碳的，如图 6-25 所示。渗碳时，渗碳剂

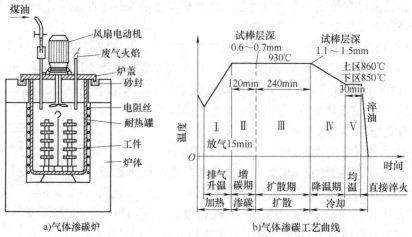

a)气体渗碳炉　　　　　　　　　　b)气体渗碳工艺曲线

图 6-25　气体渗碳炉及 20CrMnTi 钢制拖拉机油泵齿轮的气体渗碳工艺曲线

在炉内高温下分解，分解出的活性碳原子被工件表面吸收，通过碳原子的扩散，在工件表面形成一定深度的渗碳层。

渗碳时间需要根据工件所要求的渗碳层深度来确定。一般按 0.2～0.25mm/h 的速度进行估算。实际生产中常用检验试棒来确定渗碳时间。

【实践经验】一般渗碳零件的加工工艺流程是：毛坯锻造（或轧材下料）→正火→粗加工、半精加工→渗碳→淬火→低温回火→精加工（磨削加工）→检验→投入使用。

2. 渗氮

在一定温度下将工件置于一定渗氮介质中，使氮原子渗入工件表层的化学热处理工艺称为渗氮。渗氮介质有无水氨气、氨气与氢气、氨气与氮气。渗氮层深度一般为 0.6～0.7mm。渗氮的目的是为了提高工件表层的硬度、耐磨性、热硬性、耐蚀性和疲劳强度。

渗氮处理广泛用于各种高速传动的精密齿轮、高精度机床主轴、受循环应力作用下要求高疲劳强度的零件（如高速柴油机曲轴）以及要求变形小和具有一定耐热、耐蚀能力的耐磨零件（如阀门）等。但是渗氮层薄而脆，不能承受冲击和振动，而且渗氮处理生产周期长，生产成本较高。钢件渗氮后不需淬火就可达到 68～72HRC 的硬度。目前常用的渗氮方法主要有气体渗氮和离子渗氮两种。图 6-26 所示为 38CrMoAl 钢制机床主轴两段气体渗氮工艺曲线。

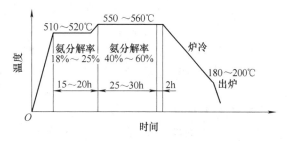

图 6-26 38CrMoAl 钢制机床主轴两段气体渗氮工艺曲线

对于零件上不需要渗氮的部分可以采用镀锡或镀铜等保护措施，也可以预留 1mm 的加工余量，在渗氮后磨去。

【实践经验】一般渗氮工件的加工工艺流程是：毛坯锻造→退火→粗加工→调质→精加工→去应力退火→粗磨→镀锡（非渗氮面）→渗氮→精磨或研磨→去应力退火→检验→投入使用。

【史海探析】我国出土的西汉（公元前206年—公元25年）中山靖王墓中的宝剑，其心部碳的质量分数是 0.15%～0.4%，而其表面碳的质量分数却达 0.6% 以上，说明当时已应用了渗碳工艺。但是当时人们将渗碳工艺作为个人"手艺"，秘而不传，因而影响了渗碳工艺的广泛应用和发展。

3. 碳氮共渗

在奥氏体状态下同时将碳、氮原子渗入工件表层，并以渗碳为主的化学热处理工艺称为碳氮共渗。根据共渗温度不同，碳氮共渗可分为低温（520～580℃）碳氮共渗、中温（760～880℃）碳氮共渗和高温（900～950℃）碳氮共渗三类。碳氮共渗的目的主要是提高工件表层的硬度和耐磨性。但碳氮共渗的共渗层硬度、耐磨性和抗疲劳性比渗碳层的更高，它广泛应用于自行车、缝纫机、仪表零件、齿轮、轴类、模具、量具等零件的表面处理。

第八节　热处理新技术简介

一、形变热处理

形变热处理是将塑性变形与热处理工艺结合，以提高工件力学性能的复合工艺。工件经形变热处理后，可以获得形变强化和相变强化的综合效果。这种工艺既可提高钢的强度，改善其塑性和韧性，又可节约集约、绿色低碳，在生产中得到了广泛应用。形变热处理可分为高温形变热处理和中温形变热处理两类。

高温形变热处理是将钢加热至 Ac_3 以上，获得奥氏体组织，保持一定时间后进行形变，形变结束后马上进行淬火，获得马氏体组织，然后在适当温度回火，如图 6-27 所示。高温形变热处理可提高结构钢的塑性和韧性，显著减少回火脆性，也可用于处理弹簧钢、轴承钢和工具钢等。

中温形变热处理是将钢加热至 Ac_3 以上，获得奥氏体组织，保持一定时间后，冷至亚稳奥氏体区的某一温度范围进行形变，形变结束后马上进行淬火，获得马氏体组织，然后在适当温度回火，如图 6-27 所示。中温形变热处理可获得很高的强韧性，一般应用于结构钢、弹簧钢、轴承钢和工具钢。

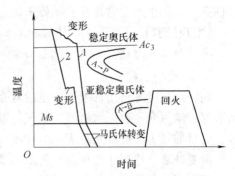

图 6-27　形变热处理工艺示意图
1—高温形变热处理
2—中温形变热处理

钢件形变热处理后，一般强度可提高 10%~30%，塑性提高 40%~50%，冲击韧性提高 1~2 倍，并使钢件具有高的抗脆断能力，广泛用于结构钢、弹簧钢、轴承钢和工具钢工件的锻后余热淬火、热轧淬火等工艺。

二、真空热处理

在低于一个大气压（10^{-1}~10^{-3}Pa）的环境中加热的热处理工艺，称为真空热处理。它包括真空退火、真空淬火、真空回火、真空渗碳等。真空热处理可以避免氧化、脱碳，可以实现光亮处理。真空热处理的特点是：第一，热处理变形小，因为真空加热缓慢而且均匀，故热处理变形小；第二，可提高工件表面力学性能，延长工件使用寿命；第三，节约集约、绿色环保，劳动条件好；第四，真空热处理设备造价较高，主要用于工具、模具、精密零件的热处理。

三、可控气氛热处理

为了达到热处理零件无氧化、无脱碳或按要求增碳，零件在炉气成分可控的加热炉中进行的热处理，称为可控气氛热处理。它的主要目的是减少和防止零件加热时的氧化和脱碳，提高零件的尺寸精度和表面质量，节约钢材，控制渗碳时渗层中碳的质量分数，而且还可使脱碳零件重新复碳。

可控气氛热处理设备通常由制备可控气氛的发生器和进行热处理的加热炉两部分组成。目前应用较多的是吸热式气氛、放热式气氛及滴注式气氛等。

【拓展知识】　　　　　穿透渗碳处理

某些形状复杂且要求高弹性或高强度的工件，如果用高碳钢制造，成形加工难度较大，而用低碳钢冲压成形后，再进行穿透渗碳处理，即可获得高碳钢的性能。这样就可以代替高碳钢，革新某些零件的加工流程。

四、激光热处理

激光是一种具有极高能量密度、高亮度性、高单色性和高方向性的光源。利用激光作为热源的热处理称为激光热处理，其中应用最多的是激光淬火。激光淬火是以激光作为能源，以极快的速度加热工件的自冷淬火。目前激光淬火广泛应用于汽车制造业，如内燃机缸套、曲轴、活塞环、换向器、齿轮等零部件的表面淬火等。

激光淬火具有工件处理质量高，表面光洁，变形极小，且无工业污染，易实现自动化的特点。激光淬火适用于各种复杂工件的表面淬火，还可以进行工件局部表面的合金化处理等。但是，激光发生器价格昂贵，生产成本较高，故其应用受到一定限制。同时，激光容易对人的眼睛造成危害，操作时要注意安全。

五、电子束淬火

电子束淬火是以电子束作为热源，以极快的速度加热工件的自冷淬火。电子束的能量远高于激光，而且其能量利用率也高于激光热处理，可达 80%。此外，电子束淬火质量高，淬火过程中工件基体性能几乎不受影响，因此是很有前途的热处理新技术。

第九节　热处理工艺应用

热处理工艺是改善金属或合金性能的主要方法之一，广泛应用于机械制造中。此外，在进行零件的结构设计、材料选择、制订零件的加工工艺流程及分析零件质量时，也经常涉及热处理问题。热处理工艺穿插在机械零件制造过程的各加工工序之间，因此，科学合理地安排热处理的工序位置和相关技术，以及对零件热处理结构工艺性进行优化设计是非常重要的。

一、热处理的技术条件

设计人员在设计零件时，首先应根据零件的工作条件和环境选择材料，并提出零件的性能要求，然后再根据这些要求选择热处理工艺及其相关技术条件，以满足零件的使用性能要求。在零件图上应标出热处理工艺的名称及应达到的有关力学性能指标。对于一般的零件，标注出硬度值即可；对于重要的零件，则还应标注出强度、塑性、韧性指标或金相组织状态等要求；对于化学热处理零件，不仅要标注出硬度值，还应标注出渗层部位和渗层深度。

标注热处理技术条件时，推荐采用 GB/T 12603—2005《金属热处理工艺分类及代号》，并标明应达到的力学性能指标及其他要求，可用文字在零件图标题栏上方做扼要说明。热处理工艺代号标注方法如下。

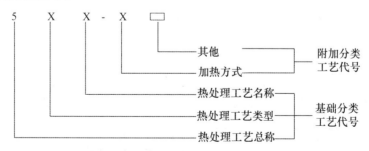

热处理工艺代号由基础分类工艺代号和附加分类工艺代号组成。在基础分类工艺代号中，根据工艺总称、工艺类型、工艺名称（按获得的组织状态或渗入元素进行分类），将热处理工艺按三个层次进行分类，均有相应的代号，见表6-6。其中工艺类型分为整体热处理、表面热处理和化学热处理三种；加热方式分为加热炉加热、感应加热、电阻加热等类型。附

加分类是对基础分类中某些工艺的具体条件再细化的分类,包括加热方式及代号(表6-7),退火工艺及代号(表6-8),淬火冷却介质和冷却方法及代号(表6-9),化学热处理中的渗非金属、渗金属、多元共渗工艺按渗入元素进行分类。

表6-6 热处理工艺分类及代号

工艺总称	总称代号	工艺类型	类型代号	工艺名称	名称代号
热处理	5	整体热处理	1	退火	1
				正火	2
				淬火	3
				淬火和回火	4
				调质	5
				稳定化处理	6
				固溶处理,水韧处理	7
				固溶处理+时效	8
		表面热处理	2	表面淬火和回火	1
				物理气相沉积	2
				化学气相沉积	3
				等离子体增强化学气相沉积	4
				离子注入	5
		化学热处理	3	渗碳	1
				碳氮共渗	2
				渗氮	3
				氮碳共渗	4
				渗其他非金属	5
				渗金属	6
				多元共渗	7

表6-7 加热方式及代号

加热方式	可控气氛(气体)	真空	盐浴(液体)	感应	火焰	激光	电子束	等离子体	固体装箱	流态床	电接触
代号	01	02	03	04	05	06	07	08	09	10	11

表6-8 退火工艺及代号

退火工艺	去应力退火	均匀化退火	再结晶退火	石墨化退火	脱氢处理	球化退火	等温退火	完全退火	不完全退火
代号	St	H	R	G	D	Sp	I	F	P

表6-9 淬火冷却介质和冷却方法及代号

冷却介质和方法	空气	油	水	盐水	有机聚合物水溶液	热浴	加压淬火	双介质淬火	分级淬火	等温淬火	形变淬火	气冷淬火	冷处理
代号	A	O	W	B	Po	H	Pr	I	M	At	Af	G	C

【工艺实例与分析】 图6-28所示为某一部件上的螺钉定位器零件,分析图中技术要求的

含义。

① 定位器零件要求用 45 钢（$w_C = 0.45\%$）制造；② 技术要求"515"表示对螺钉定位器零件进行整体调质处理，其热处理后的硬度应达到 230~250HBW；"尾 521—05"表示螺钉定位器零件尾部进行表面火焰淬火和回火，其热处理后的表面硬度应达到 42~48HRC。

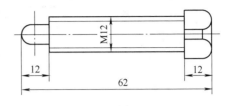

技术要求
1. 材料：45钢。
2. 热处理技术条件：515，230~250HBW，尾521-05，42~48HRC。

图 6-28　某一部件上的螺钉定位器零件

二、热处理的工序位置

机械零件的加工是按照一定的加工工艺流程进行的。合理安排热处理的工序位置，对于保证零件的加工质量和改善其性能具有重要作用。热处理按其工序位置和目的不同，可分为预备热处理和最终热处理。预备热处理是指为调整原始组织，以保证工件最终热处理或（和）切削加工质量，预先进行的热处理工艺，如退火、正火、调质等；最终热处理是指使钢件达到最终使用性能要求的热处理，如淬火与回火、表面淬火、渗氮等。下面以车床齿轮为例分析热处理的工序位置及其作用。

【工艺实例与分析】 车床齿轮是传递力矩和转速的重要零件。它主要承受一定的压力、弯曲力和周期性冲击力作用，转速中等，一般选择 45 钢制造。其性能要求是：齿表面耐磨，工作过程平稳，噪声小。其热处理技术条件是：整体调质处理，硬度 220~250HBW，齿面表面淬火，硬度 50~54HRC。

车床齿轮的加工工艺流程为：下料→锻造→正火→粗加工→调质→精加工→高频感应淬火→低温回火→精磨→检验→投入使用。

工艺流程中，正火是为了消除齿轮锻造时产生的内应力，细化组织，改善切削加工性能；调质的主要作用是保证齿轮心部有足够的强度和韧性，能够承受较大的弯曲应力和冲击载荷，并为表面淬火做好组织准备；高频感应淬火的作用是提高齿表面的硬度、耐磨性和疲劳强度；低温回火的目的是消除淬火应力，防止齿轮磨削加工时产生裂纹，并使齿表面保持高硬度（50~54HRC）和高耐磨性。

三、热处理零件的结构工艺性

零件在热处理过程中，影响其处理质量的因素比较多，其中零件的结构工艺性就是主要因素之一。零件在进行热处理时，发生质量问题的主要表现形式是变形与开裂，因此，为了减少零件在热处理过程中发生的变形与开裂，在进行零件结构工艺性设计时应注意以下几个方面。

1）避免截面厚薄悬殊，合理设计孔洞和键槽结构。

2）避免尖角与棱角结构。

3）合理采用封闭、对称结构。

4）合理采用组合结构。

图 6-29 中列举了几种零件因结构设计不合理而易导致开裂的部位，以及应该如何正确设计零件结构。

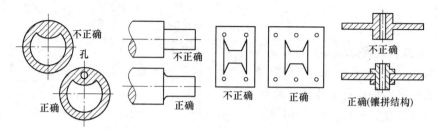

图 6-29 热处理零件结构工艺性示意图

第十节 热处理工艺实训

一、实训安全须知

1）了解热处理车间的设施与设备，熟悉安全操作规程，避免违章作业。

2）穿戴好防护用品。

3）工件应正确捆绑，钳子大小要合适，以免在操作中工件掉落伤人。

4）使用热处理电阻炉时，工件装炉、出炉时应先切断电源，以防发生触电事故。

5）在不了解现场实际情况时，热处理车间内的工件、夹具、设备等不要轻易用手触摸，以防烫伤。

6）热处理车间内的酸、碱、盐等化学试剂、药品和易燃易爆物品，不要随意接触，以防发生意外事故。

7）从热处理炉中夹持工件时，每个人都要按事先安排好的顺序夹取工件，以免操作中工件相互碰撞或烫伤。

二、热处理工艺的操作

（一）热处理工艺的操作参数

1. 热处理工件的加热温度确定

加热温度按热处理工件的材质或热处理工艺曲线及技术要求进行设定。形状简单的非合金钢、低碳合金钢工件加热时，可在炉温达到规定温度时装炉，进行快速加热；对于形状复杂的中碳钢或高碳合金钢工件，加热时如果加热速度过快，工件内部会产生较大的热应力，一般采用低温装炉，限速加热。炉内装料一般不超过炉膛体积的1/3，加热炉中装入工件时，工件之间要保持一定的间隙，以免影响加热质量。高碳钢加热时，工件的周围还应放置木炭粉、铸铁屑等进行保护，以防工件表面发生严重的氧化及脱碳现象。

2. 热处理工件的保温时间计算

保温时间是指炉温达到预定温度，保持这一温度持续加热，使得工件内部组织得以充分转变的时间。在实际操作中，通常是先将加热炉升到所确定的加热温度，然后再将工件装入炉内，此时炉温会略有下降，等待炉温重新升到所确定的加热温度时，开始计算保温时间。影响保温时间的因素很多，在现场一般采用下列公式近似地估算保温时间，即

$$t = \alpha KD$$

式中 t——保温时间（min）；

α——加热系数（min/mm），见表6-10；

K——装炉修正系数，一般为 1，密集堆放时取 2；

D——工件的有效厚度（mm），如图 6-30 所示。

表 6-10　钢在不同加热介质中的加热系数 α

钢材类别	钢件直径/mm	加热系数 $\alpha/(\text{min/mm})$	
		空气炉中加热（<900℃）	盐浴炉中加热（750~850℃）
非合金钢	≤50	1.0~1.2	0.30~0.40
	>50	1.2~1.5	0.40~0.50
低合金钢	≤50	1.2~1.5	0.45~0.50
	>50	1.5~1.8	0.50~0.55

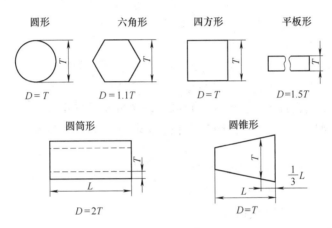

图 6-30　热处理工件加热时有效厚度 D 的计算示例

大批量生产时，保温时间可以通过实验来准确确定，以保证工件热处理质量稳定。

3. 热处理工件的冷却方式

退火的冷却方式一般是随炉冷却；正火的冷却是在空气中冷却；淬火的冷却是在冷却槽或盐浴中进行，冷却介质要根据工件材质和力学性能要求进行选择；回火的冷却一般是在空气中或油中冷却。

非合金钢工件淬火冷却时，一般是在水溶性介质（如盐水）中冷却；合金钢工件一般是在油中冷却；某些中等淬透性的碳素工具钢则采用"双介质"冷却，即先在水中冷却一段时间，然后再放入油中冷却。冷却时，为防止冷却不均匀，工件要不断地在冷却介质中摇动，必要时冷却介质还要循环流动。

工件浸入冷却介质中的冷却方式对热处理的质量有直接影响。如果工件浸入冷却介质中的方式不对，很容易引起工件翘曲变形、硬度偏低及开裂等现象。工件淬火时，浸入淬火冷却介质中的正确方式如图 6-31 所示，具体操作要求如下。

1）细长工件和扁平工件应竖直浸入冷却介质中，如图 6-31a、b 所示。

2）厚薄悬殊的工件应是厚壁部分先浸入冷却介质中，如图 6-31c 所示。

3）球形工件可以直接浸入冷却介质中，如图 6-31d 所示。

4）有凹槽的工件应该是槽口向上浸入冷却介质中，如图 6-31e 所示。

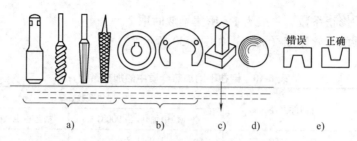

图 6-31　工件淬火时浸入淬火冷却介质中的正确方式

5）对于一些形状复杂的工件，如果有必要，淬火冷却时还要进行固定。

4. 热处理工件的质量检验

工件热处理后，必须进行质量检验。质量检验包括以下内容。

1）金相组织检验。工件热处理后，要参照有关技术要求对其进行金相组织检验，鉴定其热处理后的金相组织是否符合要求。

2）变形与开裂检验。主要是检查热处理后工件的变形是否在所要求的尺寸范围内，是否发生开裂现象。如果部分工件的尺寸变形超过规定的范围或发生开裂现象，就需要仔细分析原因，对热处理工艺进行合理的调整和控制，以减少变形与开裂。

3）氧化及脱碳检验。氧化可通过工件外观进行检验，脱碳可利用金相显微镜进行检验。

4）硬度检验。硬度的检验一般采用硬度计；对于要求不高的工件，也可利用锉刀锉削工件表面的吃刀和打滑程度来粗略估计其硬度。

（二）小锤头工件的热处理操作

小锤头工件的外形和技术要求如图 6-32 所示。

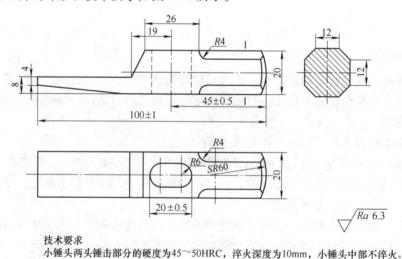

技术要求
小锤头两头锤击部分的硬度为45～50HRC，淬火深度为10mm，小锤头中部不淬火。

图 6-32　小锤头工件的外形和技术要求

1. 小锤头工件的两种热处理方法

1）整体加热淬火。将工件在电阻炉中或手锻炉中加热至 800～860℃，保温 20min，取出后在冷水中连续调头淬火，浸入水中的深度为 15~20mm。待工件发黑后全部浸入水中。淬火结束后进行回火，回火的温度为 250~270℃，保温 90min。

2）局部加热淬火。距小锤头小端约 15mm 处，用氧乙炔焰将小锤头小端加热至淡樱红色，然后淬入水中。小端仍然浸入水中，大端朝上露出水面大约 15~20mm，再用氧乙炔焰，同样将小锤头大端加热至樱红色，然后将其迅速浸在水中淬火。取出小锤头后，在回火炉中对其进行回火，回火温度为 250~270℃，保温 90min。

2. 小锤头工件的热处理质量检验

利用硬度计检查小锤头两端的硬度是否符合要求。若没有硬度计，可用新的细锉刀，在小锤头淬火部位锉削并进行估计。锉刀的硬度大约在 60HRC 以上。锉削时手的感觉与小锤头硬度值的大小有关，见表 6-11。

表 6-11 锉削时手的感觉与小锤头硬度值的关系

锉削时手的感觉	硬度 HRC
很容易吃进，锉削多	30 以下
稍用力即可锉动	30~40
锉刀已不太容易锉动	50~55
用力仅能锉动一点	55~60
锉刀打滑	60 以上

小 结

本章主要介绍钢热处理的定义、分类、原理及其各种工艺的应用范围。学习目标：第一，要了解钢热处理的定义和分类，以便为学习后续章节奠定基础，如第七章低合金钢和合金钢等章节的学习内容与此章的内容密切相关；第二，要了解钢热处理的原理（如钢在加热过程与冷却过程中的知识），了解钢热处理的本质是通过不同的加热温度、保温时间和冷却速度等方式进行组合，最终获得所需的组织与性能；第三，初步了解各种热处理工艺在零件生产中的应用，为以后零件制订热处理工艺建立感性认识，如了解弹簧零件的热处理工艺、轴与齿轮类零件的热处理工艺等，以做到触类旁通，并提高学习效率。

———— 复习与思考 ————

一、名词解释

1. 热处理　2. 等温转变　3. 连续冷却转变　4. 退火　5. 正火　6. 马氏体　7. 淬火　8. 回火　9. 时效　10. 表面热处理　11. 真空热处理　12. 渗碳　13. 渗氮

二、填空题

1. 热处理工艺过程由＿＿＿＿＿、＿＿＿＿＿和＿＿＿＿＿三个阶段组成。

2. 常用的热处理加热设备有＿＿＿＿＿炉、盐浴炉、＿＿＿＿＿炉、＿＿＿＿＿炉等。

3. 常用的冷却设备有＿＿＿＿＿槽、＿＿＿＿＿槽、盐浴、缓冷坑、吹风机等。

4. 整体热处理分为＿＿＿＿＿、＿＿＿＿＿、＿＿＿＿＿和＿＿＿＿＿等。

5. 奥氏体的形成是通过＿＿＿＿＿和＿＿＿＿＿过程来实现的。

6. 珠光体向奥氏体的转变可以分为四个阶段，奥氏体_____、奥氏体_____、剩余渗碳体溶解和奥氏体_____均匀化。

7. 共析钢在等温转变过程中，根据转变产物的组织特征不同，可划分为_____温转变区（珠光体型转变区）、_____温转变区（贝氏体型转变区）和_____温转变区（马氏体型转变区）。

8. 贝氏体分为_____和_____两种。

9. 根据钢铁材料化学成分和退火目的不同，退火通常分为_____、_____、_____和_____等。

10. 淬火方法有_____淬火、_____淬火、_____淬火和_____淬火等。

11. 常用的淬火冷却介质有_____、_____、_____等。

12. 采用冷处理可以消除和减少钢中的残留_____体数量，使钢件获得更多的_____体，提高钢件的硬度与耐磨性，稳定钢件尺寸。

13. 常见的淬火缺陷有_____与_____、_____与_____、_____与_____、_____与_____。

14. 根据钢材在回火时的加热温度不同，可将回火分为_____回火、_____回火和_____回火三种。

15. 机械制造过程中常用的时效方法主要有_____时效、_____时效、_____时效、_____时效和_____时效等。

16. 表面淬火方法有_____淬火、_____淬火、_____淬火。

17. 感应淬火时，工件表面的加热层深度主要取决于交流电流_____高低。交流电流频率越_____，工件表面加热层深度越浅。因此，生产中可通过调整交流电流_____获得不同的淬硬层深度。

18. 根据交流电流频率的不同，感应淬火分为_____感应淬火、_____感应淬火和_____感应淬火三种。

19. 气相沉积按照过程的本质可分为_____气相沉积和_____气相沉积两大类。

20. 化学热处理方法很多，通常以渗入元素来命名工艺名称，如渗_____、渗_____、碳氮共渗、渗硼、渗硅、渗_____等。

21. 化学热处理由_____、_____和_____三个基本过程所组成。

22. 渗碳所用钢种一般是碳的质量分数为 0.10%～0.25% 的_____钢和_____钢，如 15 钢、20 钢、20Cr、20CrMnTi 等。

23. 根据渗碳介质的物理状态不同，渗碳可分为_____渗碳、_____渗碳和_____渗碳三种。

24. 目前常用的渗氮方法主要有_____和_____两种。

25. 根据共渗温度不同，碳氮共渗可分为_____温碳氮共渗、_____温碳氮共渗和_____温碳氮共渗三类。

26. 形变热处理分为_____温形变热处理和_____温形变热处理两类。

27. 热处理工艺代号由_____分类工艺代号及_____分类工艺代号组成。

三、单项选择题

1. 过冷奥氏体是在_____温度下存在，尚未转变的奥氏体。

　　A. Ms　　　　　　　B. Mf　　　　　　　C. A_1

2. 为了改善高碳钢（$w_C > 0.6\%$）的切削加工性能，一般选择_____作为预备热处理。

　　A. 正火　　　　　B. 淬火　　　　　C. 退火　　　　　D. 回火

3. 过共析钢的淬火加热温度应选择在_____，亚共析钢的淬火加热温度则应选择在_____。

　　A. $Ac_1 + (30 \sim 50)℃$　　B. Ac_{cm}以上　　C. $Ac_3 + (30 \sim 50)℃$

4. 调质处理就是_____的热处理。

　　A. 淬火+低温回火　　B. 淬火+中温回火　　C. 淬火+高温回火

5. 化学热处理与其他热处理方法的基本区别是_____。

　　A. 加热温度　　　　B. 组织变化　　　　C. 改变表面化学成分

6. 零件渗碳后，一般需经_____处理，才能达到表面高硬度和高耐磨性的目的。

　　A. 淬火+低温回火　　B. 正火　　　　　C. 调质

四、判断题

1. 高碳钢可用正火代替退火，以改善其切削加工性能。（　　）
2. 钢中碳的质量分数越高，其淬火加热温度越高。（　　）
3. 淬火后的钢，随回火温度的提高，其强度和硬度也提高。（　　）
4. 对于亚共析钢，随着碳的质量分数的提高，其淬透性提高。（　　）
5. 单液淬火方法主要用于处理形状简单的钢件。（　　）
6. 奥氏体中碳的质量分数越高，则钢的淬硬性越高，钢淬火后的硬度值也越高。（　　）
7. 钢的晶粒因过热而粗化时，就有变脆的倾向。（　　）
8. 热应力是指钢件加热和（或）冷却时，由于不同部位出现温差而导致热胀和（或）冷缩不均所产生的内应力。（　　）
9. 自然时效是指金属材料经过冷加工、热加工或固溶处理后，在室温下发生性能随着时间而变化的现象。（　　）
10. 保温时间是指炉温达到预定温度，保持这一温度持续加热，使得工件内部组织得以充分转变的时间。（　　）

五、简答题

1. 指出 Ac_1、Ac_3、Ac_{cm}；Ar_1、Ar_3、Ar_{cm} 及 A_1、A_3、A_{cm} 之间的关系。
2. 控制奥氏体晶粒长大的措施有哪些？
3. 简述共析钢过冷奥氏体在 $A_1 \sim Mf$ 温度之间，不同温度等温时的转变产物及基本性能。
4. 奥氏体、过冷奥氏体与残留奥氏体三者之间有何区别？
5. 完全退火、球化退火与去应力退火在加热温度、室温组织和应用上有何不同？
6. 正火和退火有何差别？简单说明两者的应用范围。
7. 现有经退火后的45钢，室温组织是 F+P，在700℃、760℃、840℃加热，保温一段时间后水冷，所得到的室温组织各是什么？
8. 淬火的目的是什么？亚共析钢和过共析钢的淬火加热温度应如何选择？

9. 回火的目的是什么？工件淬火后为什么要及时进行回火？

10. 叙述常见的三种回火方法所获得的室温组织、性能及其应用。

11. 渗碳的目的是什么？为什么渗碳后要进行淬火和低温回火？

12. 用低碳钢（20 钢）和中碳钢（45 钢）制造传动齿轮，为了获得表面具有高硬度和高耐磨性，心部具有一定的强度和韧性，各需采取怎样的热处理工艺？

13. 为了减少零件在热处理过程中发生变形与开裂，在零件结构工艺性设计时应注意哪些方面？

14. 利用所学知识，解释图 6-33 所示热处理工艺曲线的含义。

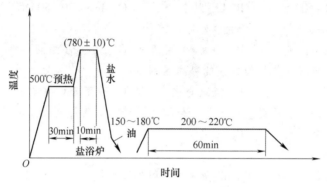

图 6-33　冲模热处理工艺曲线

15. 以手锯锯条（T10）或錾子（T8）为例，分析其应该具备的使用性能，并利用本章所学知识，简单地为其制订合理的热处理工艺。

16. 有一磨床用齿轮，采用 45 钢制造，其性能要求是：齿部表面硬度是 52~58HRC，齿轮心部硬度是 220~250HBW。齿轮加工工艺流程是：下料→锻造→热处理→切削加工→热处理→切削加工→检验→成品。试分析其中的"热处理"具体指何种工艺？其目的是什么？

17. 工件热处理后，其质量检验内容包括哪些？

六、研讨与交流

通过相互交流和讨论，谈谈热处理在日常生活和生产中的应用。必要时可以生活用品和生产中的实际零件为实例，对其材质、热处理工艺及其所需性能进行综合分析，以提高对实际问题的分析能力，并加深对所学知识的理解。

第七章

低合金钢和合金钢

随着科学和工程技术的不断发展，对钢材的性能要求越来越高。例如：尺寸大的高强度零件，不仅要求钢具有优良的综合力学性能，而且还要具有较高淬透性；某些特殊条件下工作的零件，要求其具有耐腐蚀、抗氧化、耐磨等性能；切削速度较高的刀具，要求其具有较高的热硬性。非合金钢是不能满足这些性能要求的，因此，必须采用性能优异的低合金钢和合金钢。

为了改善钢的某些性能或使之具有某些特殊性能，在炼钢时有意加入的元素称为合金元素。含有一种或数种有意添加的合金元素的钢，称为合金钢。钢中加入的合金元素主要有硅（Si）、锰（Mn）、铬（Cr）、镍（Ni）、钨（W）、钼（Mo）、钒（V）、钛（Ti）、铌（Nb）、钴（Co）、铝（Al）、硼（B）及稀土元素（RE）等。根据我国资源条件，在合金钢中主要使用硅、锰、硼、钨、钼、钒、钛及稀土元素等合金元素。

第一节　合金元素在钢中的作用

一、合金元素在钢中的存在形式及作用

合金元素在钢中主要以两种形式存在，一种形式是溶入铁素体中形成合金铁素体；另一种形式是与碳化合形成合金碳化物。

1. 合金铁素体

大多数合金元素都能不同程度地溶入铁素体中。溶入铁素体的合金元素，由于它们的原子大小及晶格类型与铁不同，使铁素体晶格发生不同程度的畸变，其结果是使铁素体的强度和硬度提高，但当合金元素超过一定的质量分数后，铁素体的韧性和塑性会显著降低。

与铁素体有相同晶格类型的合金元素（如 Cr、Mo、W、V、Nb 等）强化铁素体的作用较弱；而与铁素体具有不同晶格类型的合金元素（如 Si、Mn、Ni 等）强化铁素体的作用较强。当 Si、Mn 的质量分数低于1%时，既能强化铁素体，又不会明显降低其韧性。

2. 合金碳化物

根据合金元素与碳之间的相互作用，可将合金元素分为形成碳化物的合金元素和不形成碳化物的合金元素。不形成碳化物的合金元素，如 Si、Al、Ni 及 Co 等，它们只以原子状态存在于铁素体或奥氏体中。形成碳化物的合金元素，按它们与碳结合的能力，由强到弱的排列次序是 Ti、Nb、V、W、Mo、Cr、Mn 和 Fe。它们所形成的合金碳化物有 TiC、NbC、VC、WC、Cr_7C_3、$(Fe，Cr)_3C$ 及 $(Fe，Mn)_3C$ 等。合金碳化物具有很高的硬度，其存在提高了钢的强度、硬度和耐磨性。

二、合金元素对钢的热处理和力学性能的影响

合金元素对钢的有利作用，主要是通过影响热处理工艺中的相变过程而显示出来的。因

此，合金钢的优越性大多要通过热处理才能充分发挥出来。

（一）合金元素对钢加热转变的影响

合金钢的奥氏体形成过程，基本上与非合金钢相同，也包括奥氏体的晶核形成、晶核长大、合金碳化物的溶解和奥氏体的化学成分均匀化四个阶段。在奥氏体形成过程中，除铁、碳原子扩散外，还有合金元素原子的扩散。由于合金元素的扩散速度较慢，且大多数合金元素（除 Ni、Co 外）均减慢了碳原子的扩散速度，加之合金碳化物比较稳定，不易溶入奥氏体中，因此合金元素在不同程度上减缓了奥氏体的形成过程。为了获得均匀的奥氏体，大多数合金钢需加热到更高的温度，并保温更长的时间。

大多数合金元素有阻碍奥氏体晶粒长大的作用（Mn 和 B 除外），而且合金钢中合金元素阻碍奥氏体晶粒长大的过程是通过合金碳化物实现的。在合金钢中，合金碳化物以弥散质点的形式分布在奥氏体晶界上，机械地阻碍奥氏体晶粒长大。因此，大多数合金钢在加热时不易过热，这样有利于合金钢淬火后获得细马氏体组织，也有利于通过适当提高加热温度，使奥氏体中溶入更多的合金元素，以提高钢的淬透性和力学性能。

（二）合金元素对回火转变的影响

合金元素对钢回火时组织与性能的变化有不同程度的影响，主要表现在合金元素可提高钢的耐回火性，有些合金元素还会造成二次硬化现象和产生钢的回火脆性。

1. 提高钢的耐回火性

与非合金钢相比，合金钢回火的各个转变过程都将推迟到更高的温度。在相同的回火温度下，合金钢的硬度高于非合金钢，使钢在较高温度下回火时仍能保持高硬度，这种淬火钢件在回火时抵抗软化的能力，称为耐回火性（或回火稳定性）。一般合金钢都有较好的耐回火性。如果要求钢回火后具有相同的硬度，则合金钢的回火温度要高于非合金钢的回火温度，并且合金钢可通过回火过程更好地消除内应力，提高钢的韧性，因此，合金钢可获得更好的综合力学性能，如图 7-1 所示。

2. 产生二次硬化

某些含有较多 W、Mo、V、Cr、Ti 元素的合金钢，在 500~600℃高温回火时，高硬度的合金碳化物（W_2C、Mo_2C、VC、Cr_7C_3、TiC 等）以弥散的小颗粒状态析出，使钢的硬度升高。合金钢在一次或多次回火后提高其硬度的现象称为二次硬化，如图 7-2 所示。高速工具钢、工具钢和高铬钢在回火时都会产生二次硬化现象，这种现象对于提高它们的热硬性具有重要作用。

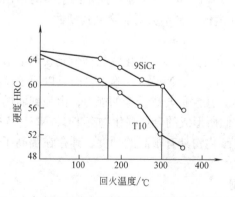

图 7-1　合金钢和非合金钢的硬度与回火温度的关系　图 7-2　钼元素对钢回火硬度的影响（$w_C = 0.35\%$）

综上所述，合金钢的力学性能比非合金钢好，主要是因为合金元素提高了钢的淬透性和耐回火性，细化了奥氏体晶粒，使铁素体固溶强化效果得到明显增强。合金元素的作用大多需要通过热处理才能发挥出来，因此，合金钢多在热处理状态下使用。

第二节　低合金钢和合金钢的分类与牌号

一、低合金钢和合金钢的分类

（一）低合金钢的分类

低合金钢可按其主要质量等级和主要性能或使用特性来分类。

1. 低合金钢按主要质量等级分类

低合金钢按主要质量等级分类，可分为普通质量低合金钢、优质低合金钢和特殊质量低合金钢。

1）普通质量低合金钢。普通质量低合金钢是指不规定在生产过程中需要特别控制质量要求的用作一般用途的低合金钢。普通质量低合金钢主要包括：一般用途低合金结构钢，如 Q355 等；低合金钢筋钢，如 20MnSi 等；铁道用一般低合金钢，如低合金轻轨钢，如 45SiMnP、50SiMnP 等；矿用一般低合金钢（调质处理的钢号除外），如 20MnK、25MnK 等。

2）优质低合金钢。优质低合金钢是指除普通质量低合金钢和特殊质量低合金钢以外的低合金钢。优质低合金钢需要在生产过程中特别控制质量（如降低硫、磷含量，控制晶粒度，改善表面质量，增加工艺控制等），以达到比普通质量低合金钢特殊的质量要求（如良好的抗脆断性能和良好的冷成形性等），但这种钢的生产控制和质量要求不如特殊质量低合金钢严格。

优质低合金钢主要包括：可焊接的低合金高强度钢，如 Q390（16MnNb）等；锅炉和压力容器用低合金钢，如 15CrMoR、Q345R 等；造船用低合金钢，如 AH32、DH32、EH32 等；汽车用低合金钢，如 510L 等；桥梁用低合金钢，如 Q345q 等；自行车用低合金钢，如 Z09Al、Z17Mn 等；低合金耐候钢，如 Q390GNH、Q460NH 等；铁道用低合金钢，如低合金重轨钢（U70Mn、U71MnSiCu 等）、铁路用异型钢（09V 等）、起重机用低合金钢轨钢（U71Mn 等）；矿用低合金钢，如 20MnVK 等；输油、输气管线用低合金钢，如 L320、L450 等。

3）特殊质量低合金钢。特殊质量低合金钢是指在生产过程中需要特别严格控制质量和性能（特别是严格控制硫、磷等杂质含量和纯洁度）的低合金钢。

特殊质量低合金钢主要包括：核能用低合金钢；保证厚度方向性能低合金钢；铁道用低合金车轮钢，如 CL45MnSiV 等；低温用低合金钢，如 16MnDR 等；舰船兵器等专用特殊低合金钢等。

2. 低合金钢按主要性能及使用特性分类

低合金钢按主要性能及使用特性分类，可分为可焊接的低合金高强度结构钢、低合金耐候钢、低合金钢筋钢、铁道用低合金钢、矿用低合金钢和其他低合金钢。

（二）合金钢的分类

合金钢中合金元素规定质量分数界限值的总量 $w_{Me} \geqslant 5.43\%$，并且合金钢是按其主要质量等级和主要性能或使用特性分类的。

1. 合金钢按主要质量等级分类

合金钢按主要质量等级可分为优质合金钢和特殊质量合金钢。

1）优质合金钢。优质合金钢是指在生产过程中需要特别控制质量和性能，但其生产控制和质量要求不如特殊质量合金钢严格的合金钢。

优质合金钢主要包括：一般工程结构用合金钢；合金钢筋钢，如40Si2MnV、45SiMnV等；不规定磁导率的电工用硅（铝）钢；铁道用合金钢；地质、石油钻探用合金钢；耐磨钢和硅锰弹簧钢等。

2）特殊质量合金钢。特殊质量合金钢是指在生产过程中需要特别严格控制质量和性能的合金钢。除优质合金钢以外的所有其他合金钢都是特殊质量合金钢。

特殊质量合金钢主要包括：压力容器用合金钢，如18MnMoNbR、14MnMoVG等；经热处理的合金钢筋钢；经热处理的地质、石油钻探用合金钢；合金结构钢；合金弹簧钢；不锈钢；耐热钢；合金工具钢；高速工具钢；轴承钢；高电阻钢和合金；无磁钢；永磁钢。

2. 合金钢按主要性能及使用特性分类

合金钢按主要性能及使用特性分类，可分为工程结构用合金钢，如一般工程结构用合金钢、合金钢筋钢、高锰耐磨钢等；机械结构用合金钢，如调质处理合金结构钢、表面硬化合金结构钢、合金弹簧钢等；不锈、耐蚀和耐热钢，如不锈钢、抗氧化钢和热强钢等；工具钢，如合金工具钢、高速工具钢；轴承钢，如高碳铬轴承钢、不锈轴承钢等；特殊物理性能钢，如软磁钢、永磁钢、无磁钢等；其他，如铁道用合金钢等。

二、低合金钢和合金钢的牌号

（一）低合金高强度结构钢的牌号

低合金高强度结构钢的牌号由代表屈服强度的汉语拼音首位字母、规定的最小上屈服强度数值、交货状态代号、质量等级符号（B、C、D、E、F）四部分按顺序组成。例如：Q355ND表示上屈服强度$R_{eH} \geqslant 355MPa$，交货状态为正火（或正火轧制），质量等级为D级的低合金高强度结构钢。如果是专用结构钢，一般在低合金高强度结构钢牌号表示方法的基础上再附加钢产品的用途符号，如HP345表示焊接气瓶用钢，Q345R表示锅炉和压力容器用钢，Q420q表示桥梁用钢等。

（二）合金钢（包括部分低合金结构钢）的牌号

我国合金钢的牌号是按照合金钢中碳的质量分数及所含合金元素的种类（元素符号）及其质量分数来编制的。一般牌号的首部是表示其平均碳的质量分数的数字，数字含义与优质碳素结构钢是一致的。对于结构钢，数字表示平均碳的质量分数的万分之几；对于工具钢，数字表示平均碳的质量分数的千分之几。当合金钢中某种合金元素（Me）的平均质量分数$w_{Me} < 1.5\%$时，牌号中仅标出合金元素符号，不标明其含量；当$1.5\% \leqslant w_{Me} < 2.49\%$时，在该元素后面相应地用整数"2"表示其平均质量分数；当$2.49\% \leqslant w_{Me} < 3.49\%$时，在该元素后面相应地用整数"3"表示其平均质量分数，以此类推。

1. 合金结构钢的牌号

我国合金结构钢的牌号编写方法是采用"两位数字+合金元素符号+数字"的方式。

前面的"两位数字"表示合金结构钢的平均碳的质量分数的万分之几；后面的"数字"表示所含合金元素的平均质量分数的百分之几。例如：60Si2Mn 表示 $w_C = 0.60\%$、$w_{Si} = 2\%$、$w_{Mn} < 1.5\%$ 的合金结构钢；40Mn2 表示 $w_C = 0.40\%$、$w_{Mn} = 2\%$ 的合金结构钢。钢中钒、钛、铝、硼、稀土等合金元素虽然含量很低，仍然需要在钢中标出，如 40MnVB、25MnTiBRE 等。

如果合金结构钢为高级优质钢，则在钢的牌号后面加"A"；如果为特级优质钢，则在钢的牌号后面加"E"。

2. 合金工具钢的牌号

我国合金工具钢的牌号编写方法大致与合金结构钢相同，但碳的质量分数的表示方法有所不同。当合金工具钢中 $w_C < 1.0\%$ 时，牌号前的"数字"以千分之几（一位数）表示钢的平均碳的质量分数；当合金工具钢中 $w_C \geqslant 1\%$ 时，为了避免与合金结构钢相混淆，牌号前不标出平均碳的质量分数的数字。例如：9Mn2V 表示 $w_C = 0.9\%$，$w_{Mn} = 2\%$、$w_V < 1.5\%$ 的合金工具钢；CrWMn 表示钢中 $w_C \geqslant 1.0\%$、$w_{Cr} < 1.5\%$、$w_W < 1.5\%$、$w_{Mn} < 1.5\%$ 的合金工具钢。高速工具钢中 $w_C = 0.7\% \sim 1.5\%$，但在高速工具钢的牌号中不标出平均碳的质量分数值，如 W18Cr4V 钢等。

3. 高碳铬轴承钢的牌号

高碳铬轴承钢牌号前面冠以汉语拼音字母"G"，其后为铬元素符号 Cr，铬的质量分数以千分之几表示，其余合金元素与合金结构钢牌号规定相同，如 GCr15、GCr15SiMn 等。

4. 不锈钢和耐热钢的牌号

不锈钢和耐热钢的牌号表示方法与合金结构钢的牌号基本相同，只是当 $w_C \geqslant 0.04\%$ 时，推荐取两位小数；在 $w_C \leqslant 0.03\%$ 时，推荐取 3 位小数。例如：10Cr17Mn9Ni4N、022Cr17Ni7N 等。

三、钢铁及合金牌号统一数字代号体系（GB/T 17616—2013）

钢铁及合金牌号统一数字代号体系，简称为"ISC"。它规定了钢铁及合金产品统一数字代号的编制原则、结构、分类、管理及体系表等内容。该标准适用于钢铁及合金产品牌号编制统一数字代号。凡列入国家标准和行业标准的钢铁及合金产品应同时列入产品牌号和统一数字代号，相互对照，两种表示方法均为有效。

统一数字代号由固定的 6 个符号组成，如图 7-3 所示。左边第一位用大写的拉丁字母作为前缀（一般不使用字母"I"和"O"），后接 5 位阿拉伯数字，如"A×××××"表示合金结构钢，"B×××××"表示轴承钢，"L×××××"表示低合金钢，"S×××××"表示不锈钢和耐热钢，"T×××××"表示工模具钢，"U×××××"表示非合金钢。

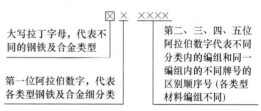

图 7-3　统一数字代号的结构形式

每一个数字代号只适用于一个产品牌号；反之，每一个产品牌号只对应于一个统一数字代号。当产品牌号取消后，一般情况下，原对应的统一数字代号不再分配给另一个产品牌号。

第一位阿拉伯数字有 0~9，对于不同类型的钢铁及合金，每一个数字所代表的含义各不相同。例如：在合金结构钢中，数字"0"代表 Mn、MnMo 系钢，数字"1"代表 SiMn、SiMnMo 系钢，数字"4"代表 CrNi 系钢；在低合金钢中，数字"0"代表低合金一般结构钢，数字"1"代表低合金专用结构钢；在非合金钢中，数字"1"代表非合金一般结构及工程结构钢，数字"2"代表非合金机械结构钢等。

第三节　低合金钢

低合金钢是一类焊接性较好的低碳低合金结构用钢，大多数在热轧或正火状态下使用。

一、低合金高强度结构钢

低合金高强度结构钢的合金元素以锰为主，此外，还有硅、钒、钛、铝、铌、铬、镍、氮、稀土等元素，一般钢中合金元素总的质量分数不超过 3%。其中钒、钛、铝、铌元素是细化晶粒元素，其主要作用是在钢中形成细小的碳化物和氮化物，在金属相变时沿奥氏体晶界析出，形成细小弥散相，阻止晶粒长大，有效地防止钢发生过热，改善钢的强度，提高钢的韧性和抗层状撕裂性。它与非合金钢相比具有较高的强度、韧性、耐蚀性及良好的焊接性，生产工艺过程与非合金钢类似，而且价格与非合金钢接近。因此，低合金高强度结构钢具有良好的使用价值和经济价值，广泛用于制造桥梁、车辆、船舶、建筑钢筋等。

根据 GB/T 1591—2018《低合金高强度结构钢》，低合金高强度结构钢主要有 Q355、Q390、Q420、Q460、Q500、Q550、Q620、Q690 系列。

【拓展知识】国家体育场——"鸟巢"（图 7-4）所用钢材强度是普通钢的两倍，建造"鸟巢"钢结构所采用的钢材是我国自主创新研发的低合金高强度结构钢 Q460。Q460 集强度与韧性于一体，保证了"鸟巢"在承受最大 460MPa 的外力后，依然可以恢复到原形，也就是说能够抵抗当年唐山大地震那样的地震波。托起"鸟巢"钢结构最关键的部分是"肩部"的结构，此处钢板厚度达 110mm。该部分所用钢材就是 Q460，具有良好的抗震性、抗低温性和可焊接性等优点。

图 7-4　国家体育场——"鸟巢"

"鸟巢"钢结构所使用的钢材绝大部分是 Q345D 钢材，局部受力大的部位采用了 Q460E 钢材。可以说，Q460 钢材就是专为搭建"鸟巢"而研制的。Q460 钢材经过多次试制，于 2005 年 5 月试制成功，满足了"鸟巢"钢结构的设计需要，也保证了国家体育场整体工程建设的顺利进行。

二、低合金耐候钢

耐候钢是指耐大气腐蚀钢。它是在低碳非合金钢的基础上加入少量铜、铬、镍、钼等合金元素，使钢表面形成一层保护膜的钢材。为了进一步改善耐候钢的性能，还可再加微量的铌、钛、钒、锆等元素。我国目前使用的耐候钢分为焊接结构用耐候钢和高耐候性结构钢两大类。

焊接结构用耐候钢的牌号是由"Q+数字+NH"组成。其中"Q"是"屈"字汉语拼音字母的字首，数字表示钢的最低屈服强度数值，字母"NH"是"耐候"两字汉语拼音字母的字首，牌号后缀质量等级代号 C、D、E，如 Q355NHC 表示屈服强度不小于 355MPa，质量等级为 C 级的焊接结构用耐候钢。焊接结构用耐候钢适用于桥梁、建筑及其他要求耐候性的钢结构。

高耐候性结构钢的牌号是由"Q+数字+GNH"组成。与焊接结构用耐候钢不同的是"GNH"表示"高耐候"三字汉语拼音字母的字首。含 Cr、Ni 元素的高耐候性结构钢在其牌号后面后缀字母"L"，如 Q345GNHL 钢。高耐候性结构钢适用于机车车辆（图 7-5）、建筑、塔架和其他要求高耐候性的钢结构，并可根据不同需要制成螺栓联接、铆接和焊接结构件。

图 7-5　机车车辆

三、低合金专业用钢

为了适应某些专业的特殊需要，对低合金高强度结构钢的化学成分、加工工艺及性能进行相应的调整和补充，从而发展了门类众多的低合金专业用钢，如锅炉用钢、压力容器用钢、船舶用钢、桥梁用钢、汽车用钢、铁道用钢、自行车用钢、矿山用钢、工程建设混凝土及预应力用钢和建筑结构用钢等，其中部分低合金专业用钢已纳入国家标准。下面介绍几类专用钢。

1. 汽车用低合金钢

汽车用低合金钢是用量较大的专业用钢。它主要用于制造汽车大梁、轮辋、托架及车壳等结构件，如汽车大梁用钢 370L、420L、440L、510L、550L、600L、650L 等。

2. 低合金钢筋钢

低合金钢筋钢主要是指用于制作建筑钢筋结构的钢，如钢筋混凝土用热处理钢筋钢（20MnSi）和预应力混凝土用热处理钢筋钢（如 40Si2Mn、48Si2Mn、45Si2Cr）。

3. 铁道用低合金钢

铁道用低合金钢主要用于重轨（如 U70Mn、U71Mn、U71MnSi、U71MnSiCu、U75V、U76NbRE 等）、轻轨（如 45SiMnP、50SiMnP 等）和异型轨（如 09CuPRE、09V 等）。

4. 矿用低合金钢

矿用低合金钢主要用于矿用结构件，如高强度圆环链用钢（如 20MnV、25MnV、20MnSiV 等）、巷道支护用钢（如 20MnVK、25MnK、25MnVK 等）和煤机用钢（如 M510、M540 等）。

第四节　合　金　钢

一、工程结构用合金钢

工程结构用合金钢主要用于制造工程结构件，如建筑工程钢筋结构、压力容器、承受冲击的耐磨铸钢件等。工程结构用合金钢按其用途又可分为一般工程用合金钢、压力容器用合金钢、合金钢筋钢、地质石油钻探用钢、高锰耐磨钢等。下面主要介绍高锰耐磨钢的化学成分、热处理特点和用途。

对于工作时承受很大压力、强烈冲击和严重磨损的机械零件，目前工业中多采用高锰耐磨钢来制造。常用高锰耐磨钢有 ZG120Mn13、ZG100Mn13、ZG120Mn13Cr2 和 ZG110Mn13Mo1 等。

耐磨钢是指具有良好耐磨损性能的钢铁材料的总称。耐磨钢出现于19世纪后半叶，英国人哈德菲尔德于1883年首先取得了高锰钢的专利，至今已有100多年的历史。高锰耐磨钢的铸态组织是奥氏体和网状碳化物，脆性大又不耐磨，故不能直接使用。因此必须将高锰耐磨钢加热到 1000~1100℃，保温一段时间，使碳化物全部溶解到奥氏体中，然后在水中冷却，由于冷却迅速，碳化物来不及从奥氏体中析出，从而获得单一的奥氏体组织，这种处理方法称为"水韧处理"。水韧处理后高锰耐磨钢的韧性与塑性好、硬度低（180~220HBW），它在较大的压应力或冲击力的作用下，由于表面层的塑性变形，迅速产生冷变形强化，同时伴随有马氏体转变，使表面硬度急剧提高到 52~56HRC。耐磨钢的耐磨性在高压应力作用下表现极好，比非合金钢高十几倍，但是在低压应力的作用下其耐磨性较差。高锰耐磨钢在使用过程中其基体仍具有良好的韧性。

高锰耐磨钢不易切削加工，但其铸造性能好，可铸成复杂形状的铸件，故高锰耐磨钢一般是铸造后再经热处理后使用。高锰耐磨钢常用于制造坦克和拖拉机履带板、球磨机衬板、挖掘机铲齿（图7-6）、破碎机牙板、铁路道岔等。

图7-6 挖掘机铲齿

【拓展知识——耐磨钢的特殊用途】 高锰耐磨钢可用于制作监狱的铁栅栏，这种铁栅栏是用普通钢包裹一根高锰耐磨钢钢芯制成的，要锉断这种铁栅栏是很困难的。高锰耐磨钢钢芯有一个奇特现象，当用锤锻打时，锻打之处会提高硬度和强度，而且越打越硬。如果用锉刀锉高锰耐磨钢钢芯栅栏，则越锉越难锉，最终是锉不动。高锰耐磨钢只能用硬质合金刀具一片一片地进行加工。

二、常用机械结构用合金钢

机械结构用合金钢属于特殊质量合金钢。它主要用于制造机械零件，如轴、连杆、齿轮、弹簧、轴承等，其质量等级属于特殊质量等级要求，一般需热处理，以发挥钢材的力学性能潜力。机械结构用合金钢按其用途和热处理特点，可分为合金渗碳钢、合金调质钢、合金弹簧钢和超高强度钢等。

（一）合金渗碳钢

用于制造渗碳零件的合金钢称为合金渗碳钢。合金渗碳钢中 $w_C = 0.10\% \sim 0.25\%$，主要加入的合金元素是 Cr、Ni、Mn、B、W、Mo、V、Ti 等。部分渗碳零件（如齿轮、轴、活塞销等）要求表面具有高硬度（55~65HRC）和高耐磨性，心部具有较高的强度和足够的韧性。如果采用低碳钢制造这些零件，则淬透性和心部强度较低，如果采用合金渗碳钢则可以克服低碳钢的缺点。常用合金渗碳钢的牌号、热处理规范、力学性能及用途举例见表7-1。

表 7-1 常用合金渗碳钢的牌号、热处理规范、力学性能及用途举例

牌号	渗碳温度/℃	淬火温度/℃	回火温度/℃	力学性能					用途举例
				R_m/MPa	R_{eL}/MPa	A(%)	Z(%)	KU_2/J	
20Cr	910~950	780~820 水冷或油冷	200 水冷或空冷	835	540	10	40	47	制造小齿轮、小轴、活塞销、凸轮、蜗轮等
20CrMnTi		870 油冷	200 水冷或空冷	1080	850	10	45	55	制造汽车和拖拉机的各种变速齿轮、传动件
20CrMnMo		850 油冷	200 水冷或空冷	1180	885	10	45	55	制造曲轴、凸轮轴、连杆、齿轮轴、齿轮、销轴
20MnVB		860 油冷	200 水冷或空冷	1080	885	10	45	55	可代替 20CrMnTi 制造齿轮及其他渗碳件

【实践经验】合金渗碳钢的加工工艺流程是：下料→锻造→预备热处理→机械加工（粗加工、半精加工）→渗碳→机械加工（精加工）→淬火、回火→磨削→检验→入库。锻件毛坯预备热处理的目的是改善毛坯锻造后的不良组织，消除锻造内应力，并改善其切削加工性能。

（二）合金调质钢

合金调质钢是在中碳钢（如 30 钢、35 钢、40 钢、45 钢、50 钢）的基础上加入一种或数种合金元素，以提高淬透性和耐回火性，使之在调质处理后具有良好的综合力学性能的钢。合金调质钢中 $w_C = 0.25\% \sim 0.50\%$，常加入的合金元素有 Mn、Si、Cr、B、Mo 等。合金调质钢常用来制造负荷较大的重要零件，如发动机轴、连杆及传动齿轮等。常用合金调质钢的牌号、热处理规范、力学性能及用途举例见表 7-2。

表 7-2 常用合金调质钢的牌号、热处理规范、力学性能及用途举例

牌号	热处理		力学性能					用途举例
	淬火温度/℃	回火温度/℃	R_m/MPa	R_{eL}/MPa	A(%)	Z(%)	KU_2/J	
40B	840 水冷	550 水冷	785	635	12	45	55	制造轴、齿轮、拉杆、凸轮、拖拉机曲轴等
40Cr	850 油冷	520 水、油冷	980	785	9	45	47	制造机床的齿轮、蜗轮、蜗杆、轴套筒、花键轴、曲轴、进气阀等
40MnB	850 油冷	500 水、油冷	980	785	10	45	47	制造汽车转向轴、半轴、花键轴蜗杆和机床主轴、齿轮等

（续）

牌号	热处理		力学性能					用途举例
	淬火温度/℃	回火温度/℃	R_m/MPa	R_{eL}/MPa	$A(\%)$	$Z(\%)$	KU/J	
40CrNi	820 油冷	500 水、油冷	980	785	10	45	55	制造重型机械齿轮、轴、连杆，燃气轮机叶片、转子和轴等
40CrMnMo	850 油冷	600 水、油冷	980	785	10	45	63	制造重载荷轴、齿轮，大货车的连杆、后桥半轴、轴、偏心轴

对于表面要求高硬度、高耐磨性和高疲劳强度的零件，可采用渗氮钢38CrMoAlA，其热处理工艺是调质和渗氮处理，主要用于制造精密磨床主轴、精密镗床丝杠、精密齿轮、压缩机活塞杆等。

【实践经验】合金调质钢的加工工艺流程是：下料→锻造→预备热处理→机械加工（粗加工、半精加工）→调质→机械加工（精加工）→表面淬火或渗氮→磨削→检验→入库。预备热处理的目的是改善锻造组织、细化晶粒、消除内应力，有利于切削加工，并为随后的调质处理做组织准备。对于合金元素少的调质钢（如40Cr），一般采用正火作为预备热处理；对于合金元素多的合金钢，则采用退火作为预备热处理。对要求硬度较低（约<30HRC）的调质零件，可采用"毛坯→调质→机械加工"的加工工艺流程。这样一方面可减少零件在机械加工工序与热处理工序之间的往返；另一方面有利于推广锻造余热淬火（高温形变热处理），即在锻造时控制锻造温度，利用锻后高温余热进行淬火，既简化热处理工序、节约能源、降低成本，又可提高钢的强度和韧性。

（三）合金弹簧钢

弹簧是各种机械和仪表中的重要零件。它主要利用其弹性变形时所储存的能量缓和机械设备的振动和冲击作用。中碳钢（如55钢）和高碳钢（如65钢、70钢等）都可以作为弹簧材料，但因其淬透性差、强度低，只能用来制造截面积较小、受力较小的弹簧。而合金弹簧钢则可制造截面积较大、屈服强度较高的重要弹簧。合金弹簧钢中$w_C=0.45\%\sim0.70\%$，常加入的合金元素有Mn、Si、Cr、V、Mo、W、B等。弹簧按加工成形方法分类，可分为冷成形弹簧和热成形弹簧。

1. 冷成形弹簧

冷成形弹簧是指弹簧直径小于10mm的弹簧，如钟表弹簧、仪表弹簧、阀门弹簧等。弹簧采用钢丝或钢带制作，成形前钢丝或钢带先经过冷拉（或冷轧）或者淬火加中温回火，使钢丝或钢带具有较高的规定塑性延伸强度和屈服强度，然后将其冷卷成形，弹簧冷成形后在250~300℃进行去应力退火，以消除冷成形时产生的内应力，稳定弹簧尺寸和形状。

【实践经验】冷成形弹簧的一般加工工艺流程是：下料→冷拉（或冷轧）或者淬火加中温回火→卷簧成形→去应力退火→试验→验收→入库。

2. 热成形弹簧

热成形弹簧是指弹簧直径大于10mm的弹簧，其热成形后进行淬火加中温回火，以提高弹簧钢的规定塑性延伸强度和疲劳强度，如汽车板弹簧（图7-7）、火车缓冲弹簧等多用60Si2Mn、50CrVA来制造。

【实践经验】热成形弹簧的一般加工工艺流程是：下料→加热→卷簧成形→淬火→中温

回火→喷丸→试验→验收→入库。

　　弹簧的表面质量对弹簧的使用寿命影响很大。表面氧化、脱碳、划伤和裂纹等缺陷都会使弹簧的疲劳强度显著下降，应尽量避免。喷丸处理是改善弹簧表面质量的有效方法，它是将直径为 0.3~0.5mm 的铁丸或玻璃珠高速喷射在弹簧表面，使表面产生塑性变形而形成残余压应力，从而提高弹簧的疲劳寿命。常用合金弹簧钢的牌号、热处理规范、力学性能及用途举例见表 7-3。

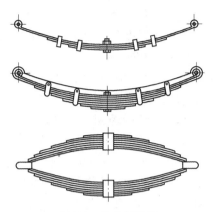

图 7-7　汽车板弹簧

（四）超高强度钢

　　超高强度钢一般是指屈服强度 >1370MPa、R_m >1500MPa 的特殊质量合金结构钢。超高强度钢按其化学成分和强韧化机制分类，可分为低合金超高强度钢（如 30CrMnSiNi2A 等）、二次硬化型超高强度钢（如 4Cr5MoSiV 等）、马氏体时效钢（如 Ni25Ti2AlNb 等）和超高强度不锈钢（07Cr15Ni7Mo2Al 等）四类。其中低合金超高强度钢是在合金调质钢的基础上，加入多种合金元素进行复合强化产生的，此类钢具有很高的强度和足够的韧性，而且比强度（抗拉强度与密度的比值）和疲劳强度高，在静载荷和动载荷条件下，能够承受很高的工作压力，可减轻结构件自重。超高强度钢主要用于航空和航天工业，如 35Si2MnMoVA 的抗拉强度可达 1700MPa，用于制造飞机的起落架（图 7-8）、框架、发动机曲轴等；40SiMnCrWMoRE 工作在 300~500℃ 时仍能保持高强度、抗氧化性和抗热疲劳性，用于制造超音速飞机的机体构件。

图 7-8　飞机起落架

表 7-3　常用合金弹簧钢的牌号、热处理规范、力学性能及用途举例

牌号	淬火温度/℃	回火温度/℃	R_m/MPa	R_{eL}/MPa	A(%)	Z(%)	用途举例
60Si2Mn	870，油冷	440	≥1570	≥1375	≥5($A_{11.3}$)	≥20	制造汽车、拖拉机、机车车辆的减振板簧与螺旋弹簧等
65Mn	830，油冷	540	≥980	≥785	≥8($A_{11.3}$)	≥30	制造冷卷弹簧、阀门弹簧、离合器簧片、制动弹簧等
50CrVA	850，油冷	500	≥1270	≥1130	≥10	≥40	制造高载荷重要的螺旋弹簧、发动机气门弹簧及工作温度低于400℃的重要弹簧等

三、高碳铬轴承钢

　　高碳铬轴承钢属于特殊质量合金钢。它主要用于制造滚动轴承（图 7-9）的滚动体和内

圈、外圈，其次也用于制造量具、模具、低合金刃具等。这些零件要求具有均匀的组织、高硬度、高耐磨性、高耐压强度和高疲劳强度等。高碳铬轴承钢中 w_C = 0.95% ~ 1.10%，w_{Cr} = 0.4% ~ 1.65%，目的在于增加钢的淬透性，并使碳化物呈均匀而细密状态分布，提高高碳铬轴承钢的耐磨性。对于大型滚动轴承，还需加入 Si、Mn 等合金元素进一步提高高碳铬轴承钢的淬透性。最常用的高碳铬轴承钢是 GCr15。

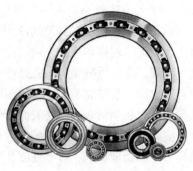

图 7-9　滚动轴承

高碳铬轴承钢的热处理主要是锻造后进行球化退火，制成滚动轴承后进行淬火和低温回火，得到回火马氏体及碳化物组织，硬度大于 62HRC。常用高碳铬轴承钢的牌号、化学成分、热处理规范及用途举例见表 7-4。

表 7-4　常用高碳铬轴承钢的牌号、化学成分、热处理规范及用途举例

牌号	化学成分（%）				热处理			用途举例
	w_C	w_{Cr}	w_{Mn}	w_{Si}	淬火温度/℃	回火温度/℃	回火后硬度 HRC	
GCr15	0.95~1.05	1.4~1.65	0.25~0.45	0.15~0.35	825~845	150~170	62~66	制造内燃机、汽车、机床等设备上的滚动轴承
GCr15SiMn	0.95~1.05	1.4~1.65	0.95~1.25	0.45~0.75	820~840	150~180	≥62	制造大型轴承或特大轴承的滚动体和内、外圈

【实践经验】滚动轴承钢的加工工艺流程是：下料→锻造→预备热处理（球化退火）→机械加工→淬火→低温回火→机械加工（精加工）→低温回火→检验→入库。

四、合金工具钢与高速工具钢

合金工具钢是用于制造刃具、耐冲击工具、模具、量具等的钢种。合金工具钢的牌号较多，它们之间由于加入的合金元素种类、数量以及碳的质量分数的不同而各不相同，因此，其性能和用途也有所不同。合金工具钢与高速工具钢的质量等级都属于特殊质量等级。下面介绍常用合金工具钢与高速工具钢的主要性能特点、热处理及用途。

1. 量具及刃具用合金工具钢

量具及刃具用合金工具钢主要用于制造金属切削刀具（刃具）、量具和冲模。这些工具要求高硬度（大多数大于60HRC）和高耐磨性，足够的强度（尤其是尺寸小的刀具和冲模）及韧性，淬火变形小。量具及刃具用合金工具钢中碳的质量分数较高，w_C = 0.95% ~ 1.10%，主要加入的合金元素有 Mn、Si、Cr、V、Mo、W 等，以保证钢材获得高淬透性、高耐回火性、高硬度和高耐磨性。由于量具及刃具用合金工具钢中合金元素加入量不多，其热硬性只比碳素工具钢稍高些，一般仅能在250℃以下保持高硬度和高耐磨性。

常用的制造量具及刃具的合金工具钢是 9SiCr、9Cr2、CrWMn、Cr2 和 9Mn2V 等，主要用来制造淬火变形小、精度高的低速切削工具（如冷剪切刀、板牙、丝锥、铰刀、搓丝板、拉刀、圆锯）、冲模、量具（如量规、精密丝杠）和耐磨零件等，如图 7-10 所示。常用量具

及刃具用合金工具钢的牌号、化学成分、热处理及用途举例见表 7-5。

图 7-10　丝锥与板牙

表 7-5　常用量具及刃具用合金工具钢的牌号、化学成分、热处理及用途举例

牌号	化学成分（%）					淬火			回火		用途举例
	w_C	w_{Mn}	w_{Si}	w_{Cr}	其他	温度/℃	介质	HRC	温度/℃	HRC	
9SiCr	0.85~0.95	0.3~0.6	1.2~1.6	0.95~1.25	—	820~860	油	≥62	180~200	≥60~62	制造板牙、丝锥、铰刀、搓丝板、冲模、冷轧辊等
CrWMn	0.9~1.05	0.8~1.1	≤0.40	0.9~1.2	$w_W=$ 1.2~1.6	800~830	油	≥62	140~160	≥62~65	制造淬火变形小的量具、量块、车床丝杠、板牙、冲模等
9Mn2V	0.85~0.95	1.7~2.0	≤0.40	—	$w_V=$ 0.01~0.25	780~810	油	≥62	150~200	≥60~62	制造小尺寸冲模，各种淬火变形小的量规、丝锥、板牙、铰刀等

量具及刃具用合金工具钢的热处理工艺是：锻造后进行球化退火，加工成零件后进行淬火，淬火一般用油或盐浴进行马氏体分级淬火或贝氏体等温淬火，淬火后再进行低温回火。

2. 耐冲击工具用合金工具钢

耐冲击工具主要是指风动工具、金属冷剪刀片、铆钉冲头、冲孔冲头等。此类工具不仅要求高硬度和高耐磨性，而且还要求有良好的冲击韧性，此类钢一般需要经过淬火加中温回火后使用。常用的制造耐冲击工具的合金工具钢有 4CrW2Si、5CrW2Si、6CrW2Si 等。

3. 冷作模具用合金工具钢

冷作模具主要是指冲模（图 7-11）、冷拔模、冷挤压模、修边模、卷边模、拉丝模、搓丝板、冷切剪刀、螺纹滚模、压印模、拉深模等。此类模具要求高硬度和高耐磨性，还要求有一定的冲击韧性和抗疲劳性。制造冷作模具的合金工具钢中碳的质量分数较高，$w_C=$

0.95%～2.0%，主要加入的合金元素有 Cr、Mo、W、V 等，以保证钢材获得高淬透性、高耐回火性、高硬度和高耐磨性。此类钢一般需要淬火加低温回火后使用，而且热处理后变形小。常用的制造冷作模具的合金工具钢有 Cr12MoV、Cr12、CrWMn 等。

图 7-11　冲模

4. 热作模具用合金工具钢

热作模具主要是指热锻模、压铸型、热挤压模等。此类模具要求高强度、较好的韧性和耐磨性，还要求有较好的抗热疲劳性能。制造热作模具的合金工具钢中碳的质量分数较高，$w_C = 0.3\%～0.6\%$，主要加入的合金元素有 Cr、Mn、Ni、Mo、W、V、Si 等，以保证钢材获得高淬透性、高耐回火性、高抗热疲劳性能，并防止回火脆性。常用的制造热作模具的合金工具钢有 5CrNiMo、5CrMnMo、4Cr5W2VSi、3Cr2W8V、8Cr3 等。常用热作模具用钢的牌号、化学成分及用途举例见表 7-6。

表 7-6　常用热作模具用钢的牌号、化学成分及用途举例

牌号	化学成分（%）								用途举例
	w_C	w_{Mn}	w_{Si}	w_{Cr}	w_W	w_V	w_{Mo}	w_{Ni}	
5CrMnMo	0.50～0.60	1.20～1.60	0.25～0.60	0.60～0.90	—	—	0.15～0.30	—	制造较高强度和耐磨性的中型和小型锻模
5CrNiMo	0.50～0.60	0.50～0.80	≤0.40	0.50～0.80	—	—	0.15～0.30	1.40～1.80	制造形状复杂、冲击载荷大的大、中型锻模
4Cr5W2VSi	0.32～0.42	≤0.40	0.80～1.20	4.45～5.50	1.60～2.40	0.60～1.00	—	—	制造压铸型、热挤压模，高速锤锻模与冲头
3Cr2W8V	0.30～0.40	≤0.40	≤0.40	2.20～2.70	7.50～9.00	0.20～0.50	—	—	制造热挤压模、压铸型、锻模和非铁金属成形模

5CrNiMo 和 5CrMnMo 是最常用的热作模具钢。其中 5CrNiMo 由于加入了 Cr、Ni、Mo 合金元素，所以淬透性好，能在 500℃ 下保持高强度和高韧性，适合于制造大、中型锻模；5CrMnMo 的淬透性和韧性不及 5CrNiMo 钢，一般适于制造中、小型锻模。

3Cr2W8V 因含较多的 W 元素，在钢中可形成特殊碳化物，因此具有更好的高温力学性能。此外，加入 Cr、W 元素还能提高钢材的临界点，使模具工作时不易发生相变，从而提高钢材的抗热疲劳性。为了改善 3Cr2W8V 的导热性和韧性，一般要求碳的质量分数较低。3Cr2W8V 钢常用来制造热挤压模和压铸模。

热作模具要求的硬度比冷作模具低，如热锻模工作部分的硬度通常为 33～47HRC（随锻模大小而不同）；压铸模工作部分的硬度通常为 40～48HRC。热作模具的热处理通常采用调质处理或淬火加中温回火，热处理后变形小。有些模具（如热挤压模、压铸模等）还采用渗氮、碳氮共渗等化学热处理来提高其耐磨性和使用寿命。

5. 高速工具钢（高速钢）

高速工具钢是用于制造中速或高速切削工具（车刀、铣刀、麻花钻头、齿轮刀具、拉刀等）的高碳合金钢。高速工具钢中 $w_C = 0.7\% \sim 1.65\%$，含有 W、Mo、Cr、V、Co 等贵重元素，合金元素含量达 10% ~ 25%，可形成大量的碳化物。高速工具钢经过科学的热处理后，可以获得高硬度、高耐磨性和高热硬性，能够在 600℃ 以下保持高硬度和耐磨性。用高速工具钢制造的刀具的切削速度比一般工具钢高得多，而且高速工具钢的强度也比碳素工具钢和低合金工具钢约高 30% ~ 50%。此外，高速工具钢还具有很好的淬透性，在空气冷却的条件下也能淬硬。但高速工具钢导热性差，在热加工时要特别注意。常用的高速工具钢有W18Cr4V、W6Mo5Cr4V2、W9Mo3Cr4V、W10Mo4Cr4V3Co10 等。常用高速工具钢的牌号、化学成分、热处理规范及硬度见表 7-7。

表 7-7　常用高速工具钢的牌号、化学成分、热处理规范及硬度

牌号	化学成分（%）					热处理温度/℃			回火后硬度
	w_C	w_W	w_{Mo}	w_{Cr}	w_V	预热	淬火	回火	
W18Cr4V	0.73 ~ 0.83	17.2 ~ 18.7	—	3.80 ~ 4.50	1.00 ~ 1.20	820 ~ 870	1260 ~ 1280	550 ~ 570（三次）	≥63HRC
W6Mo5Cr4V2	0.80 ~ 0.90	5.50 ~ 6.75	4.50 ~ 5.50	3.80 ~ 4.40	1.75 ~ 2.20	820 ~ 840	1210 ~ 1230	540 ~ 560（三次）	≥64HRC

高速工具钢锻造后一般进行等温退火。高速工具钢淬火时一般要经过预热，淬火温度高，一般为 1200 ~ 1285℃。提高淬火温度的目的是使难熔的合金碳化物更多地溶解到奥氏体中去。淬火冷却介质一般用油，也可用盐浴进行马氏体分级淬火，以减小变形。高速工具钢的淬火组织为"马氏体+未溶合金碳化物+残留奥氏体（25% ~ 35%）"。高速工具钢淬火后一般要经 550 ~ 570℃ 三次回火。如果淬火后先经冷处理，则回火一次即可。回火的目的是减少残留奥氏体数量，并且在回火过程中，高速工具钢产生"二次硬化"现象，使钢的硬度略有提高。此外，高速工具钢刀具在淬火、回火后，也可进行气体渗氮、硫氮共渗、气相沉积 TiC 或 TiN 等工艺，进一步提高其使用寿命。

高速工具钢主要用于制造各种切削刀具（图 7-12），也可用于制造某些重载冷作

图 7-12　高速工具钢车刀

模具和结构件（如柴油机的喷油器偶件）。但是，高速工具钢价格高，热加工工艺复杂，因此，应尽量节约使用。

五、不锈钢与耐热钢

1. 不锈钢

不锈钢属于特殊质量合金钢。不锈钢是指以不锈、耐蚀性为主要特性，且铬的质量分数

至少为 10.5%，碳的质量分数最大不超过 1.2%的钢。按不锈钢使用时的组织特征分类，可分为奥氏体型不锈钢、铁素体型不锈钢、马氏体型不锈钢、奥氏体-铁素体型不锈钢和沉淀硬化型不锈钢五类。部分常用不锈钢的牌号、化学成分及用途举例见表 7-8。

表 7-8 部分常用不锈钢的牌号、化学成分及用途举例

组织类型	牌号	化学成分（%）				用途举例
		w_C	w_{Ni}	w_{Cr}	w_{Mo}	
奥氏体型	12Cr18Ni9	0.15	8.0~10.0	17.0~19.0	—	制造建筑装饰品，制造耐硝酸、冷磷酸、有机酸及盐碱溶液腐蚀部件等
	06Cr19Ni10	0.08	8.0~11.0	18.0~20.0	—	制造食品用设备、抗磁仪表、医疗器械、原子能工业设备及部件、化工部件等
铁素体型	10Cr17	0.12	≤0.60	16.0~18.0	—	制造重油燃烧部件、建筑装饰品、家用电器部件、食品用设备等
	008Cr30Mo2	0.01	—	28.5~32.0	1.50~2.50	制造耐乙酸、乳酸等有机酸腐蚀的设备，耐苛性碱腐蚀的设备等
马氏体型	12Cr13	0.15	≤0.60	11.5~13.5	—	制造汽轮机叶片、内燃机车水泵轴、阀门、阀杆、螺栓，用于建筑装潢、家用电器等
	32Cr13Mo	0.28~0.35	≤0.60	12.0~14.0	0.50~1.00	制造热油泵轴、阀门轴承、医疗器械弹簧
	68Cr17	0.60~0.75	≤0.60	16.0~18.0	≤0.75	制造刃具、量具、滚珠轴承、手术刀片等
奥氏体-铁素体型	022Cr19Ni5Mo3Si2N	0.030	4.5~5.5	18.00~19.50	2.50~3.00	制造炼油、化肥、造纸、化工等工业中的热交换器和冷凝器等
	14Cr18Ni11Si4AlTi	0.10~0.18	10.00~12.00	17.50~19.50	—	制造抗高温浓硝酸腐蚀的设备及零件等
沉淀硬化型	05Cr17Ni4Cu4Nb	0.07	3.00~5.00	15.00~17.50	—	制造高硬度、高强度及耐腐蚀的化工机械设备及零件，如轴、弹簧、容器、汽轮机部件、离心机转鼓、结构件等
	07Cr15Ni7Mo2Al	0.09	6.50~7.75	14.00~16.00	2.00~3.00	

不锈钢的化学成分特点是铬和镍的质量分数较高，一般 $w_{Cr} \geq 10.5\%$，这样可以使不锈钢中的铬元素在氧化性介质中形成一层致密的具有保护作用的 Cr_2O_3 薄膜，覆盖住整个不锈钢表面，防止不锈钢被不断地氧化和腐蚀。

【实践经验】日常生活中使用的不锈钢主要有两种产品，第一种是含铬的不锈钢，具有吸磁性；第二种是含镍的不锈钢，不具有吸磁性，但具有良好的耐蚀性，价格高。因此，在选购不锈钢制品时可以用磁铁进行鉴别，或注意观察不锈制品上的材质标识。

2. 耐热钢

耐热钢属于特殊质量合金钢。耐热钢是指在高温下具有良好的化学稳定性和较高强度的钢。钢的耐热性包括钢在高温下具有抗氧化性（热稳定性）和高温热强性（蠕变强度）两

个方面。高温抗氧化性是指钢在高温下对氧化作用的抗力；热强性是指钢在高温下对机械载荷作用的抗力。

一般来说，钢材的强度随着温度的升高会逐渐下降，而且不同的钢材在高温条件下其强度下降的程度是不同的，一般结构钢比耐热钢下降得快。在耐热钢中主要加入铬、硅、铝等合金元素。这些元素在高温下与氧作用，在钢材表面会形成一层致密的高熔点氧化膜，如 Cr_2O_3、Al_2O_3、SiO_2，能有效地保护钢材在高温下不被氧化。另外，加入 Mo、W、Ti 等元素可以阻碍晶粒长大，提高耐热钢的高温热强性。耐热钢按用途分类，可分为抗氧化钢、热强钢和气阀钢；按金相组织分类，可分为奥氏体型、铁素体型、马氏体型、沉淀硬化型和珠光体型耐热钢。

抗氧化钢是指在高温下能够抵抗氧和其他介质侵蚀，并具有一定强度的钢。抗氧化钢中主要加入铬、硅、铝等合金元素，主要用于长期在高温下工作但强度要求低的零件，如各种加热炉内的结构件、渗碳炉构件、加热炉传送带料盘、燃气轮机的燃烧室等。常用的钢种有 26Cr18Mn12Si2N、22Cr20Mn10Ni2Si2N 等。

热强钢是指在高温条件下能够抵抗气体侵蚀，又具有较高强度和韧性的钢。热强钢中主要加入铬、钼、钨、镍、钛等元素，目的是提高钢的高温强度、韧性和耐磨性。常用热强钢如 12CrMoG、15CrMoG、12Cr1MoVG 等都是典型的锅炉用钢，可制造在 350℃ 以下工作的零件，如锅炉钢管等。

气阀钢是指热强性较高的钢，主要用于高温下工作的气阀，如 14Cr11MoV 钢、15Cr12WMoV 钢用于制造 540℃ 以下工作的汽轮机叶片、发动机排气阀、螺栓紧固件等；42Cr9Si2 钢是目前应用最多的气阀钢，用于制造工作温度不高于 650℃ 的内燃机重载荷排气阀。

六、特殊物理性能钢

特殊物理性能钢属于特殊质量合金钢。它包括永磁钢、软磁钢、无磁钢、高电阻钢及其合金。下面主要介绍永磁钢、软磁钢和无磁钢的性能和应用。

1. 永磁钢

永磁钢（硬磁钢）是指钢材被磁化后，除去外磁场后仍然具有较高剩磁的钢材。即永磁钢在被外磁场磁化后，能长期保留大量剩磁，表现出不易退磁的特性。永磁钢具有与高碳工具钢类似的化学成分（w_C ＝1%左右），常加入的合金元素是铬、钨、钴和铝等，经淬火和回火后硬度和强度提高。永磁钢主要用于制造无线电及通信器材里的永久磁铁装置及仪表中的马蹄形磁铁（图 7-13）。

2. 软磁钢（硅钢片）

软磁钢（硅钢片）是指钢材容易被反复磁化，并在外磁场除去后磁性基本消失的钢材。软磁钢是一种碳的质量分数很低（w_C≤0.08%）的铁、硅合金，硅的质量分数在 1%~4% 之间。加入硅是为了提高电阻率，减少涡流损失，使软磁钢能在较弱的磁场强度下具有较高的磁感应强度。通常软磁钢轧制成薄片，分为电动机硅钢片（w_{Si} ＝1%~2.5%，塑性好）和变压器硅钢片（w_{Si} ＝3%~4%，磁性较好，塑性差），它们是一种重要的电工用钢，常用于制造电动机的转子与定子、电源变压器（图 7-14）、继电器等。软磁钢经去应力退火后不仅可以提高其磁性，而且还有利于进行冲压加工。

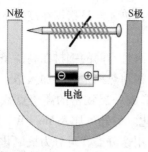

图 7-13　马蹄形磁铁

图 7-14　电源变压器

3. 无磁钢

无磁钢是指在电磁场作用下，不引起磁感或不被磁化的钢材，由于这类钢材不受磁感应作用，也就不干扰电磁场。无磁钢常用于制造无磁模具、无磁轴承、电动机绑扎钢丝绳与护环、变压器的盖板、电动仪表壳体与指针等，如 7Mn15Cr2Al3V2WMo 用于制造无磁模具和无磁轴承。

七、低温钢

低温钢是指用于制造工作温度在 0℃ 以下的零件和结构件的钢种。它广泛用于低温下工作的设备，如冷冻设备、制药氧设备、石油液化气设备、航天工业用的高能推进剂液氢等液体燃料的制造设备、南极与北极探险设备等。衡量低温钢的主要性能指标是低温冲击韧性和韧脆转变温度，即低温冲击韧性越高，韧脆转变温度越低，则其低温性能越好。常用的低温钢主要有低碳锰钢、镍钢及奥氏体不锈钢。低碳锰钢适用于 $-70 \sim -45℃$ 范围，如 09MnNiDR、09Mn2VRE 等；镍钢使用温度可达 $-196℃$；奥氏体不锈钢的使用温度可达 $-269℃$，如 06Cr19Ni10、12Cr18Ni9 等。

八、铸造合金钢

铸造合金钢包括一般工程与结构用低合金铸钢、大型低合金铸钢、特殊铸钢三类。

一般工程与结构用低合金铸钢的牌号表示方法基本上与铸造非合金钢相同，所不同的是需要在"ZG"后加注字母"D"，如 ZGD270-480、ZGD290-510、ZGD345-570 等。

大型低合金铸钢一般应用于较重要的、复杂的，而且要求具有较高强度、塑性与韧性以及特殊性能的结构件，如机架、缸体、齿轮、连杆等。大型低合金铸钢的牌号是在合金钢的牌号前加"ZG"，其后第一组数字表示低合金铸钢的名义万分碳的质量分数，随后排列的是各主要合金元素符号及其名义百分质量分数。常用的大型低合金铸钢（合金元素的质量分数小于 3%）有 ZG35CrMnSi、ZG34Cr2Ni2Mo、ZG65Mn 等。

特殊铸钢是指具有特殊性能的铸钢。它包括耐磨铸钢（如 ZG100Mn13 等）、耐热铸钢（ZG30Cr7Si2 等）和耐蚀铸钢（ZG20Cr13 等），主要用于铸造成形的耐磨件、耐热件及耐蚀件。

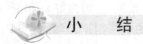

小　结

本章主要介绍合金元素在钢中的作用以及低合金钢与合金钢的分类、性能和应用等。学习目标：第一，要准确认识合金钢与非合金钢的关系和区别，合金元素在钢中的作用；第

二、要特别理解和认识合金钢的分类、性能、热处理方法和应用之间的关系，还要积累典型钢材、零件、热处理方法和应用之间的感性知识。例如：热作模具一般选用 5CrNiMo 制造，其热处理工艺是淬火加中温回火，使用硬度是 35～45HRC；又如切削刀具一般选用 W18Cr4V 制造，其热处理工艺是淬火加三次高温回火，使用硬度是 58～64HRC。采取这种抓住典型事例的学习方法，可以做到由繁到简，由难到易，由书本知识到实践经验的转化，达到提纲挈领、触类旁通，并能提高学习效率。

──────── 复习与思考 ────────

一、名词解释

1. 合金元素　2. 合金钢　3. 耐回火性　4. 二次硬化　5. 耐候钢　6. 不锈钢　7. 耐热钢

二、填空题

1. 合金元素在钢中主要以两种形式存在，一种形式是溶入铁素体中形成_____铁素体；另一种形式是与碳化合形成_____碳化物。

2. 低合金钢按主要质量等级分为_____钢、_____钢和_____钢。

3. 合金钢按主要质量等级可分为_____钢和_____钢。

4. 机械结构用合金钢按其用途和热处理特点，分为_____钢、_____钢、_____钢和_____钢等。

5. 60Si2Mn 是_____钢，它的最终热处理方法是_____。

6. 超高强度钢按化学成分和强韧化机制分类，可分为_____钢、_____钢、_____钢和_____钢四类。

7. 高速工具钢刀具在切削温度达 600℃ 时，仍能保持_____和_____。

8. 按不锈钢使用时的组织特征分类，可分为_____不锈钢、_____不锈钢、_____不锈钢、_____不锈钢和_____不锈钢五类。

9. 不锈钢是指以不锈、耐蚀性为主要特性，且铬的质量分数至少为_____，碳的质量分数最大不超过_____的钢。

10. 钢的耐热性包括_____性和_____性两个方面。

11. 特殊物理性能钢包括_____钢、_____钢、_____钢、高电阻钢及其合金。

12. 常用的低温钢主要有_____钢、_____钢及_____钢。

13. 铸造合金钢包括一般工程与结构用低合金铸钢、_____铸钢和_____铸钢三类。

三、单项选择题

1. 合金渗碳钢渗碳后需要进行_____后才能达到使用要求。

　A. 淬火加低温回火　　B. 淬火加中温回火　　C. 淬火加高温回火

2. 将合金钢牌号归类。

耐磨钢：_____；合金弹簧钢：_____；合金模具钢：_____；不锈钢：_____。

　A. 60Si2MnA　　B. ZG120Mn13　　C. Cr12MoV
　D. 12Cr13

3. 为下列零件正确选材：机床主轴_____；汽车与拖拉机的变速齿轮_____；减振板弹簧_____；滚动轴承_____；贮酸槽_____；坦克履带_____。

    A. 12Cr18Ni9   B. GCr15   C. 40Cr

    D. 20CrMnTi   E. 60Si2MnA   F. ZG120Mn17

4. 为下列工具正确选材：高精度丝锥_____；热锻模_____；冲模_____；医用手术刀片_____；麻花钻头_____。

    A. Cr12MoV   B. CrWMn   C. 68Cr17

    D. W18Cr4V   E. 5CrNiMo

四、判断题

1. 一般合金钢都有较好的耐回火性。 （　　）

2. 大部分低合金钢和合金钢的淬透性比非合金钢好。 （　　）

3. 一般低合金高强度结构钢中合金元素的总的质量分数不超过3%。 （　　）

4. 含Cr、Ni元素的高耐候性结构钢在其牌号后面后缀字母"L"，如Q345GNHL钢。（　　）

5. 3Cr2W8V一般用来制造冷作模具。 （　　）

6. GCr15是高碳铬轴承钢，其铬的质量分数是15%。 （　　）

7. Cr12MoVA是不锈钢。 （　　）

8. 40Cr是最常用的合金调质钢。 （　　）

五、简答题

1. 与非合金钢相比，合金钢有哪些优点？

2. 一般来说，在碳的质量分数相同条件下，合金钢比非合金钢淬火加热温度高、保温时间长，这是什么原因？

3. 说明在一般情况下非合金钢用水淬火，而合金钢用油淬火的道理。

4. 耐磨钢常用牌号有哪些？它们为什么具有良好的耐磨性和良好的韧性？并举例说明其用途。

5. 试列表比较合金渗碳钢、合金调质钢、合金弹簧钢、高碳铬轴承钢的碳的质量分数、典型牌号、常用最终热处理工艺及用途。

6. 比较冷作模具钢与热作模具钢碳的质量分数、性能要求、热处理工艺的不同。

7. 高速工具钢有何性能特点？回火后为什么硬度会增加？

8. 不锈钢和耐热钢有何性能特点？举例说明其用途。

9. 说明下列钢材牌号属何类钢？其数字和符号各表示什么？

①Q460B　②Q355NHC　③20Cr　④9CrSi　⑤50CrVA　⑥GCr15SiMn　⑦12Cr13　⑧Cr12　⑨W6Mo5Cr4V2

六、课外调研

深入现场和借助有关图书资料或借助互联网，了解非合金钢、低合金钢与合金钢在生活和机械制造中的应用情况，并写一篇分析报告进行相互交流。

第八章

铸铁

铸铁是以 Fe、C、Si 为基础的复杂的多元合金。铸铁中 $w_C = 2.0\% \sim 4.0\%$，除 C 和 Si 外，还含有 Mn、P、S 等元素。从化学成分看，铸铁与钢的主要区别在于铸铁比钢含有较高的碳和硅，并且硫、磷杂质含量较高。常用铸铁的化学成分范围是 $w_C = 2.5\% \sim 4.0\%$，$w_{Si} = 1.0\% \sim 3.0\%$，$w_{Mn} = 0.4\% \sim 1.4\%$，$w_P = 0.1\% \sim 0.5\%$，$w_S = 0.02\% \sim 0.20\%$。为了提高铸铁的力学性能或获得某种特殊性能，加入 Cr、Mo、V、Cu、Al 等合金元素，可以形成合金铸铁。

第一节 铸 铁 概 述

铸铁具有良好的铸造性能、减摩性能、吸振性能、切削加工性能及低的缺口敏感性能等，而且生产工艺简单、成本低廉，经合金化后还具有良好的耐热性和耐蚀性等，广泛应用于农业机械、汽车制造、冶金、矿山、石油化工、机械和国防等行业。按质量分数计算，在农业机械中铸铁件约占 $40\% \sim 60\%$，在机床和重型机械中约占 $60\% \sim 90\%$。特别是稀土镁球墨铸铁的出现，打破了钢与铸铁的使用界限，使不少过去采用非合金钢、低合金钢和合金钢制造的重要零件（如曲轴、连杆、齿轮等），已可采用球墨铸铁来制造。球墨铸铁的使用不仅为国家节约了大量的优质钢，简化了上述零件的制造工艺，降低了生产成本，而且其使用性能可与钢相媲美。

虽然铸铁有较多的优点，但由于其强度较低，塑性与韧性较差，所以，铸铁不能通过锻造、轧制、拉丝等方法加工成形。

一、铸铁的种类

铸铁的种类很多，根据碳在铸铁中存在的形式不同，铸铁可分为以下几种。

1）白口铸铁。碳主要以游离碳化物形式出现的铸铁，断口呈银白色，故称为白口铸铁。

2）灰铸铁。碳主要以片状石墨形式析出的铸铁，断口呈灰色，故称为灰铸铁。

3）可锻铸铁。白口铸铁通过石墨化或氧化脱碳退火处理，改变其金相组织或化学成分而获得的有较高韧性的铸铁，称为可锻铸铁。

4）球墨铸铁。铁液经过球化处理而不是在凝固后再经过热处理，使石墨大部分或全部呈球状，有时少量为团絮状的铸铁，称为球墨铸铁。

5）蠕墨铸铁。金相组织中石墨形态主要为蠕虫状的铸铁，称为蠕墨铸铁。

6）麻口铸铁。碳部分以游离碳化物形式析出，部分以石墨形式析出的铸铁，断口呈灰白色相间，故称为麻口铸铁。

二、铸铁的石墨化及影响因素

铸铁中的碳以石墨形式析出的过程称为石墨化。在铁碳合金中，碳有两种存在形式，其一是渗碳体，其中 $w_C = 6.69\%$；其二是石墨，用符号"G"表示，其 $w_C = 100\%$。石墨具有特殊的简单六方晶格，如图8-1所示。石墨晶格底面的原子间距为 1.421×10^{-10} m，两底面之间的间距为 3.35×10^{-10} m，因石墨晶格两底面的间距较大，结合力较弱，故其结晶形态容易发展成为片状，并且石墨的强度、塑性和韧性都很低。

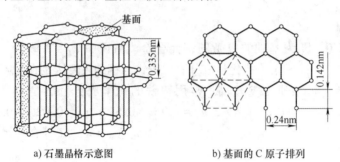

a) 石墨晶格示意图　　　　　　b) 基面的C原子排列

图8-1　石墨的晶体结构

碳在铸铁中以何种形式存在，与铸铁液的冷却速度有关。缓慢冷却时，从铸铁液或奥氏体中直接析出石墨；快速冷却时，形成渗碳体。渗碳体在高温下进行长时间加热时，可分解为铁和石墨，即 $Fe_3C \rightarrow 3Fe + G$，这说明渗碳体是一种亚稳定相，而石墨则是一种稳定相。影响铸铁石墨化的因素较多，其中化学成分和冷却速度是影响铸铁石墨化的主要因素。

1. 化学成分的影响

化学成分是影响铸铁石墨化过程的主要因素之一。在化学成分中碳和硅是强烈促进铸铁石墨化的元素。铸铁中碳和硅的质量分数越大就越容易石墨化，但质量分数过大会使铸铁中石墨数量增多并粗化，从而导致铸铁力学性能下降。因此，在铸件壁厚一定的条件下，调整铸铁中碳和硅的质量分数是控制其组织和性能的基本措施之一。

2. 冷却速度的影响

冷却速度是影响铸铁石墨化过程的工艺因素。如果冷却速度较快，碳原子来不及充分扩散，铸铁中石墨化难以充分进行，则容易产生白口铸铁组织；如果冷却速度缓慢，碳原子有时间充分扩散，有利于铸铁石墨化过程充分进行，则容易获得灰铸铁组织。对于薄壁铸件，由于其在成形过程中冷却速度快，则容易产生白口铸铁组织；而对于厚壁铸件，由于其在成形过程中冷却速度较慢，则容易获得灰铸铁组织。

第二节　常 用 铸 铁

一、灰铸铁的牌号、性能及用途

（一）灰铸铁的化学成分、显微组织和性能

1. 灰铸铁的化学成分

灰铸铁的化学成分大致是 $w_C = 2.5\% \sim 4.0\%$，$w_{Si} = 1.0\% \sim 2.5\%$，$w_{Mn} = 0.5\% \sim 1.4\%$，$w_S \leqslant 0.15\%$，$w_P \leqslant 0.3\%$。

2. 灰铸铁的显微组织

由于化学成分和冷却条件的综合影响，灰铸铁在室温下的显微组织有三种类型，铁素体F+片状石墨G，铁素体F+珠光体P+片状石墨G和珠光体P+片状石墨G。图8-2所示为铁素体灰铸铁和珠光体灰铸铁的显微组织。

 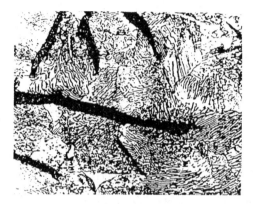

a) 铁素体灰铸铁的显微组织　　　　b) 珠光体灰铸铁的显微组织

图8-2　铁素体灰铸铁和珠光体灰铸铁的显微组织

【对比与分析】实际上，通过分析与对比灰铸铁的显微组织，可以发现，灰铸铁的显微组织就是在钢的基体（如铁素体、铁素体+珠光体、珠光体等基体）上分布着一些片状石墨形成的。知道了这个特点，就很容易理解钢与灰铸铁在性能上的差异了，也很容易理解和分析灰铸铁所具有的性能。

3. 灰铸铁的性能

灰铸铁的性能主要取决于其钢基体的性能和石墨的数量、形状、大小及分布状况。其中钢基体组织主要影响灰铸铁的强度、硬度、耐磨性及塑性。由于石墨本身的强度、硬度和塑性都很低，因此，灰铸铁中存在的石墨，就相当于在钢的基体上布满了大量的孔洞和裂纹，割裂了钢基体组织的连续性，从而减小了钢基体的有效承载面积。另外，在石墨的尖角处易产生应力集中，造成铸件产生裂纹，并使裂纹迅速扩展而产生脆性断裂。这就是灰铸铁的抗拉强度和塑性比同样基体的钢低得多的原因。如果片状石墨越多，越粗大，分布越不均匀，则灰铸铁的强度和塑性就越低。

灰铸铁中的石墨除有割裂钢基体的不良作用外，也有它有利的一面，归纳起来大致有以下几个优点。

1）具有优良的铸造性。由于灰铸铁中碳的质量分数高、熔点较低、流动性好，因此，凡是不能用锻造方法加工成形的零件，都可采用铸铁材料进行铸造成形。此外，石墨的比体积较大，当铸件在凝固过程中析出石墨时，可部分地补偿铸件在凝固时的体积收缩，故铸铁的收缩量比钢小。

2）具有良好的吸振性。由于石墨能够阻止晶粒间振动能的传递，并且可将振动能转化为热能，所以，铸铁中的石墨对振动可以起到缓冲作用。这种性能对于提高机床的精度，减少噪声，延长受振零件的寿命很有利。灰铸铁的这种吸振能力是钢的几倍，因此，灰铸铁广泛用于制造机床床身（图8-3）、主轴箱及各类机器底座等工件。

3）具有较低的缺口敏感性。由于灰铸铁中存在大量的石墨，相当于在铸铁内部存在许多小缺口（或小裂纹），故灰铸铁对其表面的小缺陷或小缺口等，几乎不具有敏感性。

4）具有良好的切削加工性。灰铸铁在进行切削加工时，由于石墨可起减摩和断屑作用，故铸铁的切削加工性较好，刀具磨损小。

5）具有良好的减摩性。由于石墨具有润滑作用，以及它从铸铁表面脱落后留下的孔洞具有储存润滑油的能力，故灰铸铁件具有良好的减摩性。

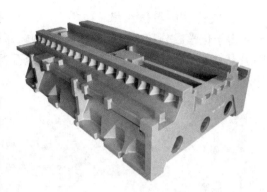

图 8-3　灰铸铁机床床身

值得注意的是，灰铸铁在承受压应力时，由于石墨不会缩小有效承载面积和不产生缺口应力集中现象，故灰铸铁的抗压强度与钢材相近。灰铸铁的钢基体组织对灰铸铁力学性能的影响是：当石墨存在的状态一定时，铁素体灰铸铁具有较高的塑性，但强度、硬度和耐磨性较低；珠光体灰铸铁的强度和耐磨性较高，但塑性较低；铁素体-珠光体灰铸铁的力学性能则介于上述两类灰铸铁之间。

（二）灰铸铁的孕育处理（变质处理）

为了细化石墨片，提高灰铸铁的力学性能，灰铸铁生产中常采用孕育处理。即在灰铸铁液浇注之前，往灰铸铁液中加入少量的孕育剂，如硅铁或硅钙合金，使灰铸铁液内同时生成大量的和均匀分布的石墨晶核，改变灰铸铁液的结晶条件，使灰铸铁获得细晶粒的珠光体基体和细片状的石墨组织。经过孕育处理的灰铸铁称为孕育铸铁，也称为变质铸铁。经过孕育处理的灰铸铁，强度有很大的提高，并且塑性和韧性也有所提高。因此，孕育铸铁常用来制造力学性能要求较高，截面尺寸变化较大的大型铸件。

（三）灰铸铁的牌号及用途

灰铸铁的牌号用"HT+数字"表示。其中"HT"是"灰铁"两字汉语拼音的首字母，其后的数字表示灰铸铁的最低抗拉强度，如 HT150 表示灰铸铁，其最低抗拉强度是150MPa。常用灰铸铁的牌号、力学性能及用途举例见表 8-1。

表 8-1　常用灰铸铁的牌号、力学性能及用途举例

类别	牌号	力学性能		用途举例
		R_m/MPa	硬度 HBW	
铁素体灰铸铁	HT100	≥100	143~229	制造低载荷和不重要零件，如盖、外罩、手轮、支架等
铁素体-珠光体灰铸铁	HT150	≥150	163~229	制造承受中等应力的零件，如底座、床身、齿轮箱、工作台、阀体、管路附件及一般工作条件要求的零件等
珠光体灰铸铁	HT200	≥200	170~241	制造承受较大应力和重要的零件，如气缸体、齿轮、机座、床身、活塞、制动轮、油缸等
	HT250	≥250	170~241	
孕育铸铁	HT300	≥300	187~255	制造床身导轨、车床、压力机等受力较大的床身、机座、主轴箱、卡盘、齿轮等，高压油缸、泵体、阀体、衬套、凸轮、大型发动机的曲轴、气缸体等
	HT350	≥350	197~269	

（四）灰铸铁的热处理

热处理只能改变灰铸铁的钢基体组织，而不能改变石墨的形状、大小和分布情况。因此，灰铸铁的热处理一般用于消除铸件的内应力和白口组织，稳定铸件尺寸和提高铸件工作表面的硬度及耐磨性。另外，由于石墨的导热性差，因此，灰铸铁在热处理过程中的加热速度要比非合金钢稍慢些。灰铸铁常用的热处理方法有去内应力退火（时效处理）、软化退火、正火及表面淬火等。

1. 去内应力退火（时效处理）

铸铁件在冷却过程中，因各部位的冷却速度不同而造成其收缩不一致，从而产生一定的内应力。这种内应力可以通过铸件的变形得到缓解，但是这一过程比较缓慢，因此，铸件在成形后一般要进行去内应力退火（时效处理），特别是一些大型、复杂或加工精度较高的铸件（如床身、机架等）必须进行去内应力退火（时效处理）。

铸件去内应力退火是将铸件缓慢加热到500~650℃，保温一定时间（2~6h），利用塑性变形降低内应力，然后随炉缓冷至350℃以下出炉空冷，也称为人工时效。铸件经过去内应力退火后，可消除铸件内部90%以上的内应力。对于大型铸件，可采用自然时效方法去除铸件内部的应力，即将铸件在露天放置半年以上，使铸造内应力缓慢释放，从而使铸件尺寸稳定。典型的去内应力退火工艺曲线如图8-4所示。

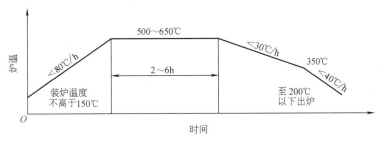

图8-4　典型的去内应力退火工艺曲线

去内应力退火温度越高，铸件内应力消除得越显著，同时铸件尺寸稳定性越好。但随着铸件去内应力退火温度的升高，铸件退火后的力学性能会有所下降，因此，要合理选择去内应力退火温度。一般可按下列公式选择去内应力退火温度，式中单位为摄氏度（℃）。

$$T = 480 + 0.4R_m$$

保温时间一般按每小时热透铸件25mm厚计算。加热速度一般控制在80℃/h以下，对于复杂零件，控制在20℃/h以下。冷却速度一般控制在30℃/h以下，炉冷至200℃后出炉空冷。

铸件表面进行切削加工时，会导致铸件表面产生较大的内应力，因此，去内应力退火一般安排在铸件粗加工后进行。对于要求特别高的精密零件，可在铸件成形和粗加工后进行两次去内应力退火。

2. 软化退火

铸铁件在其表面或某些薄壁处容易出现白口组织，故需利用软化退火来消除白口组织，以改善其切削加工性能。软化退火是将铸件缓慢加热到850~950℃，保持一定时间，一般为1~3h，使渗碳体分解，即 $Fe_3C \rightarrow A + G$，然后随炉冷却至400~500℃出炉空冷，获得以铁素体或铁素体-珠光体为基体的灰铸铁的退火方法。

3. 正火

铸铁件正火是将铸件加热到850~920℃，经1~3h保温后，出炉空冷，得到以珠光体为基体的灰铸铁。

4. 表面淬火

表面淬火的目的是提高铸铁件（如缸体、机床导轨等）表面的硬度和耐磨性。常用的表面淬火方法有火焰淬火、感应淬火和接触电阻加热淬火等。例如：机床导轨采用接触电阻加热淬火后，其表面的耐磨性会显著提高，而且导轨变形小。

铸件进行表面淬火前，一般需进行正火处理，以保证其获得65%以上的珠光体组织。铸件淬火后，表面能获得马氏体+石墨的显微组织，铸件表面硬度可达55HRC。

二、球墨铸铁的牌号、性能及用途

球墨铸铁是20世纪50年代发展起来的一种新型铸铁。它是由普通灰铸铁熔化的铁液，经过球化处理得到的。球化处理的方法是在铁液出炉后、浇注前加入一定量的球化剂（稀土镁合金等）和等量的孕育剂，使石墨呈球状析出。

（一）球墨铸铁的化学成分、显微组织和性能

1. 球墨铸铁的化学成分

球墨铸铁的化学成分大致是 $w_C = 3.6\% \sim 3.9\%$，$w_{Si} = 2.0\% \sim 2.8\%$，$w_{Mn} = 0.6\% \sim 0.8\%$，$w_S < 0.04\%$，$w_P < 0.1\%$，$w_{Mg} = 0.03\% \sim 0.05\%$。

2. 球墨铸铁的显微组织

按钢基体显微组织的不同，球墨铸铁可分为铁素体F+球状石墨G，铁素体F+珠光体P+球状石墨G和珠光体P+球状石墨G等。图8-5所示为铁素体球墨铸铁的显微组织。

3. 球墨铸铁的性能

球墨铸铁的力学性能与其钢基体的类型及球状石墨的大小、形状及分布状况有关。由于球状石墨对钢基体的割裂作用最小，又无应力集中作用，所以，钢基体的强度、塑

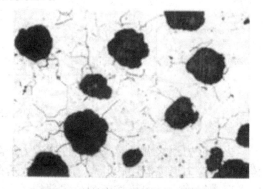

图8-5 铁素体球墨铸铁的显微组织

性和韧性可以充分发挥。石墨球的圆整度越好，球径越小，分布越均匀，则球墨铸铁的力学性能越好。与灰铸铁相比，球墨铸铁有较高的强度和良好的塑性与韧性，而且球墨铸铁在某些性能方面可与钢相媲美，如屈服强度比碳素结构钢高，疲劳强度接近中碳钢。同时，球墨铸铁还具有与灰铸铁相类似的优良性能。此外，球墨铸铁通过各种热处理，可以明显地提高其力学性能。但是，球墨铸铁的收缩率较大，流动性稍差，对原材料及处理工艺要求较高。

（二）球墨铸铁的牌号及用途

球墨铸铁的牌号用"QT+两组数字"表示。"QT"是"球铁"两字汉语拼音的首字母，两组数字分别代表其最低抗拉强度和最低断后伸长率。表8-2列出了部分球墨铸铁的牌号、力学性能及用途举例。

表 8-2　部分球墨铸铁的牌号、力学性能及用途举例

基体类型	牌号	R_m/MPa	$R_{p0.2}$/MPa	$A_{11.3}$(%)	硬度 HBW	用途举例
铁素体	QT400-15	≥400	≥250	≥15	130～180	制造阀体、汽车或内燃机车上的零件、机床零件、减速器壳、齿轮壳、汽轮机壳、低压气缸等
	QT450-10	≥450	≥310	≥10	160～210	
铁素体-珠光体	QT500-7	≥500	≥320	≥7	170～230	制造机油泵齿轮、水轮机阀门体、铁路机车车辆轴瓦、飞轮、电动机壳、齿轮箱、千斤顶座等
	QT600-3	≥600	≥370	≥3	190～270	
珠光体	QT700-2	≥700	≥420	≥2	225～305	制造柴油机曲轴、凸轮轴、气缸体、气缸套、活塞环、球磨机齿轴等
	QT800-2	≥800	≥480	≥2	245～335	
贝氏体或马氏体	QT900-2	≥900	≥600	≥2	270～360	制造汽车的螺旋锥齿轮、万向节、传动轴、拖拉机减速齿轮、内燃机的凸轮轴或曲轴等

（三）球墨铸铁的热处理

球墨铸铁的热处理工艺性能较好，凡是钢可以进行的热处理工艺，一般都适用于球墨铸铁，而且球墨铸铁通过热处理改善性能的效果比较明显。球墨铸铁常用的热处理工艺有退火、正火、调质、贝氏体等温淬火等。

1. 退火

退火的主要目的是得到铁素体基体的球墨铸铁，提高其塑性和韧性，改善其切削加工性能，消除内应力。退火一般分为低温退火和高温退火。低温退火是将铸件加热至 700～750℃，保温 2~8h，使珠光体分解，再随炉缓慢冷却至 600℃，出炉空冷；高温退火是将铸件加热至 900～950℃，保温 2～4h，使游离 Fe_3C 分解，再随炉缓慢冷却至 600℃，出炉空冷。

2. 正火

正火的目的是得到珠光体基体的球墨铸铁，提高其强度和耐磨性。具体工艺是将铸件加热至 840～920℃，保温 1～4h，出炉空冷。

3. 调质

调质的目的是获得回火索氏体基体的球墨铸铁，从而使铸件获得较高的综合力学性能，如柴油机连杆、曲轴（图 8-6）等零件就需要进行调质。具体工艺是将铸件加热至 870～920℃后油淬，550~600℃保温 2～4h 进行回火，出炉空冷。

4. 贝氏体等温淬火

贝氏体等温淬火是为了得到贝氏体基体的

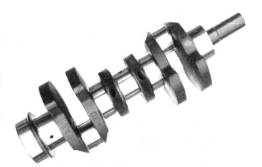

图 8-6　曲轴

球墨铸铁，从而获得高强度、高硬度和较高的韧性。贝氏体等温淬火适用于形状复杂、易变形或易开裂的铸件，如齿轮、凸轮轴等。贝氏体等温淬火的加热温度是 850～950℃，等温温

度是350~450℃（获得的组织是上贝氏体加残留奥氏体加石墨）或230~340℃（获得的组织是下贝氏体加残留奥氏体加石墨）。

三、蠕墨铸铁的牌号、性能及用途

蠕墨铸铁是20世纪60年代开发的一种新型铸铁材料。它是用高碳、低硫、低磷的铁液加入蠕化剂（稀土镁钛合金、稀土镁钙合金、稀土硅铁合金等），经蠕化处理后获得的高强度铸铁。

（一）蠕墨铸铁的化学成分、显微组织和性能

1. 蠕墨铸铁的化学成分

蠕墨铸铁的原铁液一般属于含高碳硅的共晶合金或过共晶合金。

2. 蠕墨铸铁的显微组织

蠕墨铸铁显微组织中的石墨呈短小的蠕虫状，其形状介于片状石墨和球状石墨之间，如图8-7所示。蠕墨铸铁的显微组织有三种类型：铁素体F+蠕虫状石墨G，珠光体P+铁素体F+蠕虫状石墨G和珠光体P+蠕虫状石墨G。

3. 蠕墨铸铁的性能

蠕虫状石墨对钢基体产生的应力集中和割裂现象明显减小，因此，蠕墨铸铁的力学性能优于钢基体相同的灰铸铁而低于球墨铸铁，但蠕墨铸铁在铸造性能、导热性能等方面要比球墨铸铁好。

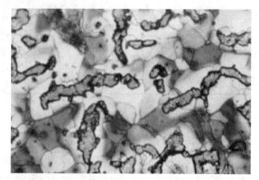

图8-7　铁素体蠕墨铸铁中的石墨形态

（二）蠕墨铸铁的牌号及用途

蠕墨铸铁的牌号用"RuT+数字"表示。"RuT"是"蠕铁"两字汉语拼音字母，其后数字表示最低抗拉强度。常用蠕墨铸铁的牌号、力学性能及用途举例见表8-3。

表8-3　常用蠕墨铸铁的牌号、力学性能及用途举例

基体类型	牌号	R_m/MPa	$R_{p0.2}$/MPa	A(%)	硬度 HBW	用途举例
珠光体	RuT500	≥500	≥350	≥0.5	220~260	用于制造要求强度或耐磨性的零件，如活塞环、气缸套、制动盘等
珠光体	RuT450	≥450	≥315	≥1.0	200~250	
珠光体+铁素体	RuT400	≥400	≥280	≥1.0	180~240	用于制造内燃机缸体和缸盖、制动鼓等
铁素体+珠光体	RuT350	≥350	≥245	≥1.5	160~220	用于制造机床底座、气缸盖、钢锭模等
铁素体	RuT300	≥300	≥210	≥2.0	140~210	用于制造增压器壳体，排气歧管等

由于蠕墨铸铁具有较好的力学性能、导热性和铸造性能，因此，蠕墨铸铁常用于制造受热、要求组织致密、强度较高、形状复杂的大型铸件，如机床的立柱，柴油机的气缸盖、缸套和排气管等。

四、可锻铸铁的牌号、性能及用途

可锻铸铁俗称为玛钢、马铁。它是由一定化学成分的白口铸铁经石墨化退火，使渗碳体

分解而获得的团絮状石墨铸铁。

（一）可锻铸铁的化学成分、显微组织和性能

1. 可锻铸铁的化学成分

为了保证铸件在一般冷却条件下获得白口组织，又要在退火时容易使渗碳体分解，并呈团絮状石墨析出，要求严格控制铸铁液的化学成分。与灰铸铁相比，可锻铸铁中碳、硅的质量分数相对低些，以保证铸件获得白口组织。一般来说，$w_C = 2.2\% \sim 2.8\%$，$w_{Si} = 0.7\% \sim 1.8\%$。

2. 可锻铸铁的显微组织

石墨化退火是将白口铸铁件加热到 900~980℃，经长时间保温，使组织中的渗碳体分解为奥氏体和石墨（团絮状），然后缓慢降温，奥氏体将在已形成的团絮状石墨上不断析出石墨。当冷却至共析转变温度范围 720~770℃ 时，如果缓慢冷却，得到以铁素体为基体的黑心可锻铸铁，也称为铁素体可锻铸铁，其工艺曲线如图 8-8 中的①所示；如果在通过共析转变温度时的冷却速度较快，则得到以珠光体为基体的可锻铸铁，其工艺曲线如图 8-8 中的②所示。黑心可锻铸铁的显微组织如图 8-9 所示。

3. 可锻铸铁的性能

由于可锻铸铁中的石墨呈团絮状，对其钢基体的割裂作用较小，因此，它的力学性能比灰铸铁有所提高，但可锻铸铁并不能进行锻压加工。同时，可锻铸铁的钢基体不同，其宏观性能也不一样，其中黑心可锻铸铁具有较高的塑性和韧性，而珠光体可锻铸铁则具有较高的强度、硬度和耐磨性。

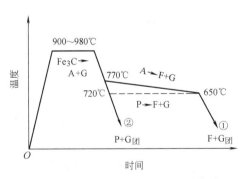

图 8-8 可锻铸铁石墨化退火工艺曲线
①—黑心可锻铸铁 ②—珠光体可锻铸铁

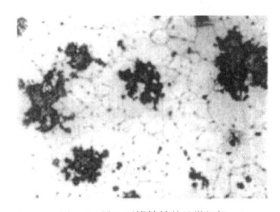

图 8-9 黑心可锻铸铁的显微组织

（二）可锻铸铁的牌号及用途

可锻铸铁的牌号是由三个字母及两组数字组成的。其中前两个字母"KT"是"可铁"两字汉语拼音的首字母；第三个字母代表类别，"H"表示"黑心"（即铁素体基体），"Z"表示珠光体基体，"B"表示"白心"（铸件中心是珠光体，表面是铁素体）。后两组数字分别表示可锻铸铁的最低抗拉强度和最低断后伸长率。表 8-4 列出了可锻铸铁的牌号、力学性能及用途举例。

表8-4 可锻铸铁的牌号、力学性能及用途举例

类型	牌号	R_m/MPa	A(%)	硬度 HBW	用途举例
黑心可锻铸铁	KTH300-06	≥300	≥6	≤150	用于制造管道配件,如弯头、三通、管体、阀门等
	KTH330-08	≥330	≥8		用于制造钩形扳手、铁道扣板、车轮壳和农具等
	KTH350-10	≥350	≥10		用于制造汽车、拖拉机的后桥外壳、转向机构、弹
	KTH370-12	≥370	≥12		簧钢板支座等,差速器壳,电动机壳,农具等
珠光体可锻铸铁	KTZ550-04	≥550	≥4	180~230	用于制造曲轴、连杆、齿轮、凸轮轴、摇臂、活塞
	KTZ700-02	≥700	≥2	240~290	环、轴套、万向节头、农具等
白心可锻铸铁	KTB360-12	≥360	≥12	≤200	具有良好的焊接性和切削加工性能,用于制造壁厚
	KTB400-05	≥400	≥5	≤220	小于 15mm 的铸件和焊接后不需进行热处理的铸件等

可锻铸铁具有铸铁液处理简单,质量比球墨铸铁稳定,容易组织流水线生产,低温韧性好等优点,广泛应用于汽车、拖拉机、机械制造及建筑行业,用于制造形状复杂、承受冲击载荷的薄壁(厚度<25mm)、中小型铸件。但可锻铸铁的石墨化退火时间较长(几十小时),能源消耗大,生产率低,成本高。

第三节 合金铸铁

常规元素硅、锰高于普通铸铁规定含量或含有其他合金元素,具有较高力学性能或某种特殊性能的铸铁,称为合金铸铁。常用的合金铸铁有耐磨铸铁、耐热铸铁及耐蚀铸铁等。

一、耐磨铸铁

不易磨损的铸铁称为耐磨铸铁。耐磨铸铁主要是通过激冷或加入某些合金元素在铸铁中形成耐磨损的基体组织和一定数量的硬化相而得到的。耐磨铸铁包括减摩铸铁和抗磨铸铁两大类。

1. 减摩铸铁

减摩铸铁是在润滑条件下工作的耐磨铸铁,如机床导轨,发动机的气缸套、活塞环、轴承等。减摩铸铁要求磨损小、摩擦因数小、导热性好、切削加工性好。为了满足上述性能要求,减摩铸铁的组织应为软基体上均匀分布着硬相组织。在工作时,这种显微组织在摩擦的作用下,软基体下凹,保存油膜,均匀分布的硬相组织起耐磨作用。珠光体灰铸铁基本符合上述要求,在珠光体基体中铁素体为软基体,渗碳体为硬相组织,石墨片本身是良好的润滑剂,并且由于石墨组织的"松散"特点,所以,石墨所在之处可以储存润滑油,从而达到润滑摩擦表面的效果。其他减摩铸铁还有磷铸铁(制造机床导轨和工作台)和铬钼铜铸铁(制造汽车的气缸和活塞环)等。

2. 抗磨铸铁

具有较好的抗磨料磨损的铸铁,称为抗磨铸铁。抗磨铸铁是在无润滑、干摩擦条件下工作的,如犁铧、轧辊、抛丸机叶片、球磨机磨球、拖拉机履带板、发动机凸轮等。抗磨铸铁要求具有均匀的高硬度组织,其内部组织一般是莱氏体、马氏体、贝氏体等。生产中通常采用激冷或向铸铁中加入铬、钨、钼、铜、锰、磷、硼等元素,在铸铁中形成一定数量的硬化相来提高其耐磨性,如抗磨白口铸铁、中锰球墨铸铁、冷硬铸铁等,都是较好的抗磨铸铁。

抗磨白口铸铁的牌号由"BTM"（抗磨白口铸铁）、合金元素符号和数字组成，如 BTM-Ni4Cr2-DT、BTMNi4Cr2-GT、BTMCr20Mo、BTMCr26 等。牌号中的"DT"表示低碳，"GT"表示高碳。如果牌号中有字母"Q"，则表示抗磨球墨铸铁，如 QTMMn8-30 等。冷硬灰铸铁有 HTLCr1Ni1Mo 等。

二、耐热铸铁

可以在高温下使用，其抗氧化或抗生长性能符合使用要求的铸铁，称为耐热铸铁。铸铁在反复加热、冷却时产生体积长大的现象称为铸铁的生长。在高温下铸铁产生的体积膨胀是不可逆的，这是由于铸铁内部发生氧化和石墨化引起的。因此，铸铁在高温下损坏的形式主要是在反复加热、冷却过程中发生相变（渗碳体分解）和氧化，从而引起铸铁生长及产生微裂纹。

为了提高铸铁的耐热性，常向铸铁中加入硅、铝、铬等合金元素，使铸铁表面形成一层致密的 SiO_2、Al_2O_3、Cr_2O_3 等氧化膜，阻止氧化性气体渗入铸铁内部产生内氧化，从而抑制铸铁的生长。国外应用较多的耐热铸铁是铬、镍系耐热铸铁，我国广泛应用的是硅系、铝系、铝硅系、低铬系耐热铸铁。常用耐热铸铁有 HTRCr、HTRCr2、HTRSi5、QTRSi4、QTRAl22 等；如果牌号中有字母"Q"，则表示为耐热球墨铸铁，数字表示合金元素的百分质量分数。耐热铸铁主要用于制造工业加热炉附件（如炉底板、炉条）、烟道挡板、废气道、传递链构件、渗碳坩埚、热交换器、压铸模等。

三、耐蚀铸铁

能耐化学、电化学腐蚀的铸铁，称为耐蚀铸铁。耐蚀铸铁中通常加入的合金元素是硅、铝、铬、镍、钼、铜等，这些合金元素能使铸铁表面生成一层致密稳定的氧化物保护膜，从而提高耐蚀铸铁的耐蚀能力。常用的耐蚀铸铁有高硅耐蚀铸铁、高硅钼耐蚀铸铁、高铝耐蚀铸铁、高铬耐蚀铸铁、镍铸铁等。耐蚀铸铁主要用于化工机械，如管道、阀门、耐酸泵、离心泵、反应锅及容器等。

常用的高硅耐蚀铸铁的牌号有 HTSSi11Cu2CrR、HTSSi5R、HTSSi15Cr4Mo3R、HTSSi15Cr4R 等。牌号中的"HTS"表示耐蚀灰铸铁，"R"是稀土代号，数字表示合金元素的百分质量分数。

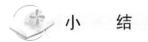 小　　结

本章主要介绍铸铁的分类、组织、性能和应用。学习要求：第一，要熟悉铸铁的分类；第二，要特别理解铸铁的组织特征与性能之间的关系，了解不同铸铁之间的性能差别和应用场合，必要时可以观察和联系生活中有关零件或机械设备使用铸铁材料的情况，加深对铸铁的认识和理解。

———— 复习与思考 ————

一、名词解释

1. 白口铸铁　2. 可锻铸铁　3. 灰铸铁　4. 球墨铸铁　5. 蠕墨铸铁　6. 合金铸铁

二、填空题

1. 根据铸铁中碳的存在形式，铸铁分为 ＿＿＿＿＿ 铸铁、＿＿＿＿＿ 铸铁、

_____铸铁、_____铸铁、_____铸铁、_____铸铁等。

2. 灰铸铁具有良好的_____性、_____性、_____性、_____性及低的_____性等。

3. 按钢基体显微组织的不同，球墨铸铁可分为_____+球状石墨 G，铁素体 F+珠光体 P+球状石墨 G 和_____+球状石墨 G 等。

4. 球墨铸铁常用的热处理工艺有_____、_____、_____、贝氏体等温淬火等。

5. 可锻铸铁是由一定化学成分的_____经石墨化_____，使_____分解获得_____石墨的铸铁。

6. 常用的合金铸铁有_____铸铁、_____铸铁及_____铸铁等。

7. 耐磨铸铁包括_____铸铁和_____铸铁两大类。

三、单项选择题

1. 为了提高灰铸铁的表面硬度和耐磨性，采用_____热处理方法效果较好。

　A. 接触电阻淬火　　　B. 等温淬火　　　　C. 渗碳后淬火加低温回火

2. 球墨铸铁经_____可获得铁素体基体组织，经_____可获得贝氏体基体组织。

　A. 退火　　　　　　　B. 正火　　　　　　C. 贝氏体等温淬火

3. 为下列零件正确选材：机床床身_____，汽车后桥外壳_____，柴油机曲轴_____，排气管_____。

　A. RuT300　　　　　　B. QT700-2　　　　 C. KTH350-10

　D. HT300

4. 为下列零件正确选材：轧辊_____，炉底板_____，耐酸泵_____。

　A. HTSSi11Cu2CrR　　B. HTRCr16　　　　 C. 抗磨铸铁

四、判断题

1. 灰铸铁在承受压应力时，由于石墨不会缩小有效承载面积和不产生缺口应力集中现象，故灰铸铁的抗压强度与钢材相近。　　　　　　　　　　　　　　（　　）

2. 热处理可以改变灰铸铁的基体组织，但不能改变石墨的形状、大小和分布情况。（　　）

3. 可锻铸铁比灰铸铁的塑性好，因此，可以进行锻压加工。　　　　　　　　（　　）

4. 厚壁铸铁件的表面硬度总比其内部高。　　　　　　　　　　　　　　　　（　　）

5. 可锻铸铁一般只适用于制造薄壁小型铸件。　　　　　　　　　　　　　　（　　）

6. 白口铸铁件的硬度适中，易于进行切削加工。　　　　　　　　　　　　　（　　）

7. 铸铁在反复加热、冷却时产生体积长大的现象称为铸铁的生长。　　　　　（　　）

五、简答题

1. 什么是铸铁？它与钢相比有什么优点？

2. 影响铸铁石墨化的因素有哪些？

3. 试述石墨形态对铸铁性能的影响。

4. 球墨铸铁是如何获得的？它与相同钢基体的灰铸铁相比，其突出的性能特点是什么？

5. 下列牌号各表示什么铸铁？牌号中的数字表示什么意义？

①HT250　②QT400-15　③KTH350-10　④KTZ550-04　⑤KTB360-12　⑥RuT500

⑦HTRSi5

6. 常用铸铁有哪几种类型的钢基体组织？为什么会出现这些不同的钢基体组织？

六、课外调研

观察铸铁在生活和生产中的应用，查阅有关资料分析铸铁在推进社会文明进步中的地位和作用。

第九章
非铁金属及其合金

非铁金属（或有色金属）是除钢铁材料以外的其他金属材料的总称，如铝、镁、铜、锌、锡、铅、镍、钛、金、银、铂、钒、钼等金属及其合金就属于非铁金属。非铁金属种类较多，冶炼比较难，成本较高，故其产量和使用量远不如钢铁材料多。但是由于非铁金属具有钢铁材料所不具备的某些物理性能和化学性能，因而非铁金属是现代工业中不可缺少的重要金属材料，广泛应用于机械制造、航空、航海、汽车、石化、电力、电器、核能及计算机等行业。常用的非铁金属有铝及铝合金、铜及铜合金、钛及钛合金、滑动轴承合金等。

第一节　铝及铝合金

铝及铝合金是非铁金属中应用最广的金属材料，其在地球的储存量比铁还多，而且铝及铝合金的产量仅次于钢铁材料，广泛用于电气、汽车、车辆、化工、航空等行业。

根据 GB/T 16474—2011《变形铝及铝合金牌号表示方法》的规定，我国变形铝及铝合金牌号表示方法采用国际四位数字体系牌号和四位字符体系牌号两种命名方法。在国际牌号注册组织中注册命名的变形铝及铝合金，直接采用四位数字体系牌号，按化学成分在国际牌号注册组织未命名的，应按四位字符体系牌号命名。两种牌号命名方法的区别仅在第二位。牌号第一位数字表示变形铝及铝合金的组别，见表 9-1；牌号第二位数字（国际四位数字体系）或字母（四位字符体系，除字母 C、I、L、N、O、P、Q、Z 外）表示对原始纯铝或铝合金的改型情况。数字"0~9"表示原始合金或是对铝合金的修改次数，或是对纯铝杂质极限含量或合金元素极限含量的控制情况；字母"A"表示原始合金，字母"B~Y"则表示对原始合金的改型情况；最后两位数字用以标识同一组中不同的铝合金，对于纯铝则表示铝的最低质量分数中小数点后面的两位数。

表 9-1　变形铝及铝合金的组别分类

组　别	牌号系列
纯铝（铝的质量分数不小于 99.00%）	1×××
以铜为主要合金元素的铝合金	2×××
以锰为主要合金元素的铝合金	3×××
以硅为主要合金元素的铝合金	4×××
以镁为主要合金元素的铝合金	5×××
以镁和硅为主要合金元素并以 Mg_2Si 为强化相的铝合金	6×××
以锌为主要合金元素的铝合金	7×××
以其他合金元素为主要合金元素的铝合金	8×××
备用合金组	9×××

一、纯铝的性能、牌号及用途

1. 纯铝的性能

铝的质量分数不低于 99.00% 时为纯铝。纯铝是银白色的轻金属，密度是 $2.7g/cm^3$，约为铁的 1/3；铝的熔点是 660℃，结晶后具有面心立方晶格，无同素异构转变现象，无铁磁性；纯铝有良好的导电性和导热性能，仅次于银和铜，室温下铝的导电能力约为铜的 60% ~ 64%；铝与氧的亲和力强，容易在其表面形成致密的 Al_2O_3 薄膜，该薄膜能有效地防止内部金属继续氧化，故纯铝在非工业污染的大气中有良好的耐蚀性，但纯铝不耐碱、酸、盐等介质的腐蚀；纯铝的塑性好（$A_{11.3} \approx 40\%$，$Z \approx 80\%$），但强度低（$R_m \approx 80 \sim 100MPa$）；纯铝不能用热处理进行强化，合金化和冷变形是其提高强度的主要手段，纯铝经冷变形强化后，其强度可提高到 150~250MPa，而塑性则下降到 $Z = 50\% \sim 60\%$。

2. 纯铝的牌号及用途

纯铝的牌号用 1×××四位数字或四位字符表示，牌号的最后两位数字表示铝最低百分含量。当铝的最低质量分数精确到 0.01% 时，牌号的最后两位数字就是最低铝质量分数中小数点后面的两位。例如：1A99（原 LG5），其 $w_{Al} = 99.99\%$；1A97（原 LG4），其 $w_{Al} = 99.97\%$。

纯铝主要用于熔炼铝合金，制造电线、电缆、电器元件、换热器件，以及要求制造质轻、导热与导电、耐大气腐蚀但强度要求不高的机电构件等。

二、铝合金

铝合金是以铝为基础，加入一种或几种其他元素（如铜、镁、硅、锰、锌等）构成的合金。在生产实践中，人们发现向纯铝中加入适量的铜、镁、硅、锰、锌等合金元素，可得到具有较高强度的铝合金。如果铝合金再经过冷加工或热处理，其抗拉强度可进一步提高到 500MPa 以上，而且铝合金的比强度（抗拉强度与密度的比值）高，有良好的耐蚀性和可加工性，因此，在航空和航天工业中得到广泛应用。

1. 铝合金的分类

根据铝合金相图（图 9-1），可将铝合金分为变形铝合金和铸造铝合金两类。相图中的 DF 线是合金元素在 α 固溶体中的溶解度变化曲线，点 D 是合金元素在 α 固溶体中的最大溶解度。合金元素含量低于点 D 化学成分的合金，当加热到 DF 线以上时，能形成单相固溶体 α 组织，因而其塑性较高，适于压力加工，故称为变形铝合金。其中合金元素含量在点 F 以左的合金，由于其固溶体化学成分不随温度而变化，不能进行热处理强化，故称为热处理不能强化的铝合金。而化学成分在点 F 以右的铝合金（包括铸造铝合金），其固溶体化学成分随温度变化而沿 DF 线变化，可以用热处理方法使合金强化，故称为热处理能强化的铝合金。合金元素含量超过点 D 化学成分的铝合金，具有共晶组织，适合于铸造加

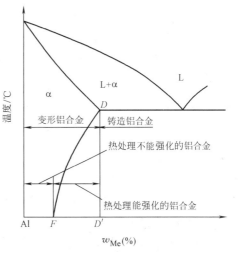

图 9-1　二元铝合金相图的一般类型

工，不适于压力加工，故称为铸造铝合金。常用铝合金的分类如下

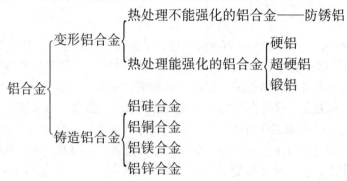

2. 变形铝合金

变形铝合金能承受压力加工，可加工成各种形态、规格的铝合金型材（板、带、箔、管、线及锻件等），主要用于制造航空器材、建筑装饰材料、交通车辆材料、舰船用材、各种人造地球卫星和空间探测器的主要结构材料等。根据能否进行热处理强化来分类，变形铝合金可分为热处理不能强化的铝合金和热处理能强化的铝合金两大类。其中热处理不能强化的铝合金不能通过热处理来提高其力学性能，只能通过冷加工变形来实现强化，主要包括纯铝和防锈铝。热处理能强化的铝合金可以通过淬火和时效等热处理手段来提高其力学性能，主要包括硬铝、超硬铝、锻铝等。部分变形铝合金的牌号、主要特性及用途举例见表 9-2（GB/T 3190—2020《变形铝及铝合金化学成分》）。

表 9-2　部分变形铝合金的牌号、主要特性及用途举例

类别	牌号	主要特性	用途举例
防锈铝	5A02	热处理不能强化，强度不高，塑性与耐蚀性好，焊接性好	制造在液体介质中工作的零件，如油箱、油管、液体容器、防锈蒙皮等，中载荷零件和焊接件
	3A21		
硬铝	2A11	可热处理强化，力学性能良好，但耐蚀性不高	制造中高强度的零件和构件，如飞机上骨架、螺旋桨叶片、蒙皮、螺栓、铆钉及局部镦粗等零件
	2A12		
超硬铝	7A04	室温强度高，塑性较低，耐蚀性不高	制造高载荷零件，如飞机上的大梁、桁条、加强框、起落架等
	7A09		
锻铝	2A50	高强度锻铝，锻造性能好，耐蚀性不高，切削加工性好	制造形状复杂和中等强度的锻件、冲压件等
	2A70	耐热锻铝，热强性较高，耐蚀性不高，压力加工性好	制造内燃机活塞、叶轮、胀圈，在高温下工作的复杂锻件等

1）防锈铝。它属于热处理不能强化的铝合金，一般只能通过冷压力加工提高其强度，主要是 Al-Mn 系和 Al-Mg 系合金。防锈铝具有比纯铝更好的耐蚀性，具有良好的塑性及焊接性能，强度较低，易于成形和焊接。防锈铝主要用于制造要求具有较高耐蚀性的油罐、油箱、导管、生活用器皿、窗框、车辆、铆钉及防锈蒙皮等。

2）硬铝。它属于 Al-Cu-Mg 系合金，具有强烈的时效硬化能力，在室温时具有较高的强度和耐热性；但其耐蚀性比纯铝差，尤其是耐海洋大气腐蚀的性能较低，焊接性较差，所以，有些硬铝板材常在其表面包覆一层纯铝后使用。硬铝主要用于制造中等强度的构件和零

件，如铆钉、螺栓，航空工业中的一般受力结构件（如飞机翼肋、翼梁等）。

3）超硬铝。它属于 Al-Cu-Mg-Zn 系合金，这类铝合金是在硬铝的基础上再添加锌元素形成的。超硬铝经固溶和人工时效后，可以获得在室温条件下强度最高的铝合金，但应力腐蚀倾向较大，热稳定性较差。超硬铝主要用于制造受力大的重要构件及高载荷零件，如飞机大梁、桁架、翼肋、活塞、加强框、起落架、螺旋桨叶片（图 9-2）等。

4）锻铝。它属于 Al-Cu-Mg-Si 系合金，具有良好的冷热加工性能、焊接性能和耐蚀性能，力学性能与硬铝相近，适于采用压力加工（如锻压、冲压等），用来制造各种形状复杂的零件或棒材。

图 9-2　螺旋桨叶片

3. 铸造铝合金

铸造铝合金是指可采用铸造成形方法直接获得铸件的铝合金。与变形铝合金相比，铸造铝合金一般含有较高的合金元素，具有良好的铸造性能，但塑性与韧性较低，不能进行压力加工。铸造铝合金按其所加合金元素的不同，可分为 Al-Si 系、Al-Cu 系、Al-Mg 系和 Al-Zn 系合金等。

铸造铝合金牌号由铝和主要合金元素的化学符号，以及表示主要合金元素名义质量百分含量的数字组成，并在其牌号前面冠以"铸"字汉语拼音首字母"Z"。例如：ZAlSi12，表示 $w_{Si}=12\%$、$w_{Al}=88\%$ 的铸造铝合金。部分铸造铝合金的牌号、性能特点和用途举例见表 9-3。

表 9-3　部分铸造铝合金的牌号、性能特点和用途举例

类别	合金牌号	性能特点	用途举例
铝硅合金	ZAlSi12	铸造性能好，耐磨性好，热胀系数小，强度中等	用于制造结构件，如壳体、缸体、箱体和框架等
	ZAlSi7Mg ZAlSi7Cu4	良好的铸造性能、力学性能和耐热性	用于制造活塞及高温条件下工作的部件
铝铜合金	ZAlCu5Mn	耐热性好，热强性高，但铸造性能和耐蚀性较差	用于制造高强度或高温条件下工作的零件，如内燃机气缸、活塞、支臂等
铝镁合金	ZAlMg10	密度最小，强度最高（355MPa 左右），耐蚀性能好，良好的综合力学性能和可加工性	用于制造在腐蚀介质条件下工作的铸件，如氨用泵体、泵盖及螺旋桨等
铝锌合金	ZAlZn11Si7	铸造性能好，力学性能较高，价格低	用于制造医疗器械、仪表零件、飞机零件和日用品等

1）Al-Si 系铸造铝合金。铸造铝硅合金分为两种，第一种是仅由铝、硅两种元素组成的铸造铝合金，该类铸造铝合金为热处理能强化的铝合金，但强度不高；第二种是除铝硅外再加入其他元素的铸造铝合金，该类铸造铝合金因加入了铜、镁、锰等元素，使合金得到强化，并可通过热处理进一步提高其力学性能。Al-Si 系铸造铝合金具有良好的铸造性能，可用来制造内燃机活塞、气缸体（图 9-3）、气缸头、气缸套、风扇叶片、形状复杂的薄壁零

件，以及电动机和仪表的外壳、油泵壳体等。

2）Al-Cu 系铸造铝合金。铸造铝铜合金强度较高，如果再加入镍、锰可提高其耐热性，可用于制造高强度或高温条件下工作的零件，如制造内燃机气缸、活塞、支臂等。

3）Al-Mg 系铸造铝合金。铸造铝镁合金有良好的耐蚀性，可用于制造在腐蚀介质条件下工作的铸件，如氨用泵体、泵盖及舰船配件等。

4）Al-Zn 系铸造铝合金。铸造铝锌合金有较高强度，价格便宜，用于制造医疗器械、仪表零件、飞机零件和日用品等。

图 9-3　气缸体

铸造铝合金可采用变质处理细化晶粒，即在液态铝合金中加入氟化钠和氯化钠的混合盐 2/3NaF+1/3NaCl，加入量为铝合金重量的 1%～3%。这些盐和液态铝合金相互作用，因变质作用细化晶粒，从而提高铝合金的力学性能，使其抗拉强度提高 30%～40%，断后伸长率提高 1%～2%。

三、铝合金的热处理

1. 铝合金的热处理特点

铝合金的热处理机理与钢不同。一般钢经淬火后，硬度和强度立即提高，塑性下降。铝合金则不同，能进行热处理强化的铝合金，淬火后硬度和强度不能立即提高，而塑性与韧性却显著提高。但铝合金在室温放置一段时间后，发生时效现象，硬度和强度会显著提高，塑性与韧性则明显下降，如图 9-4 所示。这是因为铝合金淬火后，获得的过饱和固溶体是不稳定的组织，有析出第二相金属化合物的趋势。铝合金的时效分为自然时效和人工时效两种。铝合金工件经固溶处理后，在室温下进行的时效称为自然时效；在加热条件（一般 100～200℃）下进行的时效称为人工时效。

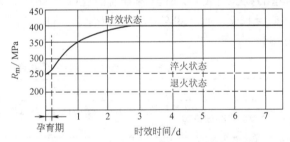

图 9-4　铝合金（$w_{Cu}=4\%$）自然时效曲线

2. 铝合金的热处理

铝合金常用的热处理方法有退火、淬火加时效等。退火可消除铝合金的加工硬化，恢复其塑性变形能力，消除铝合金铸件的内应力和化学成分偏析。淬火也称为"固溶处理"，其目的是使铝合金获得均匀的过饱和固溶体。时效处理是使淬火铝合金达到最高强度，淬火加时效是强化铝合金的主要方法。

第二节　铜及铜合金

铜元素在地球中的储量较少，但铜及铜合金却是人类历史上使用最早的金属。历史学家就以铜器具为标志来划分人类社会的一个发展阶段——"铜器时代"。目前工业上使用的铜及铜合金主要有加工铜、黄铜、青铜及白铜。

一、加工铜的性能、牌号及用途

加工铜（工业纯铜）呈玫瑰红色，其表面形成氧化铜膜后呈紫红色。由于加工铜是用电解方法提炼出来的，故又称为电解铜。

1. 加工铜的性能

加工铜的熔点为 $1083℃$ ，密度是 $8.89 \sim 8.95 \mathrm{g/cm}^3$ ，其晶格是面心立方晶格。加工铜具有良好的导电性、导热性和抗磁性。加工铜在含有 CO_2 的湿空气中，其表面容易生成碱性碳酸盐类的绿色薄膜 $[CuCO_3 \cdot Cu(OH)_2]$，俗称铜绿。加工铜的抗拉强度不高（ $R_m = 200 \sim 400 \mathrm{MPa}$ ），硬度较低（ $30 \sim 40 \mathrm{HBW}$ ），塑性（ $A_{11.3} = 45\% \sim 50\%$ ）与低温韧性较好，容易进行压力加工。加工铜没有同素异构转变现象，经冷塑性变形后可提高其强度，但塑性有所下降。

加工铜的化学稳定性较高，在非工业污染的大气、淡水等介质中均有良好的耐蚀性，在非氧化性酸溶液中也能耐腐蚀，但在氧化性酸（如 HNO_3 、浓 H_2SO_4 等）溶液以及各种盐类溶液（包括海水）中则容易受到腐蚀。

2. 加工铜的牌号及用途

纯铜的牌号用汉语拼音字母 "T" 加顺序号表示，共有 T1、T2、T3 三种，顺序号数字越大，则其纯度越低。加工铜中常含有铅、铋、氧、硫和磷等杂质元素，它们对铜的力学性能和工艺性能有很大的影响，尤其是铅和铋的危害最大，容易引起热脆和冷脆现象。由于加工铜的强度低，不宜作为结构材料使用，主要用于制造电线、电缆、电子器件、导热器件，以及作为冶炼铜合金的原料等。加工铜的牌号、化学成分和用途举例见表9-4。

表 9-4　加工铜的牌号、化学成分和用途举例

组别	牌号读法	牌号	化学成分（%）			用途举例
			w_{Cu}（不小于）	w_{Bi}	w_{Pb}	
纯铜	一号铜	T1	99.95	0.001	0.003	导电、导热、耐蚀器具材料，如电线、化工用蒸发器、雷管、贮藏器等
	二号铜	T2	99.90	0.001	0.005	
	三号铜	T3	99.70	0.002	0.010	用做一般铜材，如电器开关、螺钉等
无氧铜	零零号无氧铜	TU00	99.99	0.0001	0.0005	电真空器材，高导电性导线
	零号无氧铜	TU0	99.97	0.001	0.003	
	一号无氧铜	TU1	99.97	0.001	0.003	
	二号无氧铜	TU2	99.95	0.001	0.004	
	三号无氧铜	TU3	99.95	—	—	

二、铜合金的分类

工业上广泛使用的是铜合金，铜合金按合金的化学成分分类，可分为黄铜、白铜和青铜三类。

1. 黄铜

黄铜是指以铜为基体金属，以锌为主加元素的铜合金。黄铜包括普通黄铜和特殊黄铜。

普通黄铜是由铜和锌组成的铜合金；在普通黄铜中再加入其他元素所形成的铜合金称为特殊黄铜，如铅黄铜、锰黄铜、铝黄铜、镍黄铜、铁黄铜、锡黄铜、加砷黄铜、硅黄铜等。根据生产方法的不同，黄铜又可分为加工黄铜与铸造黄铜两类。

2. 白铜

白铜是指以铜为基体金属，以镍为主加元素的铜合金。白铜包括普通白铜和特殊白铜。普通白铜是由铜和镍组成的铜合金；在普通白铜中再加入其他元素所形成的铜合金称为特殊白铜，如锌白铜、锰白铜、铁白铜、铝白铜等。根据生产方法的不同，白铜又可分为加工白铜与铸造白铜两类。

3. 青铜

青铜是指除黄铜和白铜以外的铜合金。例如：以锡为合金元素的青铜称为锡青铜，以铝为主要合金元素的青铜称为铝青铜，此外，还有硅青铜、锰青铜等。与黄铜、白铜一样，各种青铜中还可加入其他合金元素，以改善其性能。根据生产方法的不同，青铜可分为加工青铜与铸造青铜两类。

三、加工黄铜

加工黄铜的牌号用"黄"字汉语拼音首字母"H"加数字表示。对于普通黄铜，其牌号用"黄"字汉语拼音首字母"H"加数字表示，其中数字表示平均铜的质量分数，如 H80 表示 $w_{Cu}=80\%$、$w_{Zn}=20\%$ 的普通黄铜；对于特殊黄铜，其牌号用"黄"字汉语拼音首字母"H"加主加元素（Zn 除外）符号，加铜及相应主加元素的质量分数来表示，如 HPb59-1 表示 $w_{Cu}=59\%$、$w_{Pb}=1\%$ 的特殊黄铜（或铅黄铜）。

1. 普通黄铜

普通黄铜色泽美观，具有良好的耐蚀性，加工性能较好。普通黄铜的力学性能与化学成分之间的关系如图 9-5 所示。当 $w_{Zn}<39\%$ 时，锌能全部溶于铜中，并形成单相 α 固溶体组织（称为 α 黄铜或单相黄铜），如图 9-6 所示。随着锌的质量分数增加，固溶强化效果明显增强，使普通黄铜的强度、硬度提高，同时还保持较好的塑性，故单相黄铜适合于冷变形加工。当 $w_{Zn}=39\%\sim45\%$ 时，黄铜的显微组织为 α+β′ 两相组织（称为双相黄铜）。由于 β′相

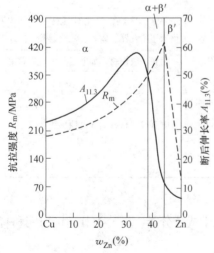

图 9-5　普通黄铜的力学
性能与化学成分之间的关系

图 9-6　单相黄铜的显微组织

的出现，普通黄铜在强度继续升高的同时，塑性有所下降，故双相黄铜适合于热变形加工。当 $w_{Zn}>45\%$ 时，因显微组织全部为脆性的 β′ 相，导致普通黄铜的强度和塑性都急剧下降，因此应用很少。

目前我国生产的普通黄铜有 H95、H90、H85、H80、H70、H68、H65、H63、H62、H59。

1）H95 和 H90。它们属于单相黄铜，具有良好的塑性、耐蚀性、导热性和冷、热压力加工性能，可用来制造导电零件、双金属、艺术品、奖章、散热器、排水管等。

2）H85 和 H80。它们属于单相黄铜，具有良好的力学性能、耐蚀性和冷、热压力加工性能，并呈金黄色，故有金色黄铜之美称，可用来制造装饰材料、电镀件、低负荷耐蚀弹簧、薄壁管、排水管等。

3）H70 和 H68。它属于单相黄铜，具有强度高、塑性好、冷成形性能好、耐蚀性好及易焊接等优点，可用深冲压方法制造弹壳、散热器、垫片、造纸用管、机电零件等，故有弹壳黄铜之称。

4）H65。它具有较高的强度、塑性和工艺性能，具有良好的冷、热压力加工性能及切削性能，常用于制造各种小五金、小弹簧、铜网、造纸用管及机器零件等。

5）H63 和 H62。它们强度较高，具有良好的耐蚀性、热加工性能及切削性能，有快削黄铜之称。另外，它们价格便宜，在工业上应用较多，常用于制造各种构件、支架、接头（图 9-7）、散热器、油管、垫片、销钉、螺母、弹簧等。

6）H59。它属于双相黄铜，具有较高的强度和硬度，塑性差，在加热状态下可以承受压力加工，耐蚀性能一般，其他性能与 H62 相似，常用于制造一般机器零件、焊接件、热冲压件等。

图 9-7 接头

2. 特殊黄铜

为了进一步提高普通黄铜的力学性能、工艺性能和化学性能，常在普通黄铜的基础上加入铅、铝、硅、锰、锡、镍、砷、铁等元素，分别形成铅黄铜、铝黄铜、硅黄铜、锰黄铜、锡黄铜、镍黄铜、砷黄铜、铁黄铜等。加入铅可以改善黄铜的切削加工性，如铅黄铜 HPb59-1、HPb63-3 等；加入铝、镍、锰、硅等元素能提高黄铜的强度和硬度，改善黄铜的耐蚀性、耐热性和铸造性能，如铝黄铜 HAl60-1-1、镍黄铜 HNi65-5、锰黄铜 HMn58-2、硅黄铜 HSi80-3 等；加入锡能增加黄铜的强度和在海水中的耐蚀性，如锡黄铜 HSn90-1，因此，锡黄铜也有海军黄铜之称；加入砷可以减少或防止黄铜脱锌。常用特殊黄铜的力学性能和用途举例见表 9-5。

表 9-5 常用特殊黄铜的力学性能和用途举例

合金类型	合金牌号	R_m/MPa	$A_{11.3}$（%）	硬度 HBW	用 途 举 例
铅黄铜	HPb59-1	400/650	45/16	44/80	制造轴、轴套、螺栓、螺钉、螺母、分流器、导电排等
铝黄铜	HAl77-2	400/650	55/12	60/170	制造室温下工作的高强度零件及耐蚀零件等

（续）

合金类型	合金牌号	R_m/MPa	$A_{11.3}$（%）	硬度 HBW	用 途 举 例
硅黄铜	HSi80-3	300/600	58/4	90/110	制造船舶零件、水管零件等，是耐磨锡青铜的代用品
锰黄铜	HMn58-2	392/686	40/10	85/175	制造船舶零件、轴承、耐蚀零件及弱电用零件等
锡黄铜	HSn90-1	275/510	45/5	—	制造汽车、拖拉机弹性套管、耐蚀零件、耐磨损零件等
镍黄铜	HNi65-5	392/686	65/4	—	制造压力表管、造纸网、船舶用冷凝器管，是锡磷青铜的代用品等
铁黄铜	HFe59-1-1	411/686	50/10	88/160	制造不重要的耐磨零件或耐蚀零件，如衬套、垫圈、齿轮等

注：力学性能中的分子为退火状态数值，分母为硬化状态数值。

四、加工白铜

1. 普通白铜

普通白铜是 Cu-Ni 二元合金。由于铜和镍的晶格类型相同，因此，在固态时能无限互溶，形成单相 α 固溶体组织。普通白铜具有优良的塑性，很好的耐蚀性、耐热性，特殊的电性能和冷、热加工性能。普通白铜可通过固溶强化和加工硬化提高强度。随着普通白铜中镍的质量分数的增加，白铜的强度、硬度、电阻率、热电势、耐蚀性会显著提高，而电阻温度系数明显降低。普通白铜是制造精密机械零件、仪表零件、冷凝器、蒸馏器、热交换器和电器元件不可缺少的材料。普通白铜的牌号用"B+数字"表示，其中"B"是"白"字的汉语拼音首字母，数字表示镍的质量分数。例如：B19 表示 w_{Ni} = 19%、w_{Cu} =81% 的普通白铜。

2. 特殊白铜

特殊白铜是在普通白铜中加入锌、铝、铁、锰等元素而形成的白铜。合金元素的加入是为了改善白铜的力学性能、工艺性能和电热性能，以及获得某些特殊性能，如锰白铜（又称为康铜）具有较高的电阻率、热电势，较低的电阻温度系数，良好的耐热性和耐蚀性，常用来制造热电偶、变阻器及加热器等。特殊白铜的牌号用"B+主加元素符号+几组数字"表示，数字依次表示镍和主加元素的质量分数，如 BMn3-12 表示平均 w_{Ni} =3%、w_{Mn} = 12% 的锰白铜。

常用加工白铜的化学成分、主要特性和用途举例见表 9-6。

表 9-6 常用加工白铜的化学成分、主要特性和用途举例

合金	牌号	化学成分（%）				主要特性	用途举例
		w_{Ni}	w_{Mn}	其他	w_{Cu}		
普通白铜	B19	18.0~20.0	—	—	余量	具有较好耐蚀性，良好的力学性能，高温和低温下具有较高强度及塑性	制造在蒸汽、淡水、海水中工作的精密耐蚀零件，医疗器械等
铝白铜	BAl6-1.5	5.5~6.5	—	w_{Al} = 1.2~1.8	余量	可热处理强化，有较高的强度和良好的弹性	制造重要用途的扁弹簧等
铁白铜	BFe30-1-1	29.0~32.0	0.5~1.2	w_{Fe} = 0.5~1.0	余量	良好的力学性能，在海水、淡水、蒸汽中具有较好的耐蚀性	制造海船中高温、高压和高速条件下工作的冷凝器等
锰白铜	BMn3-12	2.0~3.5	11.5~13.5	—	余量	具有较高电阻率、低的电阻温度系数，电阻长期稳定性较好	制造工作温度在 100℃ 以下的电阻仪器、精密电工测量仪器等

五、加工青铜

青铜是人类历史上应用最早的合金，因铜与锡的合金呈青黑色而得名。加工青铜的牌号用"Q+第一个主加元素的化学符号及数字+其他元素符号及数字"的方式表示，"Q"是"青"字汉语拼音首字母，数字依次表示第一个主加元素和其他加入元素的平均质量分数。例如：QMn2 即为平均 $w_{Mn}=2\%$ 的锰青铜；QSn4-3 即为平均 $w_{Sn}=4\%$、$w_{Zn}=3\%$ 的锡青铜。青铜主要有锡青铜、铝青铜、硅青铜、锰青铜等。

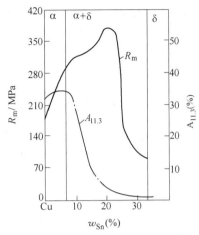

图 9-8　锡的质量分数对锡青铜力学性能的影响

1. 锡青铜

锡青铜是以锡为主要合金元素的铜合金。锡青铜具有良好的减摩性、抗磁性、低温韧性、耐大气腐蚀性（比纯铜和黄铜高）和铸造性能。锡的质量分数对锡青铜力学性能的影响如图 9-8 所示。锡青铜中 $w_{Sn}<6\%$ 时，锡溶于铜中形成 α 固溶体，并且锡青铜的强度随着锡的质量分数增加而升高；当 $w_{Sn}>6\%$ 时，锡青铜中出现脆性 δ 相，塑性急剧下降，但锡青铜的强度还继续升高；当 $w_{Sn}>20\%$ 时，由于 δ 相的大量增加，锡青铜的强度会显著下降。工业中使用的锡青铜 $w_{Sn}=3\%\sim14\%$。当 $w_{Sn}<8\%$ 时，锡青铜具有优良的弹性和较好的塑性，适合于压力加工，其中 $w_{Sn}<5\%$ 的锡青铜适合于冷变形加工，$w_{Sn}=5\%\sim8\%$ 的锡青铜适合于热加工；$w_{Sn}=10\%\sim14\%$ 的锡青铜由于塑性差，只适合于铸造生产。

锡青铜主要用于制造弹性高、耐磨、耐蚀、抗磁的零件，如弹簧片、电极、齿轮、轴承（套）、轴瓦、蜗轮及与酸、碱、蒸汽等接触的零件等。常用的锡青铜有 QSn4-3、QSn6.5-0.4 等。

【史海探析】1965 年在湖北省出土的越王勾践青铜剑，虽然在地下深埋了 2400 多年，但是这把剑在出土时却没有一点锈斑，光亮如新，而且刃口磨制得非常精细，说明当时已掌握了金属冶炼、锻造、热处理及防腐蚀技术。

2. 铝青铜

铝青铜是以铝为主要合金元素的铜合金。铝青铜价格便宜，色泽美观，可热处理。与锡青铜和黄铜相比，铝青铜具有更高的强度和硬度，其耐蚀性和耐磨性比黄铜和锡青铜更高。铝青铜是青铜中应用最广泛的青铜，常用于制造飞机、船舶中的高弹性、高强度、耐磨、耐蚀零件，如齿轮、轴承、蜗轮、轴套、阀座等。常用的铝青铜有 QAl5、QAl7、QAl9-4等。

3. 铍青铜（铍铜）

铍青铜是以铍为主要合金元素的铜合金。铍青铜有很好的综合性能，不仅具有较高的强度、硬度、弹性、耐磨性、耐蚀性和耐疲劳性，而且还有较高的导电性、导热性、耐寒性、无铁磁性以及撞击不产生火花的特性。铍青铜通过淬火和时效，其抗拉强度可达 1176～1470MPa，硬度可达 350～400HBW，远远超过其他铜合金，甚至可与高强度钢相媲美。铍青铜在工业上主要用来制造重要用途的高级精密弹性元件、耐磨零件和其他重要零件，如钟表齿轮、弹簧、电接触器、电焊机电极、航海罗盘，以及在高温、高速下工作的轴承和轴套等。

铍是稀有金属，价格高，因此铍青铜在应用上受到一定限制。在铍青铜中加入钛元素，可减少铍的质量分数，降低成本，改善其工艺性能。常用的铍青铜有 TBe1.7、TBe1.9、TBe2 等。

4. 硅青铜

硅青铜是以硅为主要合金元素的铜合金。硅青铜具有良好的力学性能、耐磨性、耐蚀性、冷热加工性能及切削加工性能，可热处理，主要用于制造耐蚀零件、耐磨零件、弹性零件等，还用于长距离架空的电话线和输电线等。常用的硅青铜有 QSi3-1、QSi1-3 等。

六、铸造铜合金

铸造铜合金是指用以生产铸件的铜合金。铸造铜合金的牌号由 "ZCu+主加元素符号+主加元素质量分数+其他加入元素符号和质量分数" 组成。例如：ZCuZn38 表示 w_{Zn} = 38% 的铸造铜合金。常用的铸造黄铜合金有 ZCuZn38、ZCuZn16Si4、ZCuZn40Pb2、ZCuZn25Al6Fe3Mn3 等。常用的铸造青铜合金有 ZCuSn10Zn2、ZCuAl9Mn2、ZCuPb30 等。

铸造锡青铜的结晶温度间隔大，流动性较差，不易形成集中性缩孔，容易形成分散性的微缩孔，是非铁金属中铸造收缩率最小的合金，适合于铸造对外形及尺寸要求较高的铸件和形状复杂、壁厚较大的零件。锡青铜是自古至今制作艺术品的常用铸造合金，但因锡青铜的致密度较低，因此，不宜制作要求高密度和高密封性的铸件。

第三节　钛及钛合金

钛金属在 20 世纪 50 年代才开始投入工业生产和应用，但其发展和应用却非常迅速，广泛应用于航空、航天、化工、造船、机电产品、医疗卫生和国防等部门。由于钛具有密度小、强度高、比强度（抗拉强度与密度的比值）高、耐高温、耐蚀和良好的冷、热加工性能等优点，所以，钛金属主要用于制造要求塑性高、有较高强度、耐蚀和可焊接的零件。

一、加工钛（纯钛）的性能、牌号及用途

1. 加工钛的性能

加工钛呈银白色，密度为 4.51g/cm³，熔点为 1677℃，热膨胀系数小，塑性好，强度较低（钛的强度约为纯铝的 6 倍），容易加工成形。加工钛结晶后有同素异构转变现象，即

$$\alpha\text{-Ti(密排六方晶格)} \underset{}{\overset{882℃}{\rightleftharpoons}} \beta\text{-Ti(体心立方晶格)}$$

钛与氧和氮的亲和力较大，非常容易与氧和氮结合形成一层致密的氧化物和氮化物薄膜，其稳定性高于铝及不锈钢的氧化膜，故在许多介质中钛的耐蚀性比大多数不锈钢更优良，尤其是耐海水的腐蚀能力非常突出。钛既是良好的耐热材料（≤500℃），又是良好的低温材料（在-253℃仍然具有良好的塑性和韧性）。

2. 加工钛的牌号和用途

加工钛的牌号用 "TA+顺序号" 表示，如 TA2 表示 2 号工业纯钛。工业纯钛的牌号有 TA0G、TA1G、TA2G、TA3G、TA4G 等牌号，顺序号越大，杂质含量越多。加工钛在航空和航天部门主要用于制造飞机骨架、蒙皮、发动机部件等；在化工部门主要用于制造热交换器、泵体、搅拌器、蒸馏塔、叶轮、阀门等；在海水净化装置及舰船方面制造相关的耐蚀零

部件。但加工钛的化学活性高，其冶炼、加工和热处理过程较难，生产成本较高。

二、钛合金

为了提高加工钛在室温时的强度和在高温下的耐热性等，常加入铝、锆、钼、钒、锰、铬、铁等合金元素，获得不同类型的钛合金。钛合金按退火后的组织形态可分为 α 型钛合金、β 型钛合金和（α+β）型钛合金。

钛合金的牌号用"T+合金类别代号+顺序号"表示。T 是"钛"字汉语拼音首字母，合金类别代号分别用 A、B、C 表示 α 型钛合金、β 型钛合金、（α+β）型钛合金。例如：TA7 表示 7 号 α 型钛合金，TB2 表示 2 号 β 型钛合金，TC4 表示 4 号（α+β）型钛合金。

α 型钛合金一般用于制造使用温度不超过 500℃ 的零件，如飞机蒙皮、骨架零件，航空压气机叶片和管道，导弹的燃料缸，超音速飞机的涡轮机匣，火箭和飞船的高压低温容器等。常用的 α 型钛合金有 TA5、TA6、TA7、TA9、TA10 等。

β 型钛合金一般用于制造使用温度在 350℃ 以下的结构零件和紧固件，如压气机叶片、轴、轮盘及航空航天结构件等。常用的 β 型钛合金有 TB2、TB3、TB4、TB5、TB6 等。

（α+β）型钛合金一般用于制造使用温度在 500℃ 以下和低温下工作的结构零件，如各种容器、泵、低温部件、舰艇耐压壳体、坦克履带、飞机发动机结构件和叶片、火箭发动机外壳（图 9-9）、火箭和导弹的液氢燃料箱部件等。钛合金中（α+β）型钛合金可以适应各种不同的用途，是目前应用最广泛的一种钛合金。常用的（α+β）型钛合金有 TC1、TC2、TC3、TC4、TC6、TC8、TC9、TC10、TC11、TC12 等。

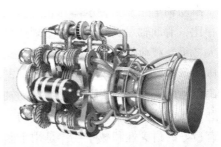

图 9-9　火箭发动机外壳

钛及钛合金是一种很有发展前途的新型金属材料。我国钛金属的矿产资源丰富，其蕴藏量居世界各国前列，目前已形成了较完整的钛金属生产工业体系。

三、钛及钛合金的热处理

为了获得最佳的力学性能，钛合金需要进行合理的热处理，常用的热处理工艺是退火和淬火时效。

1. 退火

钛及钛合金常用的退火工艺主要是去应力退火和再结晶退火。

钛及钛合金进行去应力退火的目的是消除机械加工或焊接过程中产生的应力。具体的工艺方法是：退火温度一般是 450~650℃，机械加工件的保温时间是 0.5~2h，焊接件的保温时间是 2~12h。

钛及钛合金进行再结晶退火的目的是消除加工硬化、稳定组织、提高塑性。具体的工艺方法是：纯钛的退火温度一般是 550~690℃，钛合金的退火温度一般是 750~800℃，保温时间是 1~3h，冷却方式是空冷。

2. 淬火加时效

淬火加时效适用于 β 型钛合金和含 β 相较多的（α+β）型钛合金。淬火时，β 相转变为亚稳定的 β′相，加热时效后，亚稳定的 β′相析出弥散的 α 相，产生沉淀硬化，提高钛合金的强度和硬度。

钛合金的淬火温度是 760~950℃，保温时间是 5~60min，冷却方式是水冷。时效温度是 450~600℃，保温时间是几小时至几十小时。

另外，为了提高钛合金的耐磨性，还可以采用镀层、涂层、阳极氧化及渗氧、渗氮等化学热处理。

【拓展知识】 德国化学家 M. H. 克拉普罗特（1743—1817）1795 年在金刚石里发现了一种不知名的金属新元素，他根据泰坦神族（Titanen）的名字给这种不知名的新元素取名为钛（Titanium）。地球表面 10km 厚的地层中，含钛量达千分之六，比铜多 61 倍，钛在地壳中的含量排第十位。钛具有许多的优良性能，是金属中的佼佼者。钛合金具有特殊的记忆功能和储氢功能。钛没有磁性，用钛建造的潜艇不必担心磁性水雷的攻击。此外，由于钛合金还与人体有很好的相容性及优良的耐蚀性，钛合金可用于制作人造骨。

第四节　滑动轴承合金

滑动轴承一般由轴承体和轴瓦构成，轴瓦直接支承转动轴，如图 9-10 所示。与滚动轴承相比，滑动轴承具有制造、修理和更换方便，与轴颈接触面积大，承受载荷均匀，工作平稳，无噪声等优点，广泛应用于机床、汽车发动机、各类连杆、大型电动机等动力设备上。为了确保轴的磨损量最小，需要在滑动轴承内侧浇铸或轧制一层耐磨和减摩的滑动轴承合金，形成均匀的内衬。滑动轴承合金具有良好的耐磨性和减摩性，是用于制造滑动轴承轴瓦及其内衬的铸造合金。

图 9-10　滑动轴承

一、对滑动轴承合金的性能要求

轴在轴瓦中转动，轴瓦和轴不可避免地要受到磨损，但轴是机器上重要的部件，更换和制造比较困难，所以应尽量使轴的磨损最小，延长其使用寿命，让轴瓦成为被磨损件。为此，轴瓦材料应满足以下要求。

1）具有足够的强度、塑性、韧性和一定的耐磨性，以抵抗冲击和振动。

2）具有较低的硬度，以免轴的磨损量加大。

3）具有较小的摩擦因数和良好的磨合性（指轴和轴瓦在运转时互相配合的性能），并能在磨合面上保存润滑油，以保持轴和轴瓦之间处于正常的润滑状态。

4）具有良好的导热性与耐蚀性。既能保证轴瓦在高温下不软化或熔化，又能耐润滑油腐蚀。

5）具有良好的抗咬合性。在摩擦条件不好时，轴瓦材料与轴也不会黏合或焊合。

6）具有良好的工艺性，易于铸造成形，容易与瓦底焊合，并且制造成本低廉。

二、滑动轴承合金的理想组织

滑动轴承合金必须具有比较理想的显微组织来满足以上性能要求。滑动轴承合金理想的显微组织状态是：在软的基体上分布着硬质点，或是在硬的基体上分布着软质点。这两种显微组织状态可以使滑动轴承在工作时，软的显微组织部分很快地被磨损，形成下凹区域并储存润滑油，使磨合表面形成连续的油膜，硬质点则凸出并支承轴颈，使轴与轴瓦的实际接触面积减少，从而减少对轴颈的摩擦和磨损。

软基体组织具有较好的磨合性、抗冲击性和抗振动性，但是，这类显微组织的承载能力较低，属于此类显微组织的滑动轴承合金有锡基滑动轴承合金和铅基滑动轴承合金，其理想的组织状态如图9-11所示。

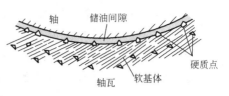

图9-11　滑动轴承合金的理想组织示意图

在硬基体（其硬度低于轴颈硬度）上分布着软质点的显微组织，能承受较高的负荷，但磨合性较差，属于此类显微组织的滑动轴承合金有铜基滑动轴承合金和铝基滑动轴承合金等。

三、常用滑动轴承合金

常用滑动轴承合金有锡基、铅基、铜基、铝基等滑动轴承合金。铸造滑动轴承合金牌号由"字母Z+基体金属元素+主添加合金元素的化学符号+主添加合金元素平均百分含量的数字+辅添加合金元素的化学符号+辅添加合金元素平均百分含量的数字"组成。如果合金元素的质量分数不小于1%，该数字用整数表示，如果合金元素的质量分数小于1%，一般不标数字，必要时可用一位小数表示。例如：ZSnSb11Cu6表示平均w_{Sb} = 11%、w_{Cu} = 6%、其余w_{Sn} = 83%的铸造锡基轴承合金。

1. 锡基滑动轴承合金（锡基巴氏合金）

锡基滑动轴承合金是以锡Sn为基，加入锑Sb、铜Cu等元素组成的滑动轴承合金。其中锑能溶入锡中形成α固溶体，又能生成化合物SnSb，铜与锡也能生成化合物Cu_6Sn_5。图9-12所示为锡基滑动轴承合金ZSnSb11Cu6的显微组织。图中暗色基体为α固溶体，作为软基体；白色方块为SnSb化合物，白色针状或星状的组织为Cu_6Sn_5化合物，它们作为硬质点。

锡基滑动轴承合金具有适中的硬度，低的摩擦因数，较好的塑性和韧性，优良的导热性和耐蚀性，常用于制造重要的滑动轴

图9-12　锡基滑动轴承合金
ZSnSb11Cu6的显微组织

承，如汽轮机、发动机、压缩机等高速滑动轴承。但由于锡是稀缺贵金属，成本较高，因此，其应用受到一定限制。常用锡基滑动轴承合金有ZSnSb12Pb10Cu4、ZSnSb8Cu4、ZSnSb11Cu6、ZSnSb4Cu4等。

2. 铅基滑动轴承合金（铅基巴氏合金）

铅基滑动轴承合金通常是以铅为基，加入锑、锡、铜等元素组成的滑动轴承合金。它的组织中软基体为共晶组织（α+β），硬质点是白色方块状的SnSb化合物及白色针状的Cu_3Sn化合物。铅基滑动轴承合金的强度、硬度、韧性均低于锡基滑动轴承合金，摩擦因数较大，故只用于中等负荷的低速滑动轴承，如汽车、拖拉机中的曲轴滑动轴承，电动机、空压机、减速器中的滑动轴承等。铅基滑动轴承合金由于价格便宜，因此，在可能的应用情况下，应尽量用它来代替锡基滑动轴承合金。常用铅基滑动轴承合金有ZPbSb16Sn16Cu2、ZPbSb15Sn10、ZPbSb15Sn5、ZPbSb10Sn6等。

3. 铜基滑动轴承合金（锡青铜和铅青铜）

铜基滑动轴承合金是指以铜合金作为滑动轴承材料的合金，如锡青铜、铅青铜、铝青铜、铍青铜、铝铁青铜等均可作为滑动轴承材料。

铜基滑动轴承合金是锡基滑动轴承合金的代用品。常用牌号是 ZCuPb30、ZCuSn10P1、ZCuSn5Pb5Zn5 等。其中铸造铅青铜 ZCuPb30 中 $w_{Pb}=30\%$，铅和铜在固态时互不溶解，它的室温显微组织是 Cu+Pb，Cu 为硬基体，颗粒状 Pb 为软质点，是硬基体加软质点类型的滑动轴承合金，可以承受较大的压力。铅青铜具有良好的耐磨性、高导热性（是锡基滑动轴承合金的 6 倍）、高疲劳强度，并能在较高温度下（<320℃）工作，广泛用于制造高速、重载荷下工作的滑动轴承，如航空发动机、大功率汽轮机、高速柴油机等机器的主滑动轴承和连杆滑动轴承。

4. 铝基滑动轴承合金

铝基滑动轴承合金是以铝为基体元素，加入锑、锡或镁等合金元素形成的滑动轴承合金。与锡基、铅基滑动轴承合金相比，铝基滑动轴承合金具有原料丰富、价格低廉、导热性好、疲劳强度高和耐蚀性好等优点，而且能轧制成双金属，故广泛用于高速重载下工作的汽车、拖拉机及柴油机的滑动轴承。它的主要缺点是线膨胀系数较大，运转时易与轴咬合，尤其在冷起动时危险性更大。同时铝基滑动轴承合金的硬度相对较高，轴易磨损，需相应提高轴的硬度。常用铝基滑动轴承合金有铝锑镁合金和铝锡合金，如高锡铝基滑动轴承合金 ZAl-Sn6Cu1Ni1 就是以 Al 为硬基体，粒状的 Sn 为软质点的滑动轴承合金。

除上述滑动轴承合金外，灰铸铁也可以用于制造低速、不重要的滑动轴承，其组织中的钢基体为硬基体，石墨为软质点并起一定的润滑作用。

为了提高滑动轴承合金的强度和使用寿命，通常采用双金属方法制造轴瓦，如利用离心浇铸法将滑动轴承合金浇铸在钢质轴瓦上，这种操作方法称为"挂衬"。常用滑动轴承合金与轴配合时的硬度要求见表 9-7。

表 9-7　常用滑动轴承合金与轴配合时的硬度要求

配合硬度	锡基滑动轴承合金	铅基滑动轴承合金	铝基滑动轴承合金	锡青铜	磷青铜	铅青铜	铅黄铜
滑动轴承合金的硬度 HBW	20~30	15~30	45~50	50~100	75~100	40~80	40~80
轴的最低硬度 HBW	150	150	300	300~400	400	300	300

各种滑动轴承合金的性能比较见表 9-8。

表 9-8　各种滑动轴承合金的性能比较

合金种类	抗咬合性	磨合性	耐蚀性	耐疲劳性	合金硬度 HBW	轴颈处硬度 HBW	最大允许压力/MPa	最高允许使用温度/℃
锡基滑动轴承合金	优	优	优	劣	20~30	150	600~1000	150
铅基滑动轴承合金	优	优	中	劣	15~30	150	600~800	150
锡青铜	中	劣	优	优	50~100	300~400	700~2000	200
铅青铜	中	差	差	良	40~80	300	2000~3200	220~250
铝基滑动轴承合金	劣	中	优	良	45~50	300	2000~2800	100~150
铸铁	差	劣	优	优	160~180	200~250	300~500	150

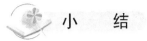 小　结

本章主要介绍非铁金属的分类、性能和应用等内容。学习要求：第一，要了解各非铁金属的分类、性能特点和应用，并与钢铁材料进行对比；第二，要了解部分非铁金属的强化手段和热处理特点，并分析它们与钢铁材料的不同之处。例如：部分铝合金的热处理强化手段是淬火加时效处理，与钢铁材料的强化方法明显不同。

—————— 复习与思考 ——————

一、名词解释

1. 时效　2. 黄铜　3. 白铜　4. 青铜　5. 普通黄铜　6. 特殊黄铜　7. 滑动轴承合金

二、填空题

1. 纯铝是银白色的_____金属，密度是_____ g/cm³，约为铁的 1/3；铝的熔点是_____℃，结晶后具有_____晶格，无同素异构转变现象，无铁磁性。

2. 变形铝合金可分为_____铝、_____铝、_____和_____铝。

3. 铸造铝合金按其所加合金元素的不同，可分为_____系、_____系、_____系和_____系合金等。

4. 铜合金按合金的化学成分分类，可分为_____铜、_____铜和_____铜三类。

5. 黄铜包括_____黄铜和_____黄铜。

6. 普通黄铜是由_____和_____组成的铜合金；在普通黄铜中再加入其他元素所形成的铜合金称为_____黄铜。

7. 对于普通黄铜，当 $w_{Zn} < 39\%$ 时，形成_____黄铜，由于其塑性好，适宜_____加工；当 $w_{Zn} = 39\% \sim 45\%$ 时，形成_____黄铜，其强度高，热态下塑性较好，故适合于_____加工。

8. 钛也有_____现象，882℃ 以下为_____晶格，称为_____钛；882℃ 以上为_____晶格，称为_____钛。

9. 钛合金按退火后的组织形态可分为_____钛合金、_____钛合金和_____钛合金。其中_____钛合金应用最广。

10. 钛及钛合金常用的退火工艺主要是_____退火和_____退火。

11. 常用的滑动轴承合金有_____基、_____基、_____基和_____基滑动轴承合金等。

12. 锡基滑动轴承合金是以_____为基础，加入_____、_____等元素组成的滑动轴承合金。

三、单项选择题

1. 将相应牌号填入空格内：硬铝_____，防锈铝_____，超硬铝_____，铸造铝合金_____，铅黄铜_____，铝青铜_____。

A. HPb59-1　　　　　B. LF2（5A02）　　　　　C. LY11（2A11）

D. ZAlSi7Cu4　　　　　E. LC9（7A09）　　　　　F. QAl9-4

2. LF21（3A21）按工艺特点分，是_____铝合金，属于热处理_____的铝合金。

　　A. 铸造　　　　　　　B. 变形　　　　　　　　C. 能强化

　　D. 不能强化

3. 某一金属材料的牌号是T3，它是_____。

　　A. w_C=3%的碳素工具钢　　B. 3号加工铜　　　　C. 3号工业纯钛

4. 某一金属材料的牌号是QSi 3-1，它是_____。

　　A. 硅青铜　　　　　　B. 球墨铸铁　　　　　　C. 钛合金

5. 将相应牌号填入空格内：普通黄铜_____，特殊黄铜_____，锡青铜_____，硅青铜_____。

　　A. H90　　　　　　　B. QSn4-3　　　　　　　C. QSi3-1

　　D. HAl77-2

四、判断题

1. 纯铝中杂质含量越高，其导电性、耐蚀性及塑性越低。　　　　　　　（　　）

2. 变形铝合金都不能用热处理强化。　　　　　　　　　　　　　　　（　　）

3. H80属双相黄铜。　　　　　　　　　　　　　　　　　　　　　　（　　）

4. 特殊黄铜是不含锌元素的黄铜。　　　　　　　　　　　　　　　　（　　）

5. 硅青铜是以硅为主要合金元素的铜合金。　　　　　　　　　　　　（　　）

6. 淬火加时效适用于β型钛合金和含β相较多的（α+β）型钛合金。　（　　）

五、简答题

1. 铝合金热处理强化的原理与钢热处理强化原理有何不同？

2. 滑动轴承合金应具备哪些主要性能？具备什么样的理想组织？

六、课外调研

观察非铁金属在生活和生产中的应用，撰写一篇非铁金属对人类社会文明作用的小型科研论文。

第十章
粉末冶金

粉末冶金是制取金属粉末，并用金属粉末（或金属与非金属粉末的混合物）做原料，经混料、压制（成形）、烧结并根据需要再进行辅助加工和后续处理（如浸渍、熔浸、蒸汽处理、热处理、化学热处理和电镀等）制成材料和制品的一种加工工艺方法。粉末冶金出现于 1909 年，当时用来把钨粉压制成形并将其在高温下进行烧结，然后再经过锻造和拉丝，制成钨丝。目前，粉末冶金在机械制造、冶金、化工、交通、运输及航空航天等行业应用广泛。本章主要介绍粉末冶金基础知识和机械加工中常用的粉末冶金材料——硬质合金。

第一节　粉末冶金概述

粉末冶金既可以制作符合要求的零件，也可用来生产一般冶炼方法难以生产的金属材料。通过粉末冶金工艺制造的材料，称为粉末冶金材料。粉末冶金材料主要有减摩材料、结构材料、摩擦材料、过滤材料和磁性材料等。

一、粉末冶金生产过程

粉末冶金与陶瓷生产有相似之处，故又称为金属陶瓷法。粉末冶金生产过程一般包括生产粉末、粉末配料混合、成形（制坯）、烧结及烧结后处理等，如图 10-1 所示。

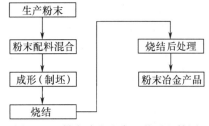

图 10-1　粉末冶金生产工艺过程简图

1. 生产粉末

生产粉末的方法很多，常用的生产方法是机械粉碎法、氧化物还原法、雾化法、气相沉积法及电解法等。不管采用哪种方法制取粉末，最终获得的粉末越细，烧结后制品的力学性能也就越好。

2. 粉末配料混合

为改善粉末的成形性和可塑性，在粉末中还须加入多种辅助材料，如汽油、橡胶、溶液、石蜡、硬脂酸锌等。将这些原料配好后，再经混料器混合，可使各种成分均匀分布。

3. 成形（制坯）

成形的目的就是把粉末制成一定形状和尺寸的压坯，并使其具有一定的密度和强度。使用最多的成形方法是模压成形（或称为压制法）。模压成形是将混合粉末装入压模中，在压力机上压制成形的，如图 10-2 所示。

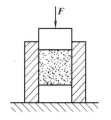

图 10-2　粉末冶金单向压制成形示意图

4. 烧结

烧结是粉末冶金的关键工序。它是将成形后的压坯件放入通有保护气氛（煤气、氢气等）的高温炉或在真空炉中进行烧结，使其获得所需要的物理性能和力学性能。通过烧结可使型坯颗粒间发生扩散、熔焊、再结晶等过程，使粉末颗粒牢固地焊合在一起，使型坯的孔隙减少，密度增大，最终获得"晶体结合体"，如图10-3所示。例如：铜基制品的烧结温度为700~900℃，铁基制品的烧结温度为1050~1200℃，硬质合金的烧结温度为1350~1550℃。

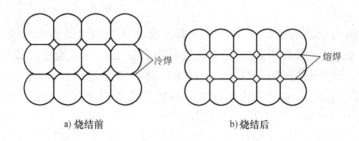

a) 烧结前   b) 烧结后

图 10-3 粉末颗粒烧结熔焊成形示意图

5. 烧结后处理

经过烧结后的粉末压坯件能获得所需要的各种性能。一般情况下，烧结后得到的制件都可以直接使用，但有时还须进行必要的烧结后处理。如果粉末冶金制件所要求的精度和表面粗糙度值在初压时不能满足要求，可再次加压，进行精压整形处理或辅助机械加工。例如：齿轮、球面轴承、钨钼管材等烧结制件，都需要采用滚轮或标准齿轮与粉末冶金烧结件进行对滚挤压处理，这样既提高了粉末冶金制件的密度和尺寸精度，又降低了其表面的粗糙度值；有时为了改善烧结制件的力学性能，还需要在烧结后进行热处理，如淬火或表面淬火等；对于轴承和其他粉末冶金制件，为了达到润滑或耐蚀的目的，通常还要浸渍其他液态润滑剂（如油），这种处理方法称为浸渍；另外，为了增加烧结件的密度、强度、硬度、可塑性或冲击韧性等，将低熔点金属或合金渗入到多孔烧结制件孔隙中去，这种处理方法称为熔渗。

二、粉末冶金的特点

粉末冶金是一种特殊的金属材料生产技术，采用该方法制造的零件尺寸精确（可达IT6~IT8）、表面粗糙度值小（可达$Ra0.8\mu m$），可以实现少切削加工或无屑加工，节约金属材料，提高生产率，显著降低产品的加工成本。由于粉末冶金在技术上和经济上的优越性，粉末冶金应用广泛。但由于粉末冶金尚存在一些不足之处，如粉末冶金制品内部空隙不能完全消除，其强度比相同化学成分的铸件或锻件低20%~30%，韧性也较低；成形过程中由于粉末的流动性远不如金属液，故粉末冶金制品的大小和形状都受到一定限制，一般粉末冶金制品的质量小于10kg。同时，由于粉末冶金制品所用的压模制造成本较高，因此，粉末冶金适用于大批量生产。

三、粉末冶金的应用

采用粉末冶金技术可以制造铁基或铜基合金的含油轴承；制造铁基合金的齿轮、凸轮、滚轮、模具；可在铜基或铁基合金中加入石墨、二硫化钼、氧化硅、石棉粉末，制造摩擦离合器、制动片等；可用碳化钨、碳化钛、碳化铌和钴粉末制成硬质合金刀具、模具和量具；可用氧化铝、氮化硼、氮化硅及合金粉末制成金属陶瓷刀具；可用人造金刚石与合金粉末制成金刚石工具等；同时，采用粉末冶金技术可以制成一些具有特殊性能的元件，如铁镍钴永磁材料，继电器上的铜钨、银钨触点及一些极耐高温的火箭和宇航零件、核工业零件等；可用于制造难熔金属材料，如钨丝、高温合金、耐热材料等。

1. 含油轴承材料

用粉末冶金方法可以将材料制成多孔性轴承，再浸渍多种润滑剂（如润滑油、二硫化钼等），使轴承具有自润性。常用的含油轴承有铁石墨轴承（质量分数：铁粉98%、石墨粉2%）和铜石墨轴承（质量分数：锡青铜合金粉末99%、石墨粉1%）两大类。其生产工艺过程是：粉末混合→压制成形→烧结→整形→浸渍→成品。

含油轴承在工作时，由于摩擦发热，使润滑油膨胀并从含油轴承的孔隙中被挤压到工作表面，从而起到润滑作用。停止运转时，含油轴承冷却，表面层的润滑油大部分被吸回孔隙，少部分留在摩擦表面，使含油轴承再运转时避免发生干摩擦，即具有一定的自润滑性。含油轴承中所储存的润滑油一般足够整个工作期间的消耗，无须再补充润滑油。

含油轴承的孔隙度通常控制在20%~30%。孔隙度高则含油多，润滑性能好，但强度较低，适宜在低负荷、中速条件下工作；孔隙度低则含油少，但强度较高，适宜在中高负荷、低速条件下工作。含油轴承广泛用于汽车、农机、矿山机械、家用电器等方面。

2. 金属塑料轴承材料

金属塑料轴承材料是由粉末冶金制成的多孔性制品，经浸渍聚四氟乙烯和铅的混合物复合而成，其特点是工作时不需润滑油，有较宽的工作温度范围（-200~200℃），能适应高空、高温、低温、振动、冲击等工作条件，还能在真空、水或其他液体中工作，尤其适用于严禁油类污染的环境下工作，不需维护，运行可靠。此外，金属塑料轴承材料还具有很高的承载能力和低的摩擦因数。

第二节 硬 质 合 金

随着现代工业的飞速发展，机械切削加工对刀具材料、模具材料等提出了更高的要求。例如：用于高速切削的高速工具钢刀具，其热硬性已不能满足更高的使用要求；此外，一些生产中使用的冲模，即使是用合金工具钢制造，其耐磨性也显得不足。因此，必须开发和使用更为优良的新型材料——硬质合金。

一、硬质合金生产简介

硬质合金是由作为主要组元的一种或几种难熔金属碳化物和金属黏结剂组成的烧结材料。难熔金属碳化物主要以碳化钨WC、碳化钛TiC、碳化钽TaC、碳化铌NbC等粉末为主要成分，金属黏结剂主要以钴Co粉末为主，经混合均匀后，放入压模中压制成形，最后经高温（1400~1500℃左右）烧结后形成硬质合金材料。

二、硬质合金的性能特点

硬质合金的硬度高（最高可达92HRA），高于高速工具钢（63~70HRC）；热硬性高，在800~1000℃时，硬度可保持60HRC以上，远高于高速工具钢（500~650℃）；耐磨性好，比高速工具钢要高15~20倍。由于这些特点，使得硬质合金刀具的切削速度比高速工具钢高4~10倍，刀具寿命可提高5~80倍。这是因为组成硬质合金的主要成分WC、TiC、TaC和NbC都具有很高的硬度、耐磨性和热稳定性。各种刀具材料的硬度和热硬性温度比较如图10-4所示。

硬质合金的抗压强度高，比高速工具钢高，可达6000MPa，但抗弯强度低，只有高速工具钢的1/3~1/2左右；冲击吸收能量较低，仅为1.6~4.8J，约为淬火钢的30%~50%；线膨胀系数小，导热性差。此外，硬质合金还具有耐蚀、抗氧化和热膨胀系数比钢低等特点。

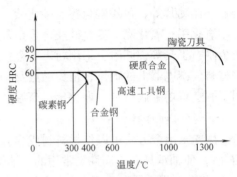

图10-4 各种刀具材料的硬度和
热硬性温度比较

使用硬质合金可以大幅度地提高工具和零件的使用寿命，降低使用消耗，提高生产率和产品质量。但由于硬质合金中含有大量的W、Co、Ti、Ni、Mo、Ta、Nb等贵重金属，价格较贵，应节约使用。

硬质合金主要用于制造切削刀具、冷作模具、量具及耐磨零件等。由于硬质合金的导热性很差，在室温下几乎没有塑性，因此，在磨削和焊接时，急热和急冷都会形成很大的热应力，甚至产生表面裂纹。硬质合金一般不能用切削方法进行加工，可采用特种加工（如电火花加工、线切割等）或专门的砂轮磨削。通常硬质合金刀片是采用钎焊、黏结或机械装夹方法固定在刀杆或模具体上使用的。另外，在采矿、采煤、石油和地质钻探等行业中，也使用硬质合金制造凿岩用的钎头和钻头等。

三、硬质合金的分类、代号和用途

硬质合金按用途范围不同，可分为切削工具用硬质合金，地质、矿山工具用硬质合金，耐磨零件用硬质合金。

1. 切削工具用硬质合金

根据GB/T 18376.1—2008《硬质合金牌号 第1部分：切削工具用硬质合金牌号》规定，切削工具用硬质合金牌号按使用领域的不同，可分为P、M、K、N、S、H六类，见表10-1。各个类别为满足不同的使用要求，以及根据切削工具用硬质合金材料的耐磨性和韧性的不同，可分成若干个组，并用01、10、20等两位数字表示组号。必要时，可在两个组号之间插入一个补充组号，用05、15、25等表示。

表10-1 切削工具用硬质合金的分类和使用领域

类 别	使用领域
P	长切屑材料的加工，如钢、铸钢、长切屑可锻铸铁等的加工
M	通用合金，用于不锈钢、铸钢、锰钢、可锻铸铁、合金钢、合金铸铁等的加工
K	短切屑材料的加工，如铸铁、冷硬铸铁、短切屑可锻铸铁、灰铸铁等的加工
N	非铁金属、非金属材料的加工，如铝、镁、塑料、木材等的加工
S	耐热和优质合金材料的加工，如耐热钢，含镍、钴、钛的各类合金材料的加工
H	硬切削材料的加工，如淬硬钢、冷硬铸铁等材料的加工

2. 地质、矿山工具用硬质合金

地质、矿山工具用硬质合金牌号由特征代号（用G表示）、分类代号、分组号（用05、

10、20…等两位数字组表示，必要时，可在两个组别号之间插入一个中间补充组号，用15、25、35…等表示）、细分代号（需要时使用，字符不超过3位，第一位为大写的英文字母，后面可跟阿拉伯数字1~99）组成。例如：GA30表示凿岩钎片用硬质合金，分组号为30。地质、矿山工具用硬质合金牌号的分类代号见表10-2。

表10-2　地质、矿山工具用硬质合金牌号的分类代号

地质、矿山工具用硬质合金牌号分类	分类代号
凿岩钎片用硬质合金	A
地质勘探用硬质合金	B
煤炭采掘用硬质合金	C
矿山、油田钻头用硬质合金	D
复合片基体用硬质合金	E
铲雪片用硬质合金	F
挖掘齿用硬质合金	W
其他类	Z

凿岩钎片用硬质合金的牌号和用途见表10-3。

表10-3　凿岩钎片用硬质合金的牌号和用途

牌号	用途（作业条件）	合金性能
GA05	适应于单轴抗压强度小于60MPa的软岩或中硬岩	↑　　↓
GA10	适应于单轴抗压强度为60~120MPa的中硬岩	耐　韧
GA20、GA30	适应于单轴抗压强度为120~200MPa的中硬岩或硬岩	磨
GA40	适应于单轴抗压强度为120~200MPa的中硬岩或坚硬岩	性　性
GA50、GA60	适应于单轴抗压强度大于200MPa的坚硬岩或极坚硬岩	↑　　↓

3. 耐磨零件用硬质合金

耐磨零件用硬质合金牌号由特征代号、分类代号、分组号（用10、20、30…等两位数字组表示，必要时，可在两个组别号之间插入一个中间补充组号，用15、25、35…等表示）、细分代号（需要时使用，字符不超过2位，第一位为大写的英文字母，后面可跟阿拉伯数字1~9）组成。例如：LS30表示金属线、棒、管拉制用硬质合金，分组号为30；LT20A8表示冲压模具用硬质合金，分组号为20，细分代号为A8。耐磨零件用硬质合金牌号的分类代号见表10-4。

表10-4　耐磨零件用硬质合金牌号的分类代号

耐磨零件用硬质合金牌号分类	分类代号
金属线、棒、管拉制用硬质合金	S
冲压模具用硬质合金	T
高温高压构件用硬质合金	Q
线材轧制辊环用硬质合金	V

耐磨零件用硬质合金的代号和用途见表 10-5。

表 10-5 耐磨零件用硬质合金的代号和用途

分类分组代号		用途（作业条件）
LS	10	适用于金属线、棒材直径小于 6mm 的拉制用模具、密封环等
	20	适用于金属线、棒材直径小于 20mm，管材直径小于 10mm 的拉制用模具、密封环等
	30	适用于金属线、棒材直径小于 50mm，管材直径小于 35mm 的拉制用模具
	40	适用于大应力、大压缩力的拉制用模具
LT	10	M9 以下小规格标准紧固件冲压用模具
	20	M12 以下中、小规格标准紧固件冲压用模具
	30	M20 以下大、中规格标准紧固件、钢球冲压用模具
LQ	10	人工合成金刚石用顶锤
	20	人工合成金刚石用顶锤
	30	人工合成金刚石用顶锤、压缸
LV	10	适用于高速线材高水平轧制精轧机组用辊环
	20	适用于高速线材较高水平轧制精轧机组用辊环
	30	适用于高速线材一般水平轧制精轧机组用辊环
	40	适用于高速线材预精轧机组用辊环

四、钢结硬质合金

钢结硬质合金的性能介于硬质合金和合金工具钢之间。它是以碳化钨 WC、碳化钛 TiC、碳化钒 VC 等粉末为硬质相，以铁粉加少量的合金元素为黏结剂，采用粉末冶金方法制造的。这种硬质合金与钢一样，具有较好的加工性能，经退火后可进行切削加工，也可以进行锻造、热处理、焊接等加工。钢结硬质合金经淬火加低温回火后，其硬度可达 70HRC，具有相当于硬质合金的高硬度和高耐磨性，适用于制造各种复杂形状的刀具（如麻花钻、铣刀等）、模具及耐磨零件等。常用钢结硬质合金的牌号有 YE65 和 YE50。

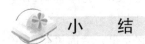 小　结

本章主要介绍了粉末冶金的原理、方法、性能及应用等内容。学习要求：第一，要了解粉末冶金的原理；第二，要了解粉末冶金的方法、产品性能及应用，如汽车制动片、含油轴承、硬质合金、钢结硬质合金等，它们的应用场合均与其性能有着密切关系，应特别了解。

────── 复习与思考 ──────

一、名词解释

1. 粉末冶金　2. 硬质合金　3. 钢结硬质合金

二、填空题

1. 粉末冶金的生产过程一般包括 ＿＿＿＿＿＿＿＿、＿＿＿＿＿＿＿＿、＿＿＿＿＿＿＿＿、
＿＿＿＿＿＿＿＿及烧结后处理等。

2. 金属粉末的生产方法有_____、_____、_____、_____及电解法等。

3. 硬质合金按用途范围不同，可分为_____用硬质合金，_____用硬质合金和_____用硬质合金。

4. 切削工具用硬质合金按使用领域的不同，可分为_____、_____、_____、_____、_____及_____六类。

5. 钢结硬质合金的性能介于_____和_____之间。

三、简答题

1. 简述粉末冶金的特点及应用。

2. 硬质合金的性能特点有哪些？

3. 为什么在砂轮上磨削淬过火的 W18Cr4V、9SiCr、T12A 等钢制工具时，要经常用水进行冷却，而磨硬质合金材料制成的刀具时，却不能用水急冷？

四、课外调研

针对粉末冶金技术的发展和应用前景进行市场调查，讨论粉末冶金产品还可以在哪些方面扩大应用范围？经济效益和应用前景如何？

第十一章
非金属材料

  非金属材料是指除金属材料以外的所有工程材料。近几十年来，非金属材料在产品数量和品种方面都取得了快速增长，尤其是人工合成高分子材料的迅速发展，其产量（体积）已远远超过了钢产量（体积）。而且随着高分子材料、陶瓷材料和复合材料的发展，非金属材料越来越多地应用于工业、农业、国防和科学技术等领域，使非金属材料应用的领域不断扩大。目前在机械工程中广泛使用的非金属材料主要有塑料、橡胶、胶黏剂、纤维、陶瓷和复合材料等，它们已经成为机械工程制造中不可缺少的重要组成部分，正逐步改变着人类长期以来以钢铁材料等金属为中心的发展时代。

第一节　高分子材料

一、高分子材料基础知识

  高分子化合物是指相对分子质量很大的化合物，通常将相对分子质量大于 5000 的化合物称为高分子化合物；将相对分子质量小于 1000 的化合物称为低分子化合物。高分子材料即是由相对分子质量较高的化合物构成的材料，包括橡胶、塑料、纤维、涂料、胶黏剂和高分子基复合材料等。高分子材料分为有机高分子材料和无机高分子材料两类。其中有机高分子材料是由相对分子质量大于 10^4 并以碳、氢元素为主的有机高分子化合物（又称为高聚物）组成。一般说来，有机高分子化合物具有较好的强度、弹性和塑性，本节主要介绍有机高分子材料。表 11-1 列举了一些物质的相对分子质量。

表 11-1　一些物质的相对分子质量

分类	低分子物质					高分子物质			
名称	水	石英	铁	乙烯	单糖	天然高分子材料		人工合成高分子材料	
						橡胶	淀粉	聚苯乙烯	聚氯乙烯
	H_2O	SiO_2	Fe	$CH_2=CH_2$	$C_6H_{12}O_6$				
相对分子质量	18	60	56	28	180	20000~500000	>200000	>50000	20000~160000

  有机高分子材料按来源不同，可分为天然、半合成（改性天然高分子材料）和合成高分子材料。天然高分子材料包括松香、蛋白质、天然橡胶、皮革、蚕丝、木材等。天然高分子材料是生命起源和进化的基础。人类社会一开始就利用天然高分子材料作为生活资料和生产资料，并掌握了其加工技术。例如：人类利用蚕丝、棉、毛织成织物，用木材、棉、麻造纸等。19 世纪 30 年代末期，人类进入天然高分子化学改性阶段，出现了半合成高分子材料。1907 年人类研制出了合成高分子酚醛树脂，标志着人类应用合成高分子材料的开始。合成高分子材料主要有塑料、合成橡胶、合成胶黏剂、合成纤维、高分子涂料和高分子基复

合材料等。目前广泛使用的高分子材料主要是人工合成的。高分子材料已与金属材料、无机非金属材料一样，成为科学技术、经济建设中的重要材料。

（一）有机高分子材料的合成

有机高分子材料的相对分子质量虽然很大，但它的化学组成并不复杂。它们都是由一种或几种简单的低分子化合物重复连接而成的。例如：聚乙烯由低分子乙烯组成，聚氯乙烯由低分子氯乙烯组成。

$$n \, CH_2{=}CH \xrightarrow{\text{聚合}} \left[CH_2{-}CH \right]_n$$
$$\quad\quad\;\; | \quad\quad\quad\quad\quad\quad\quad | $$
$$\quad\quad\;\; Cl \quad\quad\quad\quad\quad\quad\; Cl$$

氯乙烯　　　　　　聚氯乙烯

由低分子化合物聚合起来形成有机高分子化合物的过程称为聚合反应。因此，有机高分子化合物也称为高聚物，意思是相对分子质量很大的聚合物，聚合以前的低分子化合物称为单体。由单体聚合为有机高分子化合物（或高聚物）的基本方法有两种，一种是加聚反应，另一种是缩聚反应。

加聚反应是指一种或几种单体相互加成而连接成有机高分子化合物（或高聚物）的反应。加聚反应过程中没有副产物生成，因此，生成的聚合物与其单体具有相同的化学成分。加聚反应是高分子材料合成的基础，约有 80% 的高分子材料是由加聚反应得到的，如聚乙烯、聚氯乙烯、聚苯乙烯、聚丙烯腈等。

缩聚反应是指一种或几种单体相互作用连接成聚合物，同时析出（缩去）新的低分子化合物（如水、氨、醇、卤化物等）的反应。其单体是含有两种或两种以上的低分子化合物，生成物的化学成分与单体不同。由缩聚反应得到的高聚物有酚醛树脂、环氧树脂、聚酰胺、有机硅树脂等。

（二）有机高分子化合物分子链的几何形状和特点

有机高分子化合物的分子链按几何形状分类，一般分为线型分子链、支化型分子链和网型分子链三种。

1. 线型分子链

线型分子链是指由高分子的基本结构单元（链节）以共价键相互连接成线型长链分子，其直径小于 1nm，而长度达几百至几千纳米，像一根呈卷曲状或线团状的长线，如图 11-1a 所示。

a) 线型分子链　　　　　　b) 支化型分子链　　　　　　c) 网型分子链

图 11-1　有机高分子化合物分子链的几何形状示意图

2. 支化型分子链

支化型分子链是指在主链的两侧以共价键连接着相当数量的长短不一的支链，其形状分树枝型、梳型、线团支链型等，如图 11-1b 所示。这种结构也可归入线型结构中，其性质与线型结构基本相同。

线型分子链和支化型分子链在非拉伸状态下通常卷曲成不规则的线团状，在外力作用下可以伸长，在外力去除后又恢复到原来卷曲的线团状。线型分子链高分子化合物的特点是它可以溶解在一定的溶剂中，加热时可以熔化，易于加工成型并能反复使用。具有线型分子链特点的高聚物又称为热塑性高聚物，如聚乙烯、聚氯乙烯、聚苯乙烯、聚丙烯、聚酰胺（尼龙）、涤纶、未硫化橡胶等。

3. 网型分子链

网型分子链是指线型分子链或支化型分子链之间通过化学键或链段连接成一个三维空间网状的分子结构，如图 11-1c 所示。网型分子链高聚物的特点是加热时不熔化，只能软化，不溶于任何溶剂，最多只能溶胀，不能重复加工和使用，这种现象称为热固性。具有这种结构特点的高聚物又称为热固性高聚物，如酚醛树脂、氨基树脂、硫化橡胶、脲醛树脂等。热固性高聚物只能在形成交联结构之前一次性热模压成型，而且成型之后不可逆变。

（三）有机高分子材料的性能和应用

有机高分子材料的结构决定了其性能，因此对结构的控制和改性，可获得不同特性的有机高分子材料。有机高分子材料独特的结构和易改性、易加工的特点，使其具有其他材料不可比拟、不可取代的优异性能，从而广泛用于科学技术、国防建设和国民经济的各个领域，并已成为现代社会生活中衣食住行用等各个方面不可缺少的材料。很多天然材料通常是由有机高分子材料组成的，如天然橡胶、棉花等。人工合成的化学纤维、塑料和橡胶等也是如此。一般将生活中大量使用的，并已经形成工业化生产规模的有机高分子材料称为通用高分子材料，将具有特殊用途与功能的有机高分子材料称为功能高分子材料。

二、塑料

塑料是指以树脂（天然或合成的）为主要成分，再加入其他添加剂，在一定温度与压力下塑制成型的材料或制品的总称。由于塑料制品原料丰富，成型容易，制作成本较低，性能与功能具有多样性，因此，塑料加工业发展很快，广泛应用于电子工业、交通、航空工业、农业等部门。由于塑料性能的不断改进和更新，目前塑料正逐步替代部分金属、木材、水泥、皮革、陶瓷、玻璃及搪瓷等材料。

（一）塑料的组成

1. 树脂

树脂是指受热时有软化或熔融范围，在软化时受外力作用有流动倾向的有机高分子化合物，它是组成塑料的最基本成分，一般其质量分数为 30%～40%。树脂是塑料的主要成分，它起着胶黏剂的作用，能将塑料的其他组分黏结成一个整体，故又称为黏料。树脂的种类、性质及加入量对塑料的性能起着很大的作用。因此，许多塑料就以所用树脂的名称来命名，如聚氯乙烯塑料就是以聚氯乙烯树脂为主要成分的塑料。目前采用的树脂主要是合成树脂或称高聚物，其性能与天然树脂相似，通常呈黏稠状的液体或固体。酚醛树脂是最早投入工业生产的合成树脂，它是由苯酚和甲醛缩聚而成的。除酚醛树脂外，氨基树脂、环氧树脂、有机硅树脂等也都是由缩聚反应生成的树脂。而聚乙烯、聚氯乙烯、聚苯乙烯等是通过加聚反应而得到的树脂，故也称为加聚树脂。

有些合成树脂可直接用作塑料，如聚乙烯、聚苯乙烯、聚酰胺（尼龙）、聚碳酸酯等。有些合成树脂不能单独用作塑料，必须在其中加入一些添加剂后才能形成塑料，如酚醛树脂、氨基树脂、聚氯乙烯等。

2. 增塑剂

增塑剂是用来提高树脂可塑性与柔软性的一种添加剂。合成树脂一般都具有一定的可塑性，但对大多数塑料制品来说，树脂本身所具有的可塑性并不能满足塑料的成型和使用要求，为此需要在树脂中加入适量的增塑剂，增塑剂的加入量为5%~20%（质量分数）。常用的增塑剂是高沸点的液体或低熔点的固体有机化合物，其中主要有邻苯二甲酸酯类（如邻苯二甲酸二辛酯和邻苯二甲酸二丁酯）、磷酸酯类和氯化石蜡等。

3. 稳定剂

稳定剂（又称为防老化剂）是用来防止树脂在受热、光和氧气等作用时发生过早老化，延长塑料制品使用寿命所加入的某些物质。许多树脂在成型加工和使用过程中由于受热和光照作用，性能会变坏。加入少量（千分之几）的稳定剂可以减缓其性能变坏，延长其使用寿命。常用的稳定剂有抗氧化剂（如酚类和胺类等有机物）、抗紫外线吸收剂（如炭黑等）及热稳定剂等。

4. 填料

填料在许多塑料中占有相当的比重，一般占总量的40%~70%（质量分数）。它起的作用是弥补树脂某些性能的不足，以改善塑料的性能。常用的填料有提高机械强度的木屑、棉布、纸张、玻璃纤维等；有提高塑料硬度和耐磨性的金属氧化物（氧化铁等）；有提高耐热性的石棉粉；有提高绝缘性的云母；有可以制成磁性塑料的铁磁粉；有提高塑料对光反射能力和导热能力的铝粉等。由于填料比合成树脂的价格低，所以，加入填料后可降低塑料的制作成本。

5. 润滑剂

为防止塑料在成型过程中黏附在模具或其他设备上而加入的物质，称为润滑剂。加入润滑剂可以使制品表面光滑。常用的润滑剂有硬脂酸和硬脂酸盐。

6. 染料

为了使塑料制品具有美丽的色彩，需要在塑料中加入染料以满足使用要求。染料也称为着色剂，一般分为有机染料和无机颜料。透明的彩色塑料一般加入的是有机染料。

塑料的添加剂除上述几种外，还有发泡剂、抗静电剂、阻燃剂等，但并非每一种塑料都要加入所有的添加剂，而是根据塑料品种及使用要求选择所需的添加剂。

（二）塑料的分类

塑料的品种很多，工业上的分类方法主要有以下两种，一是按塑料的热性能进行分类，二是按塑料的应用范围进行分类。

1. 按塑料的热性能分类

根据树脂在加热和冷却时所表现的性质，可将塑料分为热塑性塑料和热固性塑料两类。

1）热塑性塑料。热塑性塑料主要由聚合树脂加入少量稳定剂、润滑剂等制成，其分子结构是线型或支化型分子链。这类塑料受热软化，冷却后变硬，再次加热又软化，冷却后又硬化成型，可多次重复。它的变化只是一种物理变化，化学结构基本不变。热塑性塑料加工成型简便，具有较高的力学性能，废品可回收再利用，但热塑性塑料的耐热性和刚性较差。常用的热塑性塑料有聚乙烯、聚氯乙烯、聚丙烯、聚酰胺（尼龙）、ABS塑料、聚甲醛、聚碳酸酯、聚苯乙烯、聚四氟乙烯、聚砜等。

2）热固性塑料。热固性塑料大多是以缩聚树脂为基础，加入各种添加剂而制成的，其分子结构是体型分子链。这类塑料加热时软化，可塑制成型，但固化后的塑料既不溶于溶剂，也不再受热软化（温度过高时则发生分解），只能塑制成型一次。热固性塑料的耐热性好、抗压性好，但脆性大、韧性差，废品不可回收利用。常用的热固性塑料有酚醛塑料、氨基塑料、环氧塑料等。

2. 按塑料的应用范围分类

按塑料的应用范围可分为通用塑料、工程塑料和耐高温塑料。

1）通用塑料。它主要是指产量大、用途广、价格低的一类塑料，主要包括六大品种：聚乙烯、聚氯乙烯、聚苯乙烯、聚丙烯、酚醛塑料和氨基塑料。这类塑料的产量占塑料总产量的75%以上，构成了塑料工业的主体，用于社会生活的各个方面。

2）工程塑料。它是指能在较宽温度范围内和较长使用时间内保持优良性能，能承受机械应力并作为结构材料使用的一类塑料。这类塑料耐热性高、耐蚀，自润滑性好且尺寸稳定性良好，具有较高的强度和刚度，在部分场合可替代金属材料使用。常用的工程塑料主要有聚碳酸酯、尼龙、聚甲醛、ABS塑料、聚砜和环氧塑料等。

3）耐高温塑料。它主要是指耐热或具有特殊性能和特殊用途的塑料。该类塑料产量小、价格贵，适用于特殊用途，如聚四氟乙烯和有机硅塑料等都能在100～200℃范围内工作。耐高温塑料在发展国防工业和尖端技术中有着重要作用。

（三）塑料的特性

与金属材料相比，塑料具有密度小、比强度高（拉伸强度与密度的比值）、化学稳定性好、电绝缘性好、减振、耐磨、隔音性能好、自润滑性好等特性。另外，塑料在绝热性、透光性、工艺性能、加工生产率、加工成本等方面也比一般金属材料优越。

（四）塑料的成型加工

塑料的成型是将各种形态（粉状、粒状、液态、糊状等）的塑料制成具有一定形状和尺寸制品的工艺过程。成型的塑料制品大都可以直接使用。一些要求表面光洁、精度高的塑料零件在成型后还需要进行再加工，如机械加工、连接、喷涂、电镀等，以满足某些特殊的性能要求。

塑料的成型工艺简便，形式多样。对于一个具体的塑料制品，其成型工艺要根据其使用要求、形状、原材料种类和生产批量来确定。常用的成型方法有注射成型（图11-2）、模压成型（图11-3）、浇注成型、挤出成型和吹塑成型等。其中注射成型、挤出成型和吹塑成型主要用于热塑性塑料制品的成型；模压成型是热固性塑料制品的主要成型方法；浇注成型对于热塑性和热固性塑料制品都适用。

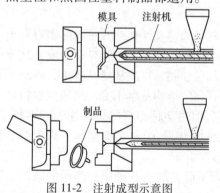

图11-2　注射成型示意图

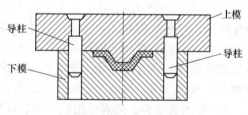

图11-3　模压成型示意图

（五）常用通用、工程塑料的特点及应用

1. 聚乙烯 PE

聚乙烯是热塑性塑料，也是目前世界上塑料工业中产量最大的品种。其特点是质地柔软，具有优良的耐蚀性和电绝缘性，可在-70～100℃温度范围内工作。聚乙烯主要用于制造薄膜、电线电缆的绝缘材料及管道、中空制品等。

2. 聚酰胺塑料 PA

聚酰胺塑料也称为尼龙或锦纶，是最先发现的能承受载荷的热塑性塑料，也是目前机械工业中应用较广泛的一种工程塑料。其特点是在常温下具有较高的拉伸强度，良好的冲击韧性，并且具有耐磨、耐疲劳、耐油、耐水等综合性能，但吸湿性大，在日光曝晒下或浸在热水中都易引起老化，可在 100℃以下温度范围内工作。它适用于制造一般机械零件，如轴承、齿轮、凸轮轴、蜗轮、管子、密封圈、耐磨轴套、泵及阀门零件等。

3. 聚甲醛 POM

聚甲醛是热塑性塑料，是继尼龙之后发展起来的产品，具有优异的综合性能。其强度、刚度、硬度、耐磨性、耐冲击性是其他塑料不能相比的。聚甲醛还具有吸水性较小，制件尺寸稳定等优点，但其热稳定性较差，遇火易燃，长期在大气中曝晒易老化等，可在-40～100℃温度范围内工作。聚甲醛广泛用于制造汽车、机械、仪表、农机、化工等机械设备的零部件，如齿轮、叶轮、轴承、仪表外壳、阀、汽化器、线圈骨架等。

4. 聚碳酸酯 PC

聚碳酸酯是热塑性塑料，常被人们誉为"透明金属"，其透明度达 86%～92%。这种塑料的发展史较短，但是它具有良好的力学性能、尺寸稳定性、耐寒性、电性能等，尤其冲击韧性特别突出，在一般热塑性塑料中是最优良的。其缺点是化学稳定性较差，耐候性不够理想，长期曝晒容易出现裂纹，可在-100～130℃温度范围内工作。

聚碳酸酯的用途十分广泛，由于其具有强度高、刚性好、耐磨、耐冲击、尺寸稳定性好等优点，可用于制造轴承、齿轮、蜗轮、蜗杆、光盘、仪表外壳等零件；在电气电信方面，可用于制造要求高绝缘性的零件，如垫圈、垫片、电容器等；另外，它在航空工业中也获得了广泛应用，如飞机挡风罩、座舱盖等。

5. 聚四氟乙烯 F4

聚四氟乙烯是热塑性塑料，是氟塑料的一种，其最大的特点是具有更优越的耐高温、耐低温、耐蚀性、耐候性、电绝缘性能。它几乎不受任何化学药品的腐蚀，无论是强酸（盐酸、硫酸、王水）、强碱（烧碱），还是强氧化剂（如高锰酸钾）对它都毫无作用。聚四氟乙烯的化学稳定性超过了玻璃、陶瓷、不锈钢、金、铂，俗称为"塑料王"。但是，聚四氟乙烯的强度和刚度较其他工程塑料较差，当温度达到 390℃以上时，它开始分解，放出毒性气体，因此，加工时必须严格控制温度。聚四氟乙烯可在-180～260℃的范围内使用，主要用于制造有特殊性能要求的零件和设备，如化工机械中的各种耐蚀零部件（如耐蚀泵、过滤板、反应罐等），冷冻工业中贮藏液态气体的低温设备；在一些耐磨零件中也使用聚四氟乙烯塑料，如自润滑轴承、耐磨片、密封环、阀座、活塞环等；在医疗方面，可用于制造人工血管、人工肺等。

6. ABS 塑料

ABS 塑料是热塑性塑料，是由丙烯腈、丁二烯、苯乙烯三种组分按一定比例形成的共聚物。在 ABS 塑料中，每一种单体都起着其固有的作用。其中丙烯腈使 ABS 塑料具有较高的强度、硬度、耐蚀性和耐候性；丁二烯使 ABS 塑料获得弹性和较高的冲击韧性；苯乙烯则使 ABS 塑料具有优良的介电性、着色性和成型加工性。由于 ABS 塑料的综合性能良好，因此，在机械工业，电气工业，纺织工业，汽车、飞机、轮船等制造业及化学工业等领域得到广泛应用。例如：可用 ABS 塑料制造电视机、电冰箱等电器设备外壳，制造方向盘、手柄、仪表盘及化工容器、管道等制品。ABS 塑料的缺点是耐高温与耐低温性较差，不耐燃、不透明等，可在-40~90℃温度范围内工作。

7. 聚砜 PSF

聚砜是热塑性塑料，是 20 世纪 60 年代中期出现的一种新型工程塑料，是一种具有特殊分子链结构的热塑性高聚物。它有许多优异性能，最突出的优点是耐热性好、耐寒冷性好，可在-100~150℃范围内使用，而且蠕变值极低。此外，它还具有良好的综合性能、电绝缘性和化学稳定性。聚砜的缺点是加工成型性、耐紫外线性能不够理想。聚砜可用于制造耐热、抗蠕变和强度要求较高的结构件，如汽车零件、齿轮、凸轮、仪表精密零件、高温轴承、高温绝缘材料等，也可用于制造耐蚀零件和电气绝缘件，如各种薄膜、涂层、管道、板材等。

8. 酚醛塑料 PF

酚醛塑料是热固性塑料，是最早发现并且投入工业化生产的有机高分子材料。它是用苯酚和甲醛经缩聚反应制成的。由于其电绝缘性能优异，故常称之为"电木"。固化后的酚醛塑料强度高、硬而耐磨、吸湿性低、零件尺寸稳定、耐热、耐燃，可在 150~200℃范围内使用，价格便宜。酚醛塑料的缺点是脆性大、在日光照射下易变色，常用于制造摩擦磨损零件，如轴承、齿轮、凸轮、制动片、离合器片等。另外，酚醛塑料还广泛用于电器工业，如插头、开关、电话机壳（图 11-4）、仪表盒等绝缘件。

图 11-4 电话机壳

9. 环氧塑料 EP

环氧塑料是热固性塑料，它是以环氧树脂为基体，再加入增塑剂、填料及固化剂等制成的。环氧塑料具有比强度高，韧性较好，尺寸稳定性高，耐久性好，耐热性、耐蚀性、绝缘性和加工成型性好等优点。环氧塑料的缺点是成本高，所用固化剂有毒性。环氧塑料可在-80~155℃温度范围内工作，主要用于制造塑料模具、精密量具和灌封电器和电子仪表装置，配制飞机漆、油船漆、罐头涂料等，也可以用于制造层压塑料和浇注塑料等。

三、橡胶

（一）橡胶的组成

橡胶是以生胶为基体原料，加入适量配合剂，经过硫化以后形成的有机高分子材料。通常橡胶制品中还加入增强骨架材料（如各种纤维、金属丝及其编织物等），其主要作用是增加橡胶制品的强度，并限制其变形。

1. 生胶

生胶是指未加配合剂的天然或合成橡胶的总称。它是无定型高分子化合物，具有很高的弹性，分子链间的相互作用力很弱，强度低，容易产生永久变形，并且稳定性差，会发黏、变硬，溶于某些溶剂中，因而需要加入各种配合剂。

生胶是黏合各种配合剂和骨架材料的黏结剂，橡胶制品的性质主要取决于生胶的性质。生胶按原料来源可分为天然橡胶和合成橡胶。天然橡胶主要是从橡胶树或相关植物（如蒲公英等）中流出的胶乳，再经过凝固、干燥、加压等工序制成片状生胶。地球上能提供胶乳的植物有200多种，但具有采集价值的只有几种，如巴西的橡胶树。片状生胶含橡胶90%以上，主要是以异戊二烯为主要成分的不饱和状态的天然高分子化合物。由于天然橡胶的耐油性和耐溶剂性较差，容易老化，不耐高温，而且其产量受地理环境的限制，远不能满足工农业生产的需求。因此，人们以石油、天然气、煤和农副产品为原料，通过有机合成方法制成单体，再经聚合制得类似天然橡胶的合成橡胶。合成橡胶的品种很多，如丁苯橡胶、氯丁橡胶等。

2. 配合剂

配合剂是为了提高和改善橡胶制品的使用性能和加工工艺性能而加入的物质。橡胶配合剂的种类很多，大体可分为硫化剂、硫化促进剂、防老化剂、软化剂、填充剂、发泡剂及着色剂等。

硫化就是在生胶中加入硫化调料（如硫黄）和其他配料。硫化剂的作用就是使具有可塑性的、线型分子链结构的胶料分子间产生交联，形成三维网状结构，以提高橡胶的强度、耐磨性和刚性，使胶料变为具有高弹性的硫化胶，并能在很宽的温度范围内具有较好的稳定性。天然橡胶常以硫黄作为硫化剂。为了加速硫化、缩短硫化时间，还需要加入硫化促进剂，如氧化镁、氧化锌和氧化钙等。

橡胶是弹性体，在加工过程中必须使它具有一定的塑性，才能与各种配合剂混合。软化剂的加入能增加橡胶的塑性，改善黏附力，并能降低橡胶的硬度和提高耐寒性，常用的软化剂有硬脂酸、精制石蜡、凡士林，以及一些油类和脂类。填充剂的作用是增加橡胶制品的强度和降低成本，常用的填充剂有炭黑、氧化硅、陶土、滑石粉、硫酸钡等。防老化剂是为了延缓橡胶的"老化"过程，延长橡胶制品的使用寿命而加入的物质。着色剂是为改变橡胶的颜色而加入的物质，一般要求着色剂着色鲜艳、耐晒、耐久、耐热等，常用的着色剂有钛白、立德粉、氧化铁、氧化铬等。

（二）橡胶的特点、加工工艺流程、应用及保护

1. 橡胶的特点

橡胶最重要的特点是高弹性，在较小的外力作用下，就能产生很大的变形，当外力去除后能很快恢复到原来的状态。橡胶还有良好的耐磨性、绝缘性、隔音性和阻尼特性，以及良好的不透气和不透水性能。橡胶的最大缺点是易老化，即橡胶制品在使用过程中出现变色、发黏、发脆及龟裂等现象，使弹性、强度、刚性等发生变化，并影响橡胶制品的性能及使用寿命。因此，防止橡胶老化是橡胶制品应该特别注意的问题。

2. 橡胶的加工工艺流程

橡胶制品的成型工艺是：生胶塑炼→胶料混炼→压延与压出→制品成型→制品硫化。具体工艺内容见表 11-2。

表 11-2　橡胶制品的成型工艺

工艺名称	工艺内容
生胶塑炼	将生胶从弹性状态变成塑性状态
胶料混炼	使生胶和配合剂混合均匀
压延与压出	使混炼好的生胶压成薄片或压出花纹，或压成各种断面的半成品
制品成型	根据制品形状对压延或压出的胶片、胶布等进行裁剪、贴合，制成半成品
制品硫化	使橡胶具有足够的强度、耐久性，以及抗剪切和其他变形能力，减少橡胶的可塑性

3. 橡胶的应用

橡胶是重要的工程材料之一，其应用很广，涉及交通、建筑、电子、机械、宇航、石油化工、农业、水利等行业，可作为弹塑性材料、密封材料、减振防振材料和传动材料等，在电气工业中可制造成各种导线、电缆的绝缘外包层等。

【史海回顾】虽然橡胶制品不大，但其作用却十分重要，如果没有橡胶，就没有充气轮胎，也就不会有发达的交通运输业。交通运输业需要大量的橡胶制品。例如：一辆汽车约需要 240kg 的橡胶，一艘轮船约需要 70t 的橡胶，一架飞机至少需要 600kg 的橡胶等。橡胶制品一旦失去作用，所带来的损失是巨大的，如美国"挑战者"号航天飞机就是因橡胶密封圈失效而导致航天飞机解体。

4. 橡胶的保护

橡胶失去弹性的主要原因是氧化、光的辐射和热影响。氧气，特别是臭氧侵入橡胶分子链时，会使橡胶老化、变脆、硬度提高、龟裂和发黏；光的辐射，特别是紫外线的辐射，不仅会加速橡胶氧化，而且还会直接引起橡胶结构异化，引起橡胶的裂解和交联；温度升高一方面会加速氧化作用，另一方面在较高温度（高于300℃）下，会使橡胶发生分解与挥发，导致橡胶失去优良的性能。此外，在使用过程中，重复的屈挠变形等机械疲劳作用，也会引起橡胶结构的复杂变化，改变其力学性能，如弹性降低、氧化加速等。因此，在橡胶及其制品的非工作期间应尽量使其处于松弛状态，避免日晒雨淋，避免与酸、碱、汽油、油脂及有机溶剂接触；在存放橡胶及其制品时，要远离热源，保存环境温度要尽量保持在 3～35℃ 之间，湿度要尽量保持在 50%～80% 之间。

（三）常用橡胶材料

1. 天然橡胶 NR

天然橡胶具有良好的综合性能、耐磨性、抗撕裂性和加工性能。但天然橡胶的耐高温、耐油、耐溶剂性差，耐臭氧和耐老化性较差，主要用于制造轮胎、胶带、胶管、胶鞋及通用橡胶等制品。

2. 丁苯橡胶 SBR

丁苯橡胶是整个合成橡胶中生产规模较大、产量较高的通用橡胶。丁苯橡胶有较好的耐磨性、耐热性、耐老化性能，比天然橡胶质地均匀，价格低，可在-50～140℃温度范围内工作，但弹性、机械强度、耐屈挠龟裂、耐撕裂、耐寒性等较低，其加工性能也较天然橡胶差。丁苯橡胶能与天然橡胶以任意比例混用，可相互取长补短，以弥补丁苯橡胶的不足。目前丁苯橡胶普遍用于制造汽车轮胎，也用于制造胶带、输水胶管及防水制品等，在铁路上可用于制造橡胶防振垫。

3. 顺丁橡胶 BR

顺丁橡胶也是产量较大的一种合成橡胶，在世界上产量仅次于丁苯橡胶，位居第二位。顺丁橡胶以弹性好、耐磨和耐低温而著称，可在120℃以下温度范围内工作。此外，顺丁橡胶的耐屈挠性也较天然橡胶好。其缺点是拉伸强度和撕裂强度较低，加工性能较差，冷流动性大。由于顺丁橡胶比丁苯橡胶的耐磨性高，因此，顺丁橡胶主要用于制造轮胎（图11-5），也可用于制造耐寒运输带、减振器、耐热胶管、电绝缘制品及胶鞋等。

图 11-5　橡胶轮胎

4. 氯丁橡胶 CR

氯丁橡胶在物理性能、力学性能等方面可与天然橡胶相媲美，并且拥有天然橡胶和一些通用橡胶所没有的优良性能，如具有耐油、耐溶剂、耐臭氧性、耐老化、耐酸、耐碱、耐热、耐燃烧、耐屈挠和透气性好等性能，可在-35~130℃温度范围内工作，因此，氯丁橡胶被称为"万能橡胶"。氯丁橡胶的缺点是耐寒性较差，密度较大，生胶稳定性差，不易保存。氯丁橡胶在工业上用途很广，主要利用其对大气和臭氧的稳定性制造电线、电缆的外包层；利用其耐油、耐化学稳定性制造输送油和腐蚀性物质的胶管；利用其机械强度高制造运输带；此外，还可用来制造各种垫圈、油罐衬里、轮胎胎侧、各类模型制品及胶黏剂等。

5. 硅橡胶 MVQ

硅橡胶属于特种橡胶，其独特的性能是耐高温和耐低温，可在-70~275℃温度范围内工作，并具有良好的耐候性、耐臭氧性及优良的电绝缘性。但硅橡胶强度低，耐油性差。根据硅橡胶耐高温和耐低温的特性，可用于制造飞机和宇宙飞行器的密封制品、薄膜和胶管等，也可用于电子设备和电线、电缆外包层。此外，硅橡胶无毒无味，可用于制造食品工业的运输带、罐头垫圈及医药卫生橡胶制品，如人造心脏、人造血管等。

6. 氟橡胶 FPM

氟橡胶也属于特种橡胶，其最突出的性能是耐腐蚀，其耐酸、耐碱及耐强氧化剂腐蚀的能力，在各类橡胶中是最好的。除此以外，氟橡胶还具有耐高温、耐油、耐高真空、抗辐射等优点，可在-50~300℃温度范围内工作。但其加工性能差，价格较贵。氟橡胶的应用范围较为广泛，常用于特殊用途，如耐化学腐蚀制品（化工设备衬里、垫圈）、宇航设备的高级密封件、高真空设备的橡胶件等。

四、胶黏剂

工程上连接各种金属和非金属材料的方法除焊接、铆接、螺栓联接之外，还有一种新型的连接工艺——粘接。粘接是借助于一种物质在固体表面产生的黏合力将材料牢固地连接在一起的方法。胶黏剂是一种能够将两种物件粘接起来，并使结合处具有足够强度的物质，又称胶合剂、黏合剂、黏结剂。胶黏剂是以具有黏性的有机高分子物质为基料，加入某些添加剂组成的。

粘接技术一直为人们所利用，早期使用的胶黏剂采用动物或植物的胶液，如糨糊、虫胶、骨胶、树汁等动植物胶，但由于其黏合性能差，应用受到限制，现代粘接技术多采用合成胶黏剂。

（一）胶黏剂的分类

胶黏剂的品种多，组成各异。按照来源可分为天然胶黏剂（淀粉系、蛋白系、沥青系等）和合成胶黏剂（树脂型、橡胶型、复合型）两大类，其中工业上使用的主要是合成胶黏剂。按胶黏剂基料的化学成分可分为有机胶黏剂和无机胶黏剂（硅酸盐、磷酸盐、硼酸盐等）两大类，其中每一大类又可细分为多种。按胶黏剂的主要用途分类，可分为非结构胶（承受负荷较低）、结构胶（承受负荷较高）、密封胶、导电胶、耐高温胶、水下胶、点焊胶、医用胶、应变片胶、压敏胶等。按照被胶接材料可分为金属胶黏剂和非金属胶黏剂（塑料胶黏剂和橡胶胶黏剂）。胶黏剂以流变性质来分，可分为热固性胶黏剂、热塑性胶黏剂、合成橡胶胶黏剂和复合型胶黏剂。

1. 热固性胶黏剂

热固性胶黏剂是以热固性树脂为基料，再加入添加剂制得的。使用时加入固化剂，在一定条件下通过化学反应或形成网型分子链结构使黏合面黏合。此类胶黏剂的优点是耐热、耐水、耐介质侵蚀、粘接强度高；缺点是冲击强度、剥离强度和起始黏合力较小，固化时间较长。例如：环氧树脂胶黏剂常用于粘接各种金属和非金属材料，广泛应用于机械、电子、化工、航空、建筑等方面。此外，热固性胶黏剂还有酚醛树脂热固性胶黏剂、脲醛树脂热固性胶黏剂、三聚氰胺热固性胶黏剂等。

2. 热塑性胶黏剂

热塑性胶黏剂是以热塑性树脂为基料，与溶剂配置成溶液或直接通过熔化方式而制得的。热塑性胶黏剂的优点是柔韧性好、耐冲击性能较好，起始黏合力好，使用方便，容易保存；缺点是耐溶剂性和耐热性较差，强度和抗蠕变性能较低。常用热塑性胶黏剂有聚醋酸乙烯酯胶黏剂和过氯乙烯胶黏剂。此类胶黏剂适合于粘接多孔性、易吸水的材料，如纸、木材、纤维织物、塑料及铝箔等，广泛应用于装订、包装、家具生产、铺贴瓷砖、塑料地板、壁纸等方面，是一种应用很广的非结构性胶黏剂。

3. 合成橡胶胶黏剂

合成橡胶胶黏剂是以合成橡胶，如氯丁橡胶、丁腈橡胶、丁基橡胶等为基料，再加入添加剂配置成的胶黏剂。此类胶黏剂的优点是弹性好，剥离强度较高，起始黏合力好，富有柔韧性；缺点是耐热性较差，拉伸强度和剪切强度较低。合成橡胶胶黏剂能粘接多种材料，主要适用于粘接柔软材料或热膨胀系数相差很大的材料。常用合成橡胶胶黏剂有氯丁橡胶胶黏剂和丁腈橡胶胶黏剂，适合于粘接金属、塑料、橡胶、木材、织物等，尤其适合于粘接其他胶黏剂难以粘接的聚氯乙烯塑料。

4. 复合型胶黏剂

复合型胶黏剂是由不同种类的树脂或树脂与橡胶的混合物为基料组成的胶黏剂。此类胶黏剂是适应高强度结构材料发展起来的。常用的复合型胶黏剂有酚醛-聚乙烯醇缩聚胶黏剂、酚醛-丁腈结构胶黏剂、酚醛-氯丁橡胶结构胶黏剂、橡胶改性环氧树脂胶黏剂等。

（二）胶黏剂的组成

现代粘接技术多采用人工合成胶黏剂。人工合成胶黏剂是一种多组分的具有优良黏合性能的物质。它的组分包括基料、固化剂、增塑剂、增韧剂、填料、稀释剂等。

1. 基料

基料是胶黏剂的主要组分。它对胶黏剂的性能（如粘接强度、耐热性、韧性、耐老化等）起着重要作用。常用的基料有酚醛树脂、环氧树脂、聚酯树脂、聚酰胺树脂及氯丁橡胶等。

2. 固化剂

固化剂的作用与热固性塑料中的固化剂完全一样，是使胶黏剂固化，其种类和用量直接影响胶黏剂的使用性能和工艺性能。

3. 增塑剂和增韧剂

增塑剂和增韧剂能改善胶黏剂的塑性和韧性，提高粘接接头抗剥离、抗冲击能力及耐寒性等。常用的增塑剂和增韧剂有热塑性树脂、合成橡胶及高沸点的低分子有机液体等。

4. 填料

填料的加入能提高粘接接头强度和表面硬度，提高耐热性；还可降低热膨胀系数和收缩率，增大黏度和降低成本。通常使用的填料有金属粉末、石墨粉、氧化铝、石棉和玻璃纤维等。

5. 稀释剂

稀释剂能降低胶黏剂的黏度，增加胶黏剂对被黏合物表面的浸润力，并有利于施工。凡能与胶黏剂混溶的溶剂均可作为稀释剂。

此外，还可以加入固化促进剂、防老化剂和稳定剂等。针对实际需要，胶黏剂的组成应根据使用要求采取合理的配合。需要注意的是，使用不同的胶黏剂，其形成粘接接头的条件是不同的。接头可以在一定温度和时间的条件下，经固化形成；也可以在加热接合处后，经冷凝后形成；还可以先溶入易挥发溶剂中，待溶剂挥发后形成。

（三）粘接条件和工艺过程

利用胶黏剂把彼此分离的物件粘接在一起，形成牢固接头的必要条件是：胶黏剂必须能够很好地浸润被黏合物的表面；在固化硬结后，胶黏层应有足够的内聚力，且胶黏剂与被黏合物件之间有足够的黏附力。粘接工艺过程如图11-6所示。

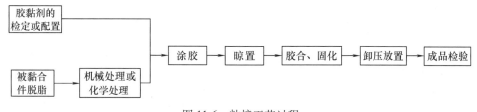

图11-6　粘接工艺过程

脱脂处理是指采用有机溶剂或热蒸汽对物件进行脱脂，该工艺过程一般适用于金属物件，主要目的是清除金属物件表面的油脂、机械加工杂质等。机械处理是用砂纸打磨或喷丸处理等清除物件表面的污物、锈皮等，增加物件黏合面面积。经机械处理的物件表面还要用溶剂清洗。机械处理的缺点是表面比较粗糙，容易被溶剂、水或腐蚀性介质所侵蚀。化学处理的优点是经济、有效，而且适用面广，特别适于结构复杂、精度要求高的金属物件。但是对于不同的金属需要配置不同的化学处理溶液，并按操作工艺规程进行处理。

涂胶可用刷子、刮板、滚轴或涂胶机进行，但要注意控制胶黏层厚度，过厚会降低粘接强度。物件涂胶后，要在一定温度下晾置一段时间，使胶中的溶剂挥发，以免溶剂残留在接头缝内而在固化过程中产生气泡。物件晾好后即可进行黏合装配、加热、加压固化（根据胶黏剂类型而定）。

在固化和卸压完毕后，黏合件一般需要自然放置一段时间，特别是形状复杂和容易变形的黏合件更需要如此，以消除粘接过程中产生的内应力。

（四）胶黏剂在机械工程上的应用

1. 胶黏剂在机械设备修理方面的应用

胶黏剂可用来修补各种铸件表面的气孔、缩孔、砂眼等缺陷，修复机床导轨的磨损、拉毛等缺陷。具体操作过程是：清洗待修复表面，涂上瞬干胶，撒上铁粉，反复进行，直到填满为止，然后在室温下固化，再用刮刀刮平。在汽车和拖拉机修理中，可用来粘接和修复配合零件，例如：用环氧胶修复蓄电池壳、粘接拖拉机上制动阀弹簧套筒与连杆、修复模具等。

2. 利用胶黏剂可改进机械安装工艺

有些配合零件采用胶黏剂进行粘接，可以降低加工精度要求，简化操作规程，节省工时。图11-7所示为采用环氧胶粘接齿轮与轴的剖视图，图11-8所示为蜗轮镶配青铜轮缘，用粘接技术代替螺钉联接。

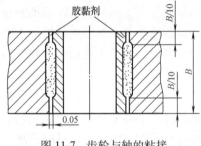

图 11-7　齿轮与轴的粘接

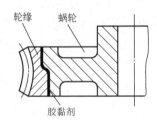

图 11-8　蜗轮与轮缘的粘接

（五）粘接的特点

粘接与螺栓联接、焊接、铆接相比，具有如下特点。

1）粘接处应力分布均匀。采用螺栓联接、焊接、铆接等方式连接时，容易产生应力集中现象，连接件容易发生疲劳破坏；利用胶黏剂粘接则应力能够比较均匀地分布在整个黏合面上，从而提高构件的疲劳寿命。

2）粘接可以连接各种材料。粘接不仅适用于金属之间，而且适用于金属和非金属之间以及非金属之间。粘接时不受被黏合材料性质、形状的限制，这是其他连接方式难以胜任的。例如：玻璃和陶瓷等脆性材料的连接，既不能焊接，又不便于铆接和螺栓联接，只有粘接最为简便牢固。

3）粘接接头平整光滑、重量轻。粘接的接头比焊接和铆接的接头平整光滑，不仅外表美观、变形小，而且还可大大减轻结构重量。据统计，用粘接代替铆接，可减轻飞机制件重量的25%~30%。此外，粘接接头一般都具有良好的密封性能。

但是，目前粘接技术尚存在一些缺点，主要是以有机高分子化合物为基础的胶黏剂的耐高温性能较差，大多数有机胶的使用温度被限制在80℃以下，只有少数品种可在200~300℃范围内使用。另外，尚无完善的检查粘接质量的手段，因而判断黏合件的可靠性尚缺乏有效依据。随着科学技术的进步和发展，这些问题和缺点今后一定能逐步得到解决和改善。

五、合成纤维

1. 纤维的分类

纤维是指长度与直径之比大于100甚至达1000，并具有一定柔韧性的物质。纤维分为两大类，一类是天然纤维，如棉花、羊毛、蚕丝、麻等；另一类是化学纤维，包括人造纤维和合成纤维，即用天然高聚物或合成高聚物经化学加工而制得的纤维。由天然高聚物制得的纤维，称为人造纤维；由合成高聚物制得的纤维，称为合成纤维。人造纤维如果是以含有纤维素的天然高聚物（如棉短绒、木材、甘蔗渣、芦苇等）为原料制取的，则称为再生纤维素纤维；如果是以含有蛋白质的天然高聚物（如玉米、大豆、花生、牛乳酪等）为原料制取的，则称为再生蛋白质纤维。合成纤维根据高聚物大分子主链的化学组成，分为杂链纤维和碳链纤维两类。

2. 纤维的特点和用途

纤维具有弹性模量大、受力时形变小、强度高等特点。在现代生活中，纤维的应用无处不在，而且其中蕴含着很多的高科技技术。例如：纤维可以使衣物更舒服，御寒防晒；黏胶基碳纤维能帮导弹穿上"防热衣"，可以使导弹耐几万度的高温；防渗防裂纤维可以增强混凝土的强度和防渗性能，对于大坝、机场、高速公路等工程可起到防裂、抗渗、抗冲击和抗折作用；纤维充填材料能有效地提高被充填材料的强度和刚度；另外，医疗上修补肌肉、骨骼、血管等也需要用到纤维。

3. 合成纤维的生产工艺

合成纤维的生产工艺包括单体的制备与聚合、纺丝和后加工等基本环节。

1）单体的制备与聚合。利用石油、天然气、煤等原料，经过分馏、裂化和分离得到有机低分子化合物，如苯、乙烯、丙烯、苯酚等作为单体，在一定温度、压力和催化剂作用下聚合成高聚物，即合成纤维的材料，又称为成纤高聚物。

2）纺丝。将成纤高聚物的熔体或浓溶液，用纺丝机连续、定量而均匀地从喷丝头（或喷丝板）的毛细孔中挤出，形成液态细流，然后在空气、水或特定的凝固液中固化为初生纤维，该过程称为纤维成型或称为纺丝。

3）后加工。纺丝成型后得到的初生纤维在结构上是不完善的，在物理性能和力学性能上也较差，如强度低、尺寸稳定性差，并不能直接用于纺织加工，必须经过一系列的后加工工序才能得到结构稳定、性能优良的纤维。后加工因合成纤维品种、纺丝方法和产品要求而异，其中主要的工序是拉伸和定型。例如：短纤维的后加工包括集束、拉伸、水洗、上油、干燥、热定型、卷曲、切断、打包等一系列工序；弹力丝和膨胀纱等还要进行特殊的后加工。

4. 常用合成纤维

与天然纤维相比，合成纤维具有强度高、密度小、弹性好、耐磨、耐酸碱、保暖、不霉烂、不被虫蛀等优点，广泛用于制造衣物、生活用品、汽车与飞机轮胎的帘子线、渔网、防弹衣、索桥、船缆、降落伞（图11-9）及绝缘布等，是一种发展迅速的有机高分子材料。

合成纤维品种多，大规模生产的约有40种，其中发展最快的是聚酯纤维（涤纶）、聚酰胺纤维（锦纶）、聚丙烯腈纤维（腈纶）、聚乙烯醇纤维（维纶）、聚丙烯纤维（丙纶）、聚氯乙烯纤维（氯纶），通称为六大纶。涤纶、锦纶和腈纶三品种的产量约占合成纤维的90%以上。

图 11-9 降落伞

【拓展知识】蜘蛛丝一直是人类想要仿制的纤维。天然蜘蛛丝的直径为4μm左右，而它的牵引强度却相当于钢的5倍，同时还具有优越的防水性和伸缩功能。如果能制造出一种具有天然蜘蛛丝特点的人造蜘蛛丝，将会有很广的用途。它不仅可以作为降落伞、防弹衣和汽车安全带的理想材料，而且还可以用作易于被人体吸收的外科手术缝合线。

第二节 陶瓷材料

陶瓷材料是无机非金属材料的统称，是用天然的或人工合成的粉状化合物，通过成形和高温烧结而制成的多晶体固体材料。陶瓷材料包括陶器、瓷器、玻璃、搪瓷、耐火材料、黏土制品（如砖瓦）、水泥等。它同金属材料、有机高分子材料一起被称为三大固体工程材料。由于陶瓷材料具有耐高温、耐蚀、硬度高等优点，不仅用于制造餐具之类的生活制品，而且在现代工业中也得到了广泛的应用。

一、陶瓷材料的概念

陶瓷是一种既古老又年轻的工程材料，我国生产陶瓷已有一千多年的历史，而且在很长时间里，人们一直将"陶瓷"一词看成是陶器和瓷器的总称。

一般来说，传统的陶瓷是指使用天然材料（黏土、长石和石英等）为主要原料，成形后在高温窑炉中烧制的产品。由于硅酸盐是陶瓷的重要组成部分，所以陶瓷材料也称为硅酸盐材料。随着近代科学技术的发展，陶瓷材料也获得了飞速的发展，人们采用纯度较高的人工合成原料（如氧化物、氮化物、碳化物、硅化物、硼化物等）研制出许多性能优异的近代陶瓷，如纳米陶瓷，甚至许多新型陶瓷材料的成分远远超出了硅酸盐的范畴。因此，广义的陶瓷是指使用天然的或人工合成的粉状化合物经成形和高温烧结而制成的无机非金属固体材料。因此，"陶瓷"的概念不仅包括硅酸盐材料、氧化物等新型陶瓷材料，连单晶硅这种无机材料也纳入了陶瓷范畴，即所有无机非金属材料都可称为陶瓷材料。

二、陶瓷材料的分类、组织结构及生产过程

（一）陶瓷材料的分类

陶瓷材料按其成分和来源进行分类，可分为普通陶瓷（传统陶瓷）和特种陶瓷（近代陶瓷）两大类。

1. 普通陶瓷

普通陶瓷是以天然的硅酸盐矿物，如黏土、长石、石英等原料为主，经过粉碎、成形和烧结制成的产品。它包括日用陶瓷（图11-10）、建筑陶瓷、卫生陶瓷、绝缘电瓷、化工陶瓷（耐酸碱用瓷）和多孔陶瓷（过滤、隔热用瓷）等。普通陶瓷制造成本低，成形性好，质地坚硬，不氧化，耐蚀，不导电，能耐一定高温（最高1200℃），产量大，用途广，广泛应用于日用、电气、化工、建筑、纺织等领域中要求使用温度不高、强度不高的构件，如铺设地面、输水管道、绝缘件等。

图 11-10　日用陶瓷

2. 特种陶瓷

特种陶瓷主要是指采用高纯度人工合成化合物，如 Al_2O_3、ZrO_2、SiC、Si_3N_4、BN 等，制成具有特殊物理化学性能的新型陶瓷（包括功能陶瓷）。特种陶瓷包括金属陶瓷（硬质合金）、氧化物陶瓷、氮化物陶瓷、硅化物陶瓷、碳化物陶瓷、硼化物陶瓷、氟化物陶瓷、半导体陶瓷、磁性陶瓷、压电陶瓷等，其生产工艺过程与传统陶瓷相同。特种陶瓷具有高强度、高硬度、耐蚀、导电、绝缘、磁性、透光、半导体、压电、光电、超导、生物相容等特性，主要用于化工、冶金、机械、电子等行业和某些新技术中。表11-3列出了常用特种陶瓷的性能特点及应用举例。

表 11-3　常用特种陶瓷的性能特点及应用举例

名称	别称	性能特点	应用举例
氧化铝陶瓷（Al_2O_3）	刚玉瓷（或高温铝瓷）	强度比普通陶瓷高2~3倍；硬度仅次于金刚石、碳化硼、立方氮化硼和碳化硅，位居第五；耐高温，可在1600℃以下长期工作；具有优良的耐磨性、电绝缘性和耐蚀性；缺点是脆性大、抗急冷、急热性差	用于制造高温容器和盛装熔融状态的铁、钴、镍等金属液的坩埚，测温热电偶套管，内燃机火花塞，切削高硬度材料的刀具，金属拉丝模，挤压模，磨轮，轴承，磨料，人造宝石，化工与石油用泵的密封环等
氮化硅陶瓷（Si_3N_4）	反应烧结氮化硅瓷或热压烧结氮化硅瓷	具有良好的化学稳定性，除氢氟酸外，能够耐各种无机酸（如盐酸、硼酸、硫酸、磷酸和王水等）的腐蚀；硬度高，仅次于金刚石，耐磨性好；具有优异的电绝缘性、抗急冷急热性、自润滑性和耐辐射性；可在1200℃以下工作	用于制造耐磨、耐蚀、耐高温、绝缘的零件，如各种泵的密封件、球阀、耐高温轴承、输送铝液的电液泵管道、铸造容器、阀门、过滤器、燃气轮机叶片、切削刀具、热电偶套管、火箭喷嘴等
碳化硅陶瓷（SiC）	反应烧结碳化硅瓷或热压烧结碳化硅瓷	具有室温强度高、抗热振性高、抗蠕变性能好、化学稳定性好、导热性好等优点，但在800~1140℃范围内碳化硅的抗氧化性较差	用于制造钢包砖、炉衬、熔融金属的输送管、坩埚、热电偶套管、火箭发动机喷嘴、热交换器、砂轮和各种磨具等
氮化硼陶瓷（BN）	六方氮化硼陶瓷（白石墨）	具有良好的耐热性、导热性、抗急冷急热性；导热率与不锈钢相当；具有良好的热稳定性、高温绝缘性和化学稳定性；硬度较其他陶瓷低，可进行切削加工；有自润滑性，耐磨性好	用于制造耐高温轴承、玻璃制品的成形模具、热电偶套管、高温绝缘材料、散热材料、铸钢模具、泵零件、火箭燃烧室内衬、宇宙飞船的热屏蔽构件、加热器的绝缘子、刀具及耐磨材料等

（二）陶瓷的组织结构

陶瓷的性能与其组织结构有密切的关系。金属晶体是以金属键相结合而构成的，高聚物是以共价键相结合而构成的，而陶瓷则是由天然或人工合成的原料经高温烧结成形的致密固体材料。陶瓷的组织结构比金属复杂得多，其内部存在着晶体相、玻璃相和气相，如图11-11所示，这三种相的相对数量、形状和分布对陶瓷的性能有很大影响。

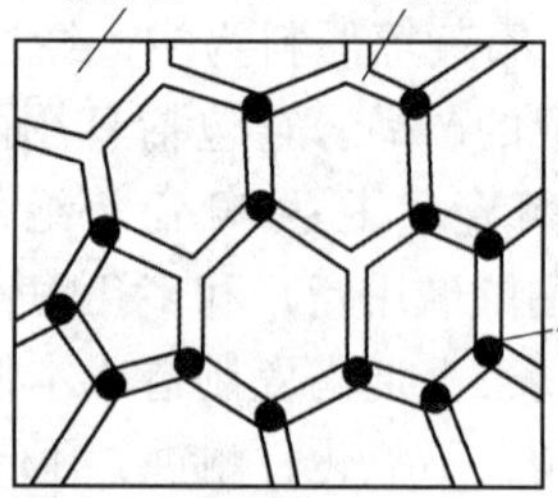

图11-11 陶瓷显微组织示意图

1. 晶体相

大多数陶瓷是由离子键构成的离子晶体（如 MgO、CaO、Al_2O_3 等），此外还有共价键（如 Si_3N_4、SiC、BN 等）构成的晶体，它们是陶瓷的主要组成相，而且这两种晶体都存在。离子键的结合能较高，正负离子以静电作用结合，结合得比较牢固，因此，陶瓷具有硬度高、熔点高、质脆、耐磨等特性。与金属晶体类似，陶瓷一般也是多晶体，也存在晶粒和晶界，细化晶粒同样能提高陶瓷的强度并影响其他性能。

2. 玻璃相

陶瓷烧结时由各组成物和杂质通过一系列物理化学作用形成的非晶态物质，称为玻璃相。玻璃相熔点较低，热稳定性较差，主要作用是把分散的晶相黏结在一起。此外，玻璃相的存在还可以降低烧结温度，抑制晶粒长大，填充气孔空隙。但是，玻璃相数量过多会降低陶瓷的耐热性和绝缘性，因此，玻璃相的体积分数一般控制在20%~40%范围内。

3. 气相

陶瓷中存在的气孔称为气相。气相常以孤立的状态分布在玻璃相、晶界、晶粒内。气相会引起应力集中，降低陶瓷的强度和抗电击穿能力，因此，应尽量减少气相的数量和尺寸，并使气相均匀分布。一般气相控制在陶瓷体积的5%~10%。但在保温陶瓷和化工用过滤多孔陶瓷中，气相的体积分数可达60%。

（三）陶瓷制品的生产过程

陶瓷制品种类繁多，其生产工艺过程各不相同，一般都要经历原料制备、成形和烧结三个阶段。

1. 原料制备

原料制备是指采用机械、物理或化学的方法制备粉料的过程。原料的加工质量将直接影响其成形加工工艺性能和陶瓷制品的使用性能。因此，各种各样的原料制备工艺都以提高成形加工工艺性能和陶瓷制品的使用性能为核心。例如：为了控制制品的晶粒大小，要将原料粉碎、磨细到一定的粒度；对原料要精选，去除杂质，控制纯度；为了控制制品的使用性能，要按一定比例配料；原料加工后，根据成形工艺要求，制备成粉料、浆料或可塑泥团。

2. 成形

成形是指用某些工具或模具将坯料制成一定形状、尺寸、密度和强度的坯型（或生坯）的过程。陶瓷制品的成形，可以采用可塑成形、压制成形、注浆成形等方法。

1）可塑成形。它是在坯料中加入水或塑化剂，制成可塑泥团，通过手工或机械挤压、车削等，使可塑泥团成形。其中挤压成形适合于加工各种管状制品和断面形状规则的棒状制品；车削成形用于加工形状较为复杂的圆形制品，特别是大圆形制品。

2）压制成形。它是将含有一定水分和添加剂的粉料，在模具中用较高的压力压制成形。它与粉末冶金成形方法基本一样，主要用于制造特种陶瓷和金属陶瓷制品。

3）注浆成形。它是将浆料注入石膏模中成形，如图 11-12 所示。先将浆料注入石膏模中，经过一定时间后，在模壁上黏附着一定厚度的坯料，然后将多余浆料倒出，坯料形状便在模型型腔内固定下来。此法常用于制造形状复杂、精度要求不高的日用陶瓷和建筑陶瓷。

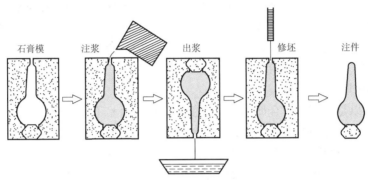

石膏模　　　注浆　　　出浆　　　修坯　　　注件

图 11-12　注浆成形示意图

3. 烧结

未经烧结的陶瓷坯料是由许多固体颗粒堆积而成的，称之为生坯。生坯的颗粒之间除了点接触外，尚存有许多空隙，没有足够的强度，必须经过高温烧结后才能使用。因此，成形以后的生坯经初步干燥后，再涂釉烧结或直接烧结。高温（如日用陶瓷的烧结温度是 1250~1450℃）烧结时，陶瓷内部要发生一系列的物理化学变化及相变，如体积变小，密度增加，强度、硬度提高，晶粒发生相变等，使陶瓷制品达到所要求的物理性能和力学性能。

第三节　复合材料

金属材料、高分子材料和陶瓷材料作为工程材料的三大支柱，在使用性能上各有其优点和不足，因此，它们有自己的应用范围。随着科学技术的发展，机械制造和工程结构对材料提出了越来越高的性能要求，而使用单一材料来满足这些性能要求也变得越来越困难。所以目前出现了将多种单一材料采用不同成形方式组合成的一种新的材料——复合材料。

一、复合材料的概念

复合材料是由两种或两种以上不同物理性质或化学性质或不同组织结构的材料，以微观或宏观形式组合而成的多相材料。复合材料既保持了原有材料的各自特点，又具有比原材料更好的性能，即具有"复合"效果。不同材料复合后，通常是其中一种材料作为基体材料，起黏结作用，另一种材料作为增强剂材料，起承载作用。

自然界中许多天然材料都可看作是复合材料，如木材是由纤维素和木质素复合而得的；纸张是由纤维物质与胶质物质组成的复合材料；又如动物的骨骼也可看作是由硬而脆的无机磷酸盐和软而韧的蛋白质骨胶组成的复合材料。人类很早就仿效天然复合材料，在生产和生活中制成了初期的复合材料。例如：在建造房屋时，往泥浆中加入麦秸、稻草可增加泥土的强度；还有钢筋混凝土是由水泥、砂子、石子、钢筋组成的复合材料。诸如此类的复合材料，在工程上屡见不鲜。

二、复合材料的结构

复合材料由基体和增强体组成。一般将连续分布的相或组元称为基体，如聚合物基体、金属基体、陶瓷基体等；将纤维、颗粒、晶须等称为增强体。例如：汽车上普遍使用的玻璃纤维挡泥板，就是由玻璃纤维与聚合物材料复合而成的。

复合材料的最大优点是可根据实际要求来改善材料的使用性能，将基体材料和增强体材料取长补短并保持各自的最佳特性，从而有效地发挥材料的潜力。所以，"复合"已成为改善材料性能的一种手段。目前复合材料越来越引起人们的重视，新型复合材料的研制和应用也越来越多。有人预言 21 世纪是复合材料的时代。

三、复合材料的特点

复合材料可以是不同的非金属材料相互复合，还可以是不同的金属材料或金属与非金属材料相互复合。与其他传统材料比较，复合材料具有以下性能特点。

1. 复合材料的比强度和比模量较高

复合材料具有比其他材料高得多的比强度（抗拉强度与密度的比值）和比模量（弹性模量与密度的比值）。众所周知，许多结构和设备，不但要求材料的强度高，还要求密度小，复合材料就具备这种特性，如碳纤维增强环氧树脂的比强度是钢的 7 倍，比模量比钢大 3 倍。材料的比强度高，则所制造零件的重量和尺寸可减少；材料的比模量高，则零件的刚性大。复合材料制造的构件比使用钢制造的构件重量可减轻 70% 左右，并且使用复合材料所制成的构件的强度和刚度却基本上与钢制造的构件基本相同。

2. 复合材料抗疲劳性能好

疲劳断裂就是构件表面的裂纹不断扩展，直至最后构件的承载能力丧失而突然断裂。金属材料，尤其是高强度金属材料，在循环应力作用下，对裂纹非常敏感，容易产生突发性疲劳破坏，并且金属材料的疲劳破坏一般没有预兆，容易造成重大事故。而在纤维增强复合材料中，每平方厘米截面上有成千上万根独立的增强纤维，外加载荷就由这些增强纤维承担，受载后如有少量纤维断裂，载荷会迅速重新分布，由未断的纤维承担；另外，复合材料内部缺陷少，有塑性好的基体或增强体，有利于消除或减少应力集中现象。这样复合材料构件丧失承载能力的过程就延长了，并在破坏前有先兆，可提醒人们及时采取有效措施。例如：碳纤维增强聚酯树脂的疲劳强度相当于其拉伸强度的 70%～80%，而大多数金属材料的疲劳强度一般只有其抗拉强度的 40%～50%。

3. 复合材料结构件减振性能好

工程上有许多机械结构，在工作过程中振动问题十分突出，如飞机、汽车及各种动力机械，当外加载荷的频率与机械结构的自振频率相同时，将产生严重的共振现象。共振会严重威胁机械结构的运行安全，有时还会造成灾难性事故。据研究，机械结构的自振频率除了同结构本身的形状有关外，还与材料比模量的平方根成正比。纤维增强复合材料的自振频率高，可以避免产生共振。同时纤维与基体的界面对振动具有反射和吸振能力，故振动阻尼很高。例如：用同样尺寸和形状的梁进行试验，金属梁需要 9s 才停止振动，而碳纤维增强复合材料梁只需要 2.5s 就可停止振动，由此可见其振动阻尼之高。

4. 复合材料高温性能好

一般铝合金在400℃时，其弹性模量会急剧下降并接近于零，强度也会显著下降。在纤维增强复合材料中，由增强纤维承受外加载荷，而增强纤维中除玻璃纤维的软化点较低（700~900℃）外，其他增强纤维的软化点（或熔点）一般都在2000℃以上（表11-4）。用这类纤维材料制造复合材料，可以提高复合材料的耐高温性能。例如：玻璃纤维增强复合材料可在200~300℃下工作；碳纤维或硼纤维增强复合材料在400℃时，其强度和弹性模量基本保持不变；此外，由于玻璃钢具有极低的导热系数（只有金属的1‰~1%），因此，可瞬时承受超高温，故可用作耐烧蚀材料。

表11-4　常用增强纤维的软化点

纤维种类	石英玻璃纤维	Al_2O_3 纤维	碳纤维	氮化硼纤维	SiC 纤维	硼纤维	B_4C 纤维
软化点（熔点）℃	1600	2040	2650	2980	2690	2300	2450

用钨纤维增强的钴、镍或其他合金，可在1000℃以上工作，大大提高了金属的高温性能。

5. 复合材料具有独特的成形工艺

复合材料制造工艺简单，易于加工，并可按设计需要突出某些特殊性能，如增强减摩性、增强电绝缘性、提高耐高温性等。另外，复合材料构件可以整体一次成形，减少零部件、紧固体和接头的数目，提高材料利用率。

目前复合材料还存在一些问题，如不同方向的力学性能差异较大（如横向抗拉强度比纵向抗拉强度低得多、层间剪切强度低），断后伸长率较小，抵抗冲击载荷能力较低，制造成本较高等。这些问题如果能逐步解决，复合材料的应用将进一步拓展。

四、常用复合材料的种类

按复合材料增强剂种类和结构形式的不同，复合材料可分为纤维增强复合材料、层叠增强复合材料和颗粒增强复合材料三类，如图11-13所示。

a) 纤维增强复合材料　　b) 层叠增强复合材料　　c) 颗粒增强复合材料

图11-13　复合材料结构示意图

1. 纤维增强复合材料

纤维增强复合材料是指以玻璃纤维、碳纤维、硼纤维、陶瓷材料等作为复合材料的增强剂，复合于塑料、树脂、橡胶和金属等基体材料之中所形成的复合材料，如玻璃纤维增强橡胶（如橡胶轮胎等）、玻璃纤维增强塑料（玻璃钢等）、陶瓷纤维增强玻璃、SiC增强钛合金复合材料等都是纤维增强复合材料。

2. 层叠增强复合材料

层叠增强复合材料是为克服复合材料在高度上性能的方向性而发展起来的一种复合材料，如层合板、钢-铜-塑料复合的无油润滑轴承材料、巴氏合金-钢双金属层滑动轴承材料等。

3. 颗粒增强复合材料

颗粒增强复合材料主要是指弥散强化金属、金属陶瓷（硬质合金）及在聚合物中加入填料（如石墨、云母、滑石粉、二氧化硅等）所形成的以聚合物为基体的复合材料，如金属陶瓷就是由WC、Co或WC、TiC、Co等组成的细颗粒增强复合材料。

在以上三类复合材料中，以纤维增强复合材料发展得最快，应用也最广，已成为近代工业和某些高科技领域中重要的工程材料之一。

五、常用纤维增强树脂基复合材料

目前常用的纤维增强树脂基复合材料主要是玻璃纤维增强树脂基复合材料和碳纤维增强树脂基复合材料。

1. 玻璃纤维增强树脂基复合材料

以树脂为基体、玻璃纤维为增强剂的复合材料称为玻璃纤维增强树脂基复合材料。根据树脂在加热和冷却时所表现的性质不同，玻璃纤维增强树脂基复合材料分为玻璃纤维增强热塑性树脂复合材料（基体为热塑性塑料，如尼龙、聚苯乙烯等）和玻璃纤维增强热固性树脂复合材料（基体为热固性塑料，如环氧树脂、酚醛树脂及有机硅树脂等）两种。

玻璃纤维增强热塑性树脂复合材料比普通塑料具有更高的强度和冲击强度，其增强效果因树脂基的不同而有差异性，聚酰胺（尼龙）的增强效果最为显著，聚碳酸酯、聚乙烯、聚丙烯和聚苯乙烯的增强效果也较好。

玻璃纤维增强热固性树脂复合材料又称为玻璃钢。它是目前应用最广泛的一种新型工程材料。玻璃钢的性能特点是强度较高，接近或超过铜合金和铝合金。密度为 $1.5 \sim 2.8 \mathrm{g/cm^3}$，只有钢的 $1/5 \sim 1/4$。因此，它的比强度不但高于铜合金、铝合金，甚至超过合金钢，此外它还有较好的耐蚀性。玻璃钢的主要缺点是弹性模量较小，只有钢的 $1/10 \sim 1/5$。因此，用玻璃钢制造受力构件时，往往强度有余，而刚度不足，易变形，对于某些承载结构件，选材时必须慎重考虑。此外，玻璃钢还有耐热性差（只能在300℃以下使用）、易老化和易蠕变的缺点。

玻璃钢在石油化工行业中应用广泛，如用玻璃钢制造各种罐、管道、泵、阀门、贮槽、蓄电池壳等，还可制造金属、混凝土等设备内壁的衬里，可延长这些化工设备在不同介质、温度和压力条件下的工作寿命。玻璃钢的另一重要用途是制造输送各种能源（水、石油、天然气等）的管道。与金属管道相比，它具有综合成本低、重量轻、耐蚀等特点。

玻璃钢在交通运输方面也有广泛应用。例如：利用玻璃钢比强度高、耐蚀性能好的优点，制造各种轿车、载重汽车的车身和各种配件等；在铁路方面，用玻璃钢制造大型罐车，减轻了自重，提高了重量利用系数（载重量/车自重）；采用玻璃钢制造船体（图11-14）及其部件，使船舶在防腐蚀、防微生物、提高寿命、提高承载能力和航行速度等方面都收到了良好的效果。

图11-14　玻璃钢船体

玻璃钢在机械工业方面的应用也日益扩大，从简单的防护罩类制品（如电动机罩、发电机罩、带轮防护罩等）到较复杂的结构件（如风扇叶片、齿轮、轴承等）均可采用玻璃钢制造。利用玻璃钢优良的电绝缘性能，可制造开关装置、电缆输送管道、高压绝缘子、印制电路等。

随着玻璃钢弹性模量的改善，长期耐高温性能的提高，抗老化性能的改进，特别是生产工艺和产品质量的稳定，它在各个领域中的应用一定会更加广泛。

2. 碳纤维增强树脂基复合材料

碳纤维可与环氧树脂、酚醛树脂、聚四氟乙烯等组成碳纤维增强树脂基复合材料。此类复合材料不仅拥有玻璃钢的许多优点，而且许多性能还优于玻璃钢。例如：其强度和弹性模量都超过铝合金，而接近于高强度钢，完全弥补了玻璃钢弹性模量小的缺点。它的密度比玻璃钢小，只有 $1.6g/cm^3$，因此，它的比强度和比模量在现有复合材料中位居第一。此外，它还具有优良的耐磨性、减摩性及自润滑性、耐蚀性、耐热性等优点。不足之处是碳纤维与树脂的黏合力不够大，各向异性明显。

碳纤维增强树脂基复合材料可用于制造承载零件和耐磨零件，如连杆、活塞、齿轮、轴承、汽车外壳、发动机外壳等；用于制造有耐蚀要求的化工机械零件，如容器、管道、泵等；用于制造航空航天飞行器外表面防热层等；用于制造飞机机身（如波音787飞机）、螺旋桨、尾翼、发动机叶片、人造卫星壳体及天线构架等；用于制造运动器械，如羽毛球拍、网球拍（图11-15）及渔竿等。

图11-15　网球拍

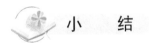 小　结

本章主要介绍高分子材料的基础知识及塑料、胶黏剂、橡胶、陶瓷和复合材料等内容。学习要求：第一，要了解高分子材料的有关名词与概念；第二，要了解塑料、胶黏剂、橡胶、陶瓷和复合材料的分类方法；第三，要了解部分典型塑料、胶黏剂、橡胶、陶瓷和复合材料的特性和应用范围。必要时可以利用表格进行归纳、总结，做到提纲挈领，突出重点，以点带面。

—————— 复习与思考 ——————

一、名词解释

1. 高聚物　2. 单体　3. 加聚反应　4. 缩聚反应　5. 塑料　6. 橡胶　7. 纤维　8. 复合材料

二、填空题

1. 在机械工程中广泛使用的非金属材料主要有_____、_____、_____、纤维、陶瓷和复合材料等。

2. 有机高分子化合物的分子链按几何形状分类，一般分为_____型分子链、_____型分子链和_____型分子链三种。

3. 塑料是指以_____（天然或合成的）为主要成分，再加入其他_____剂，在一定温度与压力下塑制成型的材料或制品的总称。

4. 根据树脂在加热和冷却时所表现的性质，可将塑料分为热_____性塑料和热_____性塑料两类。

5. 生胶是指未加配合剂的_____橡胶或_____橡胶的总称。

6. 早期使用的胶黏剂采用动物或植物的_____液，如糨糊、虫胶、骨胶、树汁等动植物胶，但由于其黏合性能差，应用受到限制。现代粘接技术多采用_____胶黏剂。

7. 胶黏剂以流变性质来分，可分为_____胶黏剂、_____胶黏剂、_____胶黏剂和_____胶黏剂。

8. 合成纤维的生产工艺包括_____的制备与聚合、_____和_____加工等基本环节。

9. 陶瓷材料按其成分和来源进行分类，可分为_____陶瓷（传统陶瓷）和_____陶瓷（近代陶瓷）两大类。

10. 陶瓷的组织结构比金属复杂得多，其内部存在_____相、_____相和_____相，这三种相的相对数量、形状和分布对陶瓷性能的影响很大。

11. 陶瓷制品种类繁多，其生产工艺过程各不相同，一般都要经历_____制备、_____和烧结三个阶段。

12. 复合材料由_____体和_____体组成。一般将连续分布的相或组元称为_____体，如聚合物基体、金属基体、陶瓷基体等；将纤维、颗粒、晶须等称为_____体。

13. 按复合材料的增强剂种类和结构形式的不同，复合材料可分为_____增强复合材料、_____增强复合材料和_____增强复合材料三类。

三、判断题

1. 高分子化合物是指相对分子质量很大的化合物。　　　　　　（　　）

2. 塑料的主要成分是树脂。　　　　　　　　　　　　　　　　（　　）

3. 热固性塑料受热软化，冷却硬化，再次加热又软化，冷却又硬化，可多次重复。（　　）

4. 工程塑料是指能在较宽温度范围内和较长使用时间内保持优良性能，能承受机械应力并作为结构材料使用的一类塑料。　　　　　　　　　　　　　　（　　）

5. 热固性胶黏剂是以热固性树脂为基料，再加入添加剂制得的。　　（　　）

6. 所有无机非金属材料都可称为陶瓷材料。　　　　　　　　　　（　　）

7. 不同材料复合后，通常是其中一种材料为基体材料，起黏结作用；另一种材料作为增强剂材料，起承载作用。　　　　　　　　　　　　　　　　　（　　）

8. 橡胶失去弹性的主要原因是氧化、光的辐射和热影响。　　　　（　　）

四、简答题

1. 什么是有机高分子材料？其合成方法有哪些？

2. 简述橡胶的分类、特点及用途。

3. 何谓粘接技术？粘接的特点有哪些？

4. 利用胶黏剂把彼此分离的物件黏合在一起，形成牢固接头的必要条件是什么？

5. 纤维有何特点和用途？

6. 什么叫陶瓷？特种陶瓷在工业上有何应用？

7. 复合材料有何特点？举例说明玻璃钢的用途。

五、研讨与交流

1. 观察社会的各个角落，分析非金属材料的应用情况，展望未来非金属材料将在我们的生活中发挥什么样的作用。

2. 发挥个人想象力，根据实际需要，自己设计新的复合材料，并说明其特点和应用。

第十二章
金属腐蚀及防护方法

金属腐蚀是指金属与环境间的一种物理-化学相互作用，其结果是使金属的性能发生变化，并常可导致金属、环境或由它们作为组成部分的技术体系的功能受到损伤的现象。腐蚀是一种常见的自然现象，其危害性很大，它使宝贵的金属材料变为废物，使生产设备或生活设施过早地报废。因腐蚀所酿成的事故常具有隐蔽性和突发性，一旦发生事故，事态往往十分严重。

腐蚀不但使金属的外形、色泽和力学性能发生变化，而且还损失大量的金属材料。据有关资料介绍，钢材锈蚀达 1% 时，其强度下降约为 5%~10%。全世界每年由于腐蚀而报废的金属设备和材料，约相当于当年金属产量的 30%。在这些报废的金属中，除有 2/3 可以回炉重新熔炼外，另外 1/3 则完全损失掉。除此之外，因腐蚀所产生的检修费用、采取防腐措施的费用及设备因腐蚀而停工减产造成的损失等就更严重了。据统计，每年仅由于金属腐蚀而造成的直接损失就占国民经济总产值的 1%~4%。1998 年，我国工程院历时 3 年对全国的金属腐蚀现象进行调查，调查发现我国因金属腐蚀造成的经济损失达 5000 多亿元。因此，了解金属腐蚀过程，采取合理有效的措施防止金属腐蚀发生，具有重要意义。

第一节 金属的腐蚀

根据金属腐蚀过程特点的不同，金属腐蚀可分为化学腐蚀和电化学腐蚀两类。

一、化学腐蚀

金属与周围介质（非电解质）接触时，单纯由化学作用而引起的腐蚀称为化学腐蚀。化学腐蚀一般发生在干燥气体或不导电的流体（润滑油或汽油）中，如金属与干燥气体 O_2、H_2S、SO_2、Cl_2 等相接触时，在金属表面上生成相应的化合物，如氧化物、硫化物、氯化物等，使金属遭到腐蚀破坏。在酒精、煤油等非电解质介质中，也会发生化学反应而导致化学腐蚀。

氧化是最常见的化学腐蚀，形成的氧化膜通过扩散而逐渐加厚。如果金属在氧化过程中能形成致密的氧化膜，如 Al_2O_3 和 Cr_2O_3 等，因致密的氧化膜具有防护作用，可以有效地阻止氧化过程继续向金属内部发展。反之，如果形成的氧化膜是不稳定的、疏松的，与基体金属不能牢固地结合在一起，则此氧化膜就不能起到保护作用，因此腐蚀过程将不断地进行下去。

另外，环境温度对化学腐蚀的影响很大，温度越高，金属材料越容易发生化学腐蚀，如将钢件加热至高温时，其表面极易生成一层由 FeO、Fe_2O_3 和 Fe_3O_4 组成的氧化皮，并且通过原子扩散过程，钢件不断氧化，氧化皮逐渐加厚，从而造成钢件损耗加大。钢件在高温下加热时间越长，氧化损耗越严重。

总之，化学腐蚀的特点是只发生化学反应，在反应过程中没有电流产生，腐蚀过程的产物生成于发生化学反应的金属表面。在实际生产中，单纯地由化学腐蚀引起的金属损耗较少见，更常见是电化学腐蚀。

二、电化学腐蚀

金属与电解质溶液（如酸、碱、盐）构成原电池而引起的腐蚀，称为电化学腐蚀。在原电池中，电极电位低的部分遭到腐蚀，并伴随电流的产生。例如：金属在海水中的腐蚀、地下金属管道在土壤中的腐蚀、金属在潮湿空气中的腐蚀等均属于电化学腐蚀。可以说，金属的腐蚀绝大多数是由电化学腐蚀引起的，电化学腐蚀比化学腐蚀快得多，其危害性也更大。

1. 金属的电极电位

金属化学性质的一个特征是在化学反应中易失去电子变为阳离子。金属的化学性质越活泼，就越容易失去电子。在相同条件下，钢比铜容易生锈，其原因就是这两种金属具有不同的电极电位。金属的标准电极电位是与指定的氢气标准电极电位（为零）的相对值，常用金属的标准电极电位见表12-1。

表 12-1　常用金属的标准电极电位

金属	Mg^{2+}	Al^{3+}	Zn^{2+}	Cr^{3+}	Fe^{2+}	Ni^{2+}	Sn^{2+}	H^+	Cu^{2+}	Ag^+
电极电位/V	-2.370	-1.670	-0.762	-0.740	-0.441	-0.250	-0.136	0.000	0.337	0.799

一般来说，金属的电极电位越低或越负，金属就越容易以阳离子状态进入溶液，金属也就越容易生锈。例如：铁的电极电位为-0.441V，比铜的电极电位0.337V低，故铁就比铜容易生锈。但对于铬和铝来说，虽然它们的电极电位均比铁低，可为何总是铁易生锈呢？这是因为在铬和铝的表面上生成了一层致密的、有保护性的氧化膜，使其电极电位升高。

2. 原电池

如图12-1所示，将两种不同的金属，如铜和锌，浸入电解质H_2SO_4溶液中，由于铜的电极电位高于锌的电极电位，当用导线将它们相连后，就会产生电位差。在它们之间串上一个灵敏电流表时，就可观察到有电流流过。在这个装置中，电极电位较低的锌片（阳极）容易失去电子，电子流便从锌片上流向电极电位较高的铜片（阴极），这样就形成了一个原电池。同时，在溶液中还存在着硫酸的电离过程$H_2SO_4=2H^++SO_4^{2-}$。

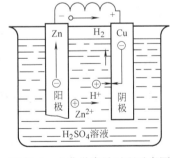

图 12-1　电化学腐蚀过程示意图

氢离子（H^+）向阴极（铜片）集中，H^+得到电子后在铜片附近不断逸出氢气（$2H^++2e=H_2\uparrow$）。

而在阳极（锌片）上，由于锌原子不断地失去电子而变成锌离子并进入溶液（$Zn-2e=Zn^{2+}$）。

上述过程不断进行，锌不断地溶解，从而造成锌片发生腐蚀，这就是原电池，又称为腐蚀电池，也是电化学腐蚀的基本过程。因此，任意两种金属在电解质溶液中互相接触时，就会形成原电池，并产生电化学腐蚀。其中较活泼的金属（电极电位较低的金属）不断地溶解而腐蚀掉，它们之间的电极电位相差越大，则腐蚀速度越快。

3. 微小原电池

实际上，金属表面上分布着许多杂质，并且内部也具有不同的微观组织（如两相或三相、晶界与晶内等）。当金属表面与电解质溶液接触时，由于不同组织之间的电极电位不同，就会在金属表面形成许多的微小原电池，从而在金属表面产生电化学腐蚀。图 12-2 所示为非合金钢在潮湿空气中产生电化学腐蚀的示意图。非合金钢是由铁素体 F 和渗碳体 Fe_3C 两相组成的。其中铁素体的电极电位较低，渗碳体的电极电位较高，在潮湿的空气中，当非合金钢表面覆上一层电解质溶液时，使两相互相接触而导通，便形成了许多微小原电池，其中铁素体为阳极而不断地腐蚀。

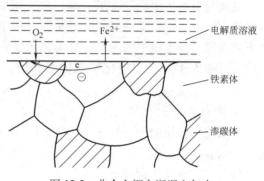

图 12-2　非合金钢在潮湿空气中产生电化学腐蚀的示意图

引起电化学腐蚀的因素很多，诸如金属元素的化学性质、合金的化学成分、合金的组织、金属的温度与应力等都直接影响其抵抗电化学腐蚀的能力。所有增加金属材料化学成分、组织、温度、应力等不均匀的因素都将加速其腐蚀过程。例如：在机械加工时，常导致金属材料各部分变形和内应力不均匀，变形大或应力较高的区域能量高，但其电极电位低，这样便构成了原电池的阳极而被腐蚀。

三、腐蚀破坏的形式

腐蚀破坏有多种形式。按腐蚀破坏的形态分类，腐蚀可分为均匀腐蚀和局部腐蚀两种。其中局部腐蚀是只发生在金属表面局部的腐蚀。局部腐蚀比均匀腐蚀的危害更大，在化工生产中的危害很严重，约占化工机械腐蚀破坏总数的 70%，而且很可能导致突发性和灾难性事故（如爆炸、火灾等）。根据腐蚀破坏的现象与分布的不同，腐蚀破坏又可分为均匀腐蚀、电偶腐蚀、点腐蚀、应力腐蚀和晶间腐蚀等。当然，并不是腐蚀都只有危害，相反，有许多产品是利用腐蚀进行加工的。

1. 均匀腐蚀

均匀腐蚀是指在与腐蚀环境接触的整个金属表面上几乎以相同速度进行的腐蚀，而且金属表面侵蚀的深度差别也很小。均匀腐蚀的危险性较小，因为零件都有一定的截面尺寸，微量的均匀腐蚀不会明显地降低金属零件的力学性质。通常用平均腐蚀率，即材料厚度每年损失若干毫米，作为衡量均匀腐蚀的指标，它也是选材的指标之一。一般年平均腐蚀率小于1~1.5mm 的金属可认为是合理的（即有合理的使用寿命）。

2. 电偶腐蚀

电偶腐蚀是指当两个或几个不同的金属偶合并放在电解质溶液中所发生的腐蚀。电偶腐蚀会发生严重的腐蚀破坏，它是典型的电化学腐蚀，其特点是电极电位较低的金属遭受腐蚀。

3. 点腐蚀

点腐蚀是局部腐蚀的一种形式，其结果是在金属表面的某些特定点发生腐蚀，并形成腐蚀孔。点腐蚀是一种危害很大的腐蚀破坏形式，它不但能使金属件发生穿孔而失效，也可能在高应力下，使点腐蚀孔成为疲劳源，产生疲劳断裂。非合金钢和低合金钢在中性和弱碱性溶液中均会发生点腐蚀；依靠表面形成的钝化膜保护的不锈钢，在含氯化物的溶液中也会发生点腐蚀，如奥氏体型不锈钢在氯化铁的硫酸溶液中保持几天就会出现小孔，几个月或几年就可以穿透。

4. 应力腐蚀

应力腐蚀是由残余或外加应力导致的应变和腐蚀联合作用所产生的金属材料破坏过程。在各种形式的局部腐蚀中，应力腐蚀是最严重的。发生应力腐蚀的必需条件是：第一，合金对应力腐蚀比较敏感，如高强度钢、黄铜等；其次，发生在特殊环境中，如黄铜在含有铵离子的溶液中容易引起应力腐蚀；第三，在发生应力腐蚀时必须有拉应力存在，它可以是外加应力，也可以是残余应力，如热处理时产生的残余应力。应力腐蚀失效几乎不显示出塑性，用肉眼或低倍放大镜即可看出是脆性断裂。工件表面上可能有众多的裂纹，但断裂通常是沿某一垂直于主拉应力的裂纹方向扩展的。

5. 晶间腐蚀

晶间腐蚀是沿着或紧挨着金属的晶粒边界发生的腐蚀。由于大多数金属材料是由多晶体组成的，这样就可能发生晶间腐蚀。晶间腐蚀的主要原因是腐蚀处化学成分不均匀（偏析或晶间沉淀引起局部化学成分不均匀）。例如：奥氏体不锈钢的晶界处如果缺少铬元素，则特别容易引起晶间腐蚀。

【拓展知识】　　　　　　金属为什么会发生腐蚀？

金属是从矿石中提炼的，在提炼过程中必须要给它一定的能量，使其处于高能量状态。自然界材料存在状态的基本规律总是趋向于最低的能量状态，因此，单独存在的金属都是热力学不稳定的，具有与周围环境（如氧、水等介质）发生反应的趋势，以达到较低的、更稳定的能量状态，如生成氧化物等。以铁为例，在阳极发生的反应是 $Fe-2e \rightarrow Fe^{2+}$；在阴极发生的系列反应是 $O_2 + 4e + 2H_2O \rightarrow 4OH^-$，$Fe^{2+} + 2OH^- \rightarrow Fe(OH)_2$，$2Fe(OH)_2 + 1/2O_2 + H_2O \rightarrow 2Fe(OH)_3 \downarrow$。最终在阳极上铁被逐渐腐蚀，在阴极上逐渐产生 $Fe(OH)_3$ 沉淀物。

第二节　防止金属腐蚀的方法

根据产生原电池的基本原理可知，产生电化学腐蚀的两个必备条件是：第一，存在电极电位差；第二，存在电解质溶液。因此，防止电化学腐蚀的一切方法都是为了使上述两个条件不能同时存在。为了提高金属的耐蚀能力，原则上可采用以下一些方法。

1）尽可能使金属保持均匀的单相组织，减小组织之间的电极电位差。

2）尽量减少两极之间的电极电位差，并提高阳极的电极电位，以减缓腐蚀速度。

3）尽量不与电解质溶液接触，减小甚至隔绝腐蚀电流。

一、选择合理的防腐蚀材料

要求耐蚀的工程结构件及机械零件，要从材料的耐蚀性与成本等方面考虑，对材料进行合理优选。对于钢铁材料来说，加入某些合金元素，可以提高其耐蚀性，如不锈钢就是一个典型的例子。在炼钢时加入一定量的 Cr 和 Ni，可使钢基体的电极电位提高（图12-3），从而提高钢抵抗电化学腐蚀的能力。同时，大量的 Cr 和 Ni 不仅使钢表面能形成钝化膜，而且其内部组织也成为单相组织，消除了显微组织之间的电极电位差，从而显著地提高了钢的耐蚀性。除了不锈钢之外，还可以选择耐蚀铸铁、塑料、复合材料、橡胶、陶瓷、大理石等材料，这些材料均有较好的耐蚀性。

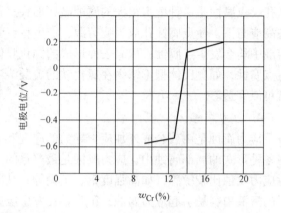

图 12-3　不锈钢中电极电位与铬的质量分数的关系

二、采用覆盖法防腐蚀

覆盖法防腐蚀的原理是把金属同腐蚀介质隔离开，从而达到防止腐蚀的目的。方法之一是用电镀、热镀、喷涂、化学镀膜（如化学发蓝处理、磷化处理、铝表面阳极发蓝处理、金属铬酸盐处理等）、化学热处理（如气相沉积）等方法在被保护的金属表面上镀上（或渗入）一层或多层耐蚀金属。例如：在铁皮、钢丝、管材等材料表面热镀锌，在钢件表层电镀铜或铬等金属，不仅可以防腐蚀，而且还利于美化工件表面。再例如：对钢件表面进行发蓝处理，使钢件表面生成致密牢固的 Fe_3O_4 薄膜（$0.5\sim1.5\mu m$），可以提高钢件表面的耐蚀性，有利于消除工件的残余应力，减小工件变形，美化工件表面，该方法常用于工具、武器、仪器的装饰与防护。方法之二是用油漆、搪瓷、涂料、合成树脂、橡胶等非金属材料覆盖在金属表面，形成一层稳定的保护膜，达到防止金属腐蚀的目的。

三、改善腐蚀环境

即在金属构件周围制造一个良好的防腐蚀环境，以隔绝空气中的氧、水蒸气等气体对金属构件的直接作用，达到减小腐蚀或防止腐蚀的目的。例如：采用干燥气体封存法，在包装空间内放入干燥剂或充入干燥气体（如氮气），使包装空间内的相对湿度控制在≤35%范围内，从而使金属表面不易生锈。目前，这种方法已广泛用于包装整架飞机、整台发动机及枪械等，收到了较好的防腐蚀效果。

四、采用电化学保护法

电化学保护法是指通过改变极性或移动金属的阳极极化电位达到钝态区，以抑制或降低金属结构腐蚀的金属材料保护技术。电化学保护法适用于在电解质溶液中工作的金属构件。按照金属电极电位变动的趋向，电化学保护分为阴极保护和阳极保护两类。

1. 阴极保护

阴极保护是将被保护的金属作为原电池的阴极，从而使其不遭受腐蚀的方法，所以称为阴极保护法。阴极保护法有两种，一种是牺牲阳极保护法，另一种是外加电流法。

1）牺牲阳极保护法。它是依靠电极电位低于保护对象的金属（牺牲阳极，如锌、镁等）的自身消耗来提供保护电流，使保护对象直接与牺牲阳极相连，在电解质环境中构成保护电流回路的金属保护方法，如图 12-4 所示。例如：锅炉设施、海轮船底等就是采用牺牲锌金属的方法来进行防腐蚀的。

牺牲阳极主要有镁合金牺牲阳极、铝合金牺牲阳极、锌合金牺牲阳极。镁合金牺牲阳极主要应用于高电阻率的土壤环境中，铝合金和锌合金牺牲阳极主要用于水环境介质中。

牺牲阳极保护法的优点在于安装施工简便，平时不需要特殊的专业维护管理；对邻近的地下金属设施无干扰影响，适用于厂区和无电源的长输管道，以及小规模的分散管道保护；一次投资费用低，且在运行过程中基本上不需要支付维护费用，运行成本低；保护电流的利用率较高，不会产生过保护；具有接地和防腐蚀保护双重作用。其缺点是驱动电位低，保护电流调节范围窄，保护范围小；使用范围受土壤电阻率限制；牺牲阳极寿命有期限，需要定期更换。

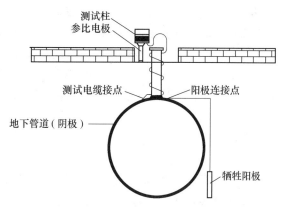

图 12-4　牺牲阳极保护法示意图

2）外加电流法。它是由外部直流电源提供保护电流，电源的负极连接保护对象，正极连接辅助阳极，通过电解质环境构成电流回路，达到防腐蚀目的的金属保护方法，如图 12-5 所示。这种方法常用于土壤、海水及河水中金属设施的防腐，如管道、闸门、电缆等。

辅助阳极的作用是通过其本身的溶解，与介质（如土壤、水）、电源、金属管道形成电回路。辅助阳极根据介质来区分，土壤介质中有废钢阳极、硅铁

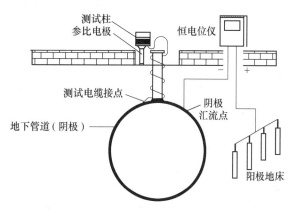

图 12-5　外加电流法示意图

阳极、石墨阳极、混合氧化物阳极、柔性阳极等，水介质中有混合氧化物阳极、硅铁阳极、铅阳极等。

外加电流法的优点是驱动电位高，能够灵活地在较宽的范围内控制阴极保护电流的输出量，适用于保护范围较大的场合，在恶劣的腐蚀条件下或高电阻率的环境中也适用；选用不溶性或微溶性辅助阳极时，可进行长期的阴极保护；每个辅助阳极的保护范围大，当管道防腐层质量良好时，阴极保护的保护范围可达数十公里；对裸露或防腐层质量较差的管道也能达到完全的阴极保护。其缺点是一次性投资费用偏高，而且离不开外部电源，需常年外供电，运行过程中需要支付电费；阴极保护系统运行过程中，需要严格的专业维护管理；对邻近的地下金属结构可能会产生干扰作用。故外加电流法不适合用于市区内的地下金属结构的阴极保护。

2. 阳极保护

阳极保护是指在某些电解质溶液中，将可钝化的被保护金属作为阳极，施加外部电流使阳极极化到某一电位范围，使之生成稳定的钝化膜以减少或防止金属腐蚀的保护方法。阳极保护的原理是利用阳极极化电流使金属处于稳定的钝态，其保护系统类似于外加电流阴极保护系统，只是极化电流的方向相反。只有具有活化-钝化转变的腐蚀体系才能采用阳极保护技术，如采用钢、不锈钢和钛等制作的浓硫酸贮罐、氨水贮槽等。

【拓展知识】 金属施加涂层后，为什么还会发生腐蚀？

涂层的作用原理主要是物理阻隔作用，即将金属基体与外界环境分离，以避免金属与周围环境相互作用。但是有两种原因会导致金属腐蚀，一是涂层本身存在缺陷，如有针孔存在等；二是在施工和运行过程中不可避免地会使涂层破坏，使金属暴露于腐蚀环境中。这些缺陷的存在均会导致金属产生大阴极小阳极的现象，使得涂层破损处腐蚀加速。

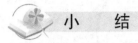 小　结

本章主要介绍了腐蚀的定义、分类、原理及防护方法等。学习要求：第一，要了解腐蚀的定义和分类；第二，要理解腐蚀的原理、特征、产生条件，理解电极电位的含义与用途；第三，要了解各种腐蚀防护方法的原理与应用范围，紧密联系实际；第四，要善于用所学的理论知识分析生活中的腐蚀现象，合理应用防腐蚀措施，加深对腐蚀危害性的认识。

—————— 复习与思考 ——————

一、名词解释

1. 金属腐蚀　2. 化学腐蚀　3. 电化学腐蚀　4. 标准电极电位　5. 均匀腐蚀　6. 局部腐蚀　7. 点腐蚀　8. 应力腐蚀　9. 晶间腐蚀　10. 阴极保护

二、填空题

1. 金属腐蚀根据其腐蚀过程的特点可分为_____腐蚀和_____腐蚀两大类，其中_____腐蚀的危害性最大。

2. 金属与周围介质（非电解质）接触时单纯由_____作用而引起的腐蚀称为化学腐蚀。例如：金属与干燥的 O_2、SO_2 等接触时，在金属表面上生成_____、_____等，使金属遭受腐蚀破坏。

3. 金属与电解质溶液构成_____而引起的腐蚀，称为_____腐蚀。

4. 根据腐蚀破坏的现象与分布的不同，腐蚀破坏又可分为_____腐蚀、_____腐蚀、点腐蚀、应力腐蚀和晶间腐蚀等。

5. 按照金属电极电位变动的趋向，电化学保护分为_____保护和_____保护两类。

6. 阴极保护法有两种，一种是_____法，另一种是_____法。

三、判断题

1. 腐蚀一般不会使金属的力学性能发生变化。　　　　　　　　　　　　　　（　　）

2. 钢件在高温下加热时间越长，氧化损耗越严重。　　　　　　　　　　　　（　　）

3. 一般来说，金属的电极电位越低（或越负），金属就越容易以阳离子状态进入溶液，金属也就越容易生锈。　　　　　　　　　　　　　　　　　　　　　　　（　　）

4. 电偶腐蚀是典型的电化学腐蚀，其特点是电极电位较低的金属遭受腐蚀。　（　　）

5. 应力腐蚀失效几乎不显示出塑性，可以用肉眼或低倍放大镜看出是脆性断裂。（　　）

6. 覆盖法防腐蚀的原理是把金属同腐蚀介质隔离开，从而达到防止腐蚀的目的。（　　）

7. 外加电流法适合用于市区内的地下金属结构的阴极保护。　　　　　　　　（　　）

四、简答题

1. 产生电化学腐蚀的原因是什么？为什么电化学腐蚀的危害性很大？

2. 根据自己的观察，假如铝与钢接触，为什么钢比铝先腐蚀？

3. 为了提高金属的耐蚀能力，原则上可采用哪些方法？

4. 常用的金属防腐蚀方法有哪些？举例说明其适用场合。

五、课外调研

分组调查目前金属腐蚀的状况，写一篇关于金属腐蚀方面的调研报告或案例分析报告。

第十三章
新材料简介

新材料是指新出现的、具有特殊性能和特殊功能的材料。新材料是相对于传统材料而言的，两者之间并没有严格的分界线。新材料的发展往往以传统材料的组织结构和性能为基础。传统材料经过进一步改良和发展也可以成为新材料。

目前，各国都在加速新材料的研究和开发，同时新材料的研究正朝着高性能化、功能化、复合化和专用化的方向发展。传统的金属材料、有机材料、无机材料的界限正在逐渐消失，新材料的分类也变得困难起来，材料的属性区分也变得越来越模糊。例如：传统的观点认为导电性是金属固有的，而如今非金属材料也表现出了导电性。

材料是国民经济的基础，人类进入 21 世纪，随着科学技术的迅速发展及工农业生产对新材料需求的增加，今后将会涌现出更多的新材料，为新技术取得突破创造条件，更好地为工农业生产服务。本章主要针对目前新出现的部分新材料及其应用做简要介绍。

第一节　新型高温材料

如果金属构件的工作温度超过 600℃，一般就不能选择普通的耐热钢了，而要选择高温材料或高温合金。高温材料一般是指能在 600℃以上，甚至在 1000℃以上满足使用要求的材料，这种材料在高温下能承受较高的应力并具有相应的使用寿命。常见的高温材料是高温合金，它出现于 20 世纪 30 年代，其发展和使用温度的提高与航空航天技术的发展紧密相关。现在高温材料的应用范围越来越广，从锅炉、蒸汽机、内燃机到石油、化工用的各种高温物理化学反应装置、原子反应堆的热交换器、喷气涡轮发动机和航天飞机的多种部件等，都有广泛的应用。高新技术领域对高温材料的使用性能不断提出更高的要求，促使高温材料的种类不断增多，耐热温度不断提高，性能不断改善。反过来，高温材料性能的提高，又扩大了其应用领域，推动了高新技术的进一步发展。目前，已开发并进入实用状态的高温材料主要有高温合金（铁基高温合金、镍基高温合金、钴基高温合金）和高温陶瓷。

一、高温合金

高温合金是在高温下具有足够的持久强度、热疲劳强度及高温韧性，又具有抵抗氧化或气体腐蚀能力的合金。

1. 高温合金的分类

按基本成形方式（或特殊用途）进行分类，高温合金分为变形高温合金、铸造高温合金（等轴晶铸造高温合金、定向凝固柱晶高温合金和单晶高温合金）、焊接用高温合金丝、粉末冶金高温合金和弥散强化高温合金。按基本组成元素进行分类，高温合金分为铁基高温合金、镍基高温合金、钴基高温合金、铬基高温合金等。

变形高温合金的牌号以"GH+合金分类号+合金编号"表示。其中"GH"表示"高合";"合金分类号"有 1（表示铁或铁镍为主要元素的固溶强化型高温合金）、2（表示铁或铁镍为主要元素的时效强化型高温合金）、3（表示镍为主要元素的固溶强化型高温合金）、4（表示镍为主要元素的时效强化型高温合金）、5（表示钴为主要元素的固溶强化型高温合金）、6（表示钴为主要元素的时效强化型高温合金）、7（表示铬为主要元素的固溶强化型高温合金）8（表示铬为主要元素的时效强化型高温合金）;"合金编号"以三位数字表示。如 GH1140 表示 140 号铁或铁镍为主要元素的固溶强化型高温合金。

铸造高温合金的牌号采用"前缀+分类号+合金编号"的形式。等轴晶铸造高温合金的牌号采用"K"作前缀，定向凝固柱晶高温合金的牌号采用"DZ"作前缀，单晶高温合金的牌号采用"DD"作前缀。"分类号"有 2（表示铁或铁镍为主要元素的高温合金）、4（表示镍为主要元素的高温合金）、6（表示钴为主要元素的高温合金）、8（表示铬为主要元素的高温合金）。"合金编号"以两位数字表示。如 K401 表示 1 号镍基等轴晶铸造高温合金。

其他类型的铸造高温合金，分别采用不同的牌号前缀。焊接用高温合金丝的牌号采用"HGH"作前缀，粉末冶金高温合金的牌号采用"FGH"作前缀，弥散强化高温合金的牌号采用"MGH"作前缀。

2. 铁基高温合金和镍基高温合金

1）铁基高温合金。铁基高温合金由奥氏体不锈钢发展而来。这种高温合金在成分中加入比较多的 Ni 以稳定奥氏体基体。部分现代铁基高温合金中 Ni 的质量分数甚至接近 50%。另外，加入 10%~25% 的 Cr 可以保证铁基高温合金获得优良的抗氧化性及耐热腐蚀能力；加入 W 和 Mo 的主要目的是强化固溶体的晶界；加入 Al、Ti、Nb 元素主要是起沉淀强化作用，其主要强化相是 $Ni_3(Ti，Al)$ 和 Ni_3Nb，以及微量碳化物和硼化物。目前，我国研制的 Fe-Ni-Cr 系铁基高温合金主要有变形高温合金（如 GH1015、GH1140、GH2135、GH2132 等）和铸造高温合金（如 K211、K213、K214 等），这些铁基高温合金制造的导向叶片的工作温度最高可达 900℃。一般而言，这种高温合金的抗氧化性和高温强度都还不足，但其成本较低，可用于制造一些使用温度要求较低的航空发动机和工业燃气轮机部件。

2）镍基高温合金。镍基高温合金是在英国的 Nimonic 合金（Ni80Cr20）基础上发展起来的，合金以 Ni 为主，其质量分数超过 50%，基体是奥氏体组织，使用温度范围为 700~1000℃。镍基高温合金可溶解较多的合金元素，如 W、Mo、Ti、Al、Nb、Co 等，可使高温合金保持较好的组织稳定性。其高温强度、抗氧化性和耐蚀性都较铁基高温合金好。镍基高温合金主要用于制造现代喷气发动机的涡轮叶片、导向叶片和涡轮盘等。镍基高温合金按其生产方式也分为变形高温合金（如 GH3039、GH4033 等）和铸造高温合金（如 K405）两大类。由于使用温度越高的镍基高温合金，其锻造性能也越差，因此，现在的发展趋势是耐热温度高的零部件，大多选用铸造镍基高温合金制造，其使用温度可达 1050℃。

3. 高温合金的发展趋势

为了提高高温合金的使用温度、力学性能和耐蚀能力，世界各国都在采用特殊工艺，如粉末冶金、微晶工艺、定向凝固技术、快速凝固、单晶、金属间化合物、难熔金属、涂层和包层，以及人工纤维增强高温合金等新工艺，使高温合金的使用温度、力学性能和耐蚀能力达到现代工业要求。

由于单晶高温合金消除了晶界、去除了晶界强化元素，使合金的初熔温度大为提高，这样就可加入更多的强化元素并采取更高的固溶处理温度，使强化元素的作用得到充分发挥。单晶高温合金的工作温度要比普通铸造高温合金高约 100℃。对涡轮叶片而言，每提高25℃，就相当于提高叶片使用寿命 3~5 倍，发动机的推力也将会有较大幅度增加。单晶高温合金的使用温度高达 1040~1100℃，主要用于民用和军用飞机的喷气发动机上。

金属构件在 1300℃ 以上高温下工作并承受较大应力时，则必须采用难熔金属，如钽 Ta、铼 Re、钼 Mo、铌 Nb 等及其合金制造。这些合金具有熔点高、强度高等优点，但冶炼加工困难，而且密度大。例如：钽基合金可制造高温真空炉中的加热器、热交换器及热电偶套管等，其工作温度可达 1600~2000℃，在宇航、能源开发领域也有广泛的应用前景。又如已投入使用的 Nb-Hf（铌-铪）合金，用来制造火箭喷嘴等高温构件。可以说，难熔金属及其合金是制造高压、超高温热交换器，以及应用于航空、航天等高科技领域的优良材料。

二、高温陶瓷

高温高性能结构陶瓷正在得到普遍关注。以氮化硅陶瓷为例，它已成为制造新型陶瓷发动机的重要材料。氮化硅陶瓷不仅具有良好的高温强度、高硬度和高耐磨性，而且具有热膨胀系数小，导热系数高，抗冷热冲击性能好，耐蚀能力强，不怕氧化等优点。用它制成的发动机可在更高的温度环境下工作，而且其热效率也有较大的提高。目前氮化硅陶瓷常用于制造轴承、燃气轮机叶片或镶嵌块、机械密封环、永久性模具等机械构件。此外，碳化物基金属陶瓷也具有良好的耐热性及耐高温性，已经应用于航空、航天工业的部分耐热构件，如制造涡轮喷气发动机中的燃烧室、涡轮叶片、涡轮盘等。

第二节　形状记忆材料

形状记忆材料是指具有形状记忆效应（Shape Memory Effect，SME）的材料。形状记忆效应是指将材料在一定条件下进行一定限度以内的变形后，在对材料施加适当的外界条件（如加热）时，材料的变形会随之消失，并回复到变形前形状的现象。形状记忆效应首先是在金属材料中发现的。最早关于形状记忆效应的报道是由美国的 T. A. Read 等人在 1952 年报道的。他们首先发现 Au-Cd（金-镉）和 In-Tl（铟-铊）合金中的形状记忆现象，并观察到 Au-Cd 合金中相变的可逆性。后来在 Cu-Zn 合金中也发现了同样的现象，但当时并未引起人们的广泛注意。直到 1962 年，Buehler 及其合作者在等原子比的 Ti-Ni 合金中观察到具有宏观形状变化的记忆效应后，才引起了材料科学界与工业界的重视。到了 20 世纪 70 年代初，在 Cu-Zn、Cu-Zn-Al、Cu-Ni-Al 等合金中也发现了与马氏体相变有关的形状记忆效应。

通常将有形状记忆效应的金属材料称为形状记忆合金（Shape Memory Alloys，SMA）。五十多年来，有关形状记忆合金的研究已逐渐成为国际相变会议和材料会议的重要议题，并为此召开了多次专题讨论会，不断丰富和完善了马氏体相变理论。在理论研究不断深入的同时，形状记忆合金的应用研究也取得了长足进步，其应用范围涉及机械、电子、化工、宇航、能源和医疗等许多领域。20 世纪 80 年代，科学家在一些陶瓷和高分子材料中也发现了形状记忆效应现象，并将其作为研究和开发的重点对象。同时，随着智能材料的提出，形状记忆材料也被纳入了智能材料的范畴。

1. 形状记忆合金

目前已开发成功的形状记忆合金有 Ti-Ni 系形状记忆合金、Cu 系形状记忆合金、Fe 系形状记忆合金等。其中 Ti-Ni 系形状记忆合金是最具有实用前景的形状记忆材料，其室温抗拉强度可达 1000MPa 以上，密度是 $6.45g/cm^3$，疲劳强度高达 480MPa，而且还具有很好的耐蚀性。近年来，随着形状记忆合金研究工作的深入开展，研制出了一系列改良型的 Ti-Ni 合金，如在 Ti-Ni 合金中加入微量的 Fe、Cr、Cu 等元素，可以进一步扩大 Ti-Ni 合金的应用范围。Cu 系形状记忆合金主要是 Cu-Zn-Al 合金和 Cu-Ni-Al 合金，与 Ti-Ni 合金相比，其加工制造较为容易，价格便宜，记忆性能也比较好，其主要问题是合金的热稳定性还比较差。Fe 系形状记忆合金主要有 Fe-Pt 系、Fe-Ni-Co-Ti 系、Fe-Mn-Si 系等，其中 Fe-Mn-Si 系形状记忆合金是一种具有单程形状记忆效应的合金，特别适合制造管接头。它具有成本低、强度高、适合大批量生产等特点。Fe 系形状记忆合金在价格上具有明显的优势，目前正处于研究和应用的初级阶段。

典型的形状记忆合金的应用例子是制造月面天线。半球形的月面天线全部展开后，其直径达数米，用登月舱难以将其运载进入太空。科学家们就利用 Ti-Ni 合金的形状记忆效应，首先将处于一定状态下的 Ti-Ni 合金丝制成半球形的天线，然后压成小卷团状，使它的体积缩小到原来的千分之几，然后用火箭送上月球，放置在月球上。小卷团状天线被阳光晒热后，逐步恢复成原状，即可成功地进行通信。

形状记忆合金的形状记忆效应的本质是利用合金的马氏体相变与其逆转变的特性，即热弹性马氏体相变产生的低温相在加热时向高温相进行可逆转变的结果。如果在高温下将处理成一定形状的合金急冷下来，再在低温下经塑性变形制成另一种形状，然后加热到一定温度，此时合金产生马氏体逆相变，并逐渐回复到低温变形前的原始状态。通常将形状记忆合金的这种马氏体相变称为可逆的热弹性马氏体相变。在相变过程中，马氏体一旦形成，就会随着温度下降而生长，如果温度上升它又会减少，以完全相反的过程消失。马氏体数量的增加不是依靠新生的马氏体相，而是依靠旧马氏体相的长大，即随温度下降马氏体长大，温度升高马氏体缩小，马氏体的长大和缩小随温度改变而弹性地发生变化。图 13-1 所示为形状记忆合金在形状记忆过程中晶体结构的变化过程。

在形状记忆合金中，马氏体相变不仅由温度引起，也可以由应力引起。这种由应力引起的马氏体相变称为应力诱发马氏体相变，且相变温度同应力呈线性关系。

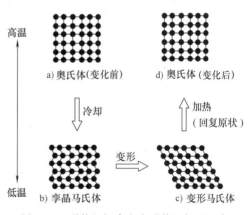

图 13-1 形状记忆合金在形状记忆过程中晶体结构的变化过程

形状记忆合金的形状记忆效应包括单程形状记忆效应和双程形状记忆效应。单程形状记忆效应是指形状记忆合金在高温下制成某种形状，在低温下将其任意变形，如果将其加热到高温时，形状记忆合金回复高温下的形状，但重新冷却时形状记忆合金不能回复低温时的形状。双程形状记忆效应是指形状记忆合金在第二次冷却到低温时，仍然能回复到低温下的形状，但双程形状记忆效应往往不完全，而且在继续循环时，形状记忆效应将逐渐消失。

2. 形状记忆陶瓷

20世纪60年代，人们发现在 ZrO_2 陶瓷中也存在形状记忆效应。但需要指出的是，陶瓷的形状记忆效应与形状记忆合金相比存在一些差别，第一，陶瓷相变的热滞较大；第二，陶瓷形状记忆变形的量较小；第三，每次记忆循环中都有较大的不可回复变形，而且随着循环次数的增加，累积变形量增加，最终会导致裂纹出现；第四，没有双程形状记忆效应。

3. 形状记忆高分子材料

高分子材料的形状记忆机理与形状记忆合金和形状记忆陶瓷不同。它不是基于马氏体相变过程，而是基于高分子材料中分子链的取向与分布的变化过程。由于分子链的取向与分布可受光、电、热或化学物质等作用的控制，因此，形状记忆高分子材料可以是光敏（通过光照条件的变化实现形状记忆效应）、热敏、电敏等不同类型。

目前开发的形状记忆高分子材料具有两相结构，即固定成品形状的固定相和在某种温度下能可逆地发生软化和固化的可逆相。固定相的作用是记忆初始形态，在工作温度范围内保持稳定，第二次变形和固定是由可逆相来完成的。凡是有固定相和软化-固化可逆相的高分子材料都可以作为形状记忆高分子材料（或高聚物）。根据固定相的种类不同，形状记忆高分子材料可分为热固性和热塑性两类，如聚乙烯类结晶性聚合物、苯乙烯-丁二烯共聚物等。

4. 形状记忆合金的应用

形状记忆合金具有广泛的应用前景，其应用主要有以下几个方面。

1）在汽车制造方面的应用。利用形状记忆合金可以制造后雾灯罩、手动变速器的防噪声装置、燃料蒸发气体排出控制阀、防止发动机过热用的风扇离合器、防滑轮胎等。例如：利用形状记忆合金可以制成钉子安装在汽车轮胎的外胎上，一旦气温降低到零摄氏度以下，公路结冰时，钉子就会"记得"从外胎内伸出来，防止汽车在结冰的公路上打滑。

2）在电子设备制造方面的应用。利用形状记忆合金可以制造各种不需电力的温度控制仪器（如温室窗户的自动开闭装置、电磁调理器、过热感知器、咖啡牛奶沸腾感知器、温泉浴池调理器等），电路的连接，自控系统的驱动器，电子炉灶换气门的开闭器，空调风向自动调节器，电饭锅压力调节器等。

3）在安全器具制造方面的应用。利用形状记忆合金可以制造过热报警器、火灾报警器、自动灭火喷头、烟灰缸灭火栓等。

4）在医学领域方面的应用。由于形状记忆合金与生物体的相容性好、耐蚀性好，因此，形状记忆合金在医学领域方面也获得了广泛的应用，如制成脊柱矫形棒、牙齿矫形唇弓丝、人工关节、人造骨骼、骨折部位的固定板、人造心脏、血栓过滤器等。血栓过滤器的工作原理如图13-2所示。

在心脏、下肢和骨盆静脉中形成的血栓，通过血管输送到肺部时，会发生肺栓塞，危及生命。为了阻止凝血块游动，可以将一条 Ti-Ni 形状记忆合金丝在温度 Af（马氏体逆转变终了点）以上制成能阻止凝血块游动的罗网状结构，并且使 Af 温度略低于人体的温度，然后在低温下（马氏体转变终了点 Mf 温度以下）将其拉直，通过导管插入腔静脉。进入腔静脉的 Ti-Ni 形状记忆合金丝被体温加热后回复成原先的罗网状，就可成为血栓过滤器，并阻止凝血块游动。

5）在能源开发方面的应用。利用形状记忆合金可以制造小型固体热机，用作热机能量

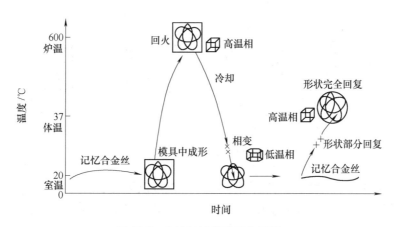

图 13-2 血栓过滤器的工作原理

转换材料。

6）在日常生活方面的应用。利用形状记忆合金可以制造家庭换气门开闭器、记忆密码锁、防火挡板、净水器热水防止阀、恒温箱混合水栓温度调节阀、眼镜固定件、眼镜框架、便携电话天线、装饰品等。

例如：把用形状记忆合金制成的弹簧放在热水中，弹簧的长度会立即伸长，再放到冷水中，它会立即回复原状。利用这种弹簧可以控制浴室水管的水温，在热水温度过高时通过"记忆"功能，调节或关闭供水管道，避免烫伤。形状记忆合金可以用于制造消防报警装置及电器设备的保安装置。当发生火灾时，形状记忆合金制成的弹簧发生形变，起动消防报警装置，达到报警的目的。还可以把用形状记忆合金制成的弹簧放在暖气的阀门内，用以保持暖房的温度，当温度过低或过高时，阀门会自动开启或关闭暖气的阀门。

再如用 Ti-Ni 形状记忆合金制成的眼镜架，即使镜片受热膨胀，该形状记忆合金也能靠超弹性的恒定力夹牢镜片。如果不小心被碰弯曲了，只要将其放在热水中加热，就可以回复原状。不久的将来，汽车或家用电器的外壳也可以用形状记忆合金制造。如果汽车或家用电器的外壳不小心被碰瘪了，只要用电吹风或热水加温就可回复原状，整个回复过程不超过 3min，既省钱又省力，非常方便。

7）在工件连接方面的应用。形状记忆合金可用于特殊要求场合（如军用飞机、化工管道、化工容器、深海海底管道等）下制成各种管接头和铆钉，实现各种管道及容器的连接等，其工作原理如图 13-3 和图 13-4 所示。

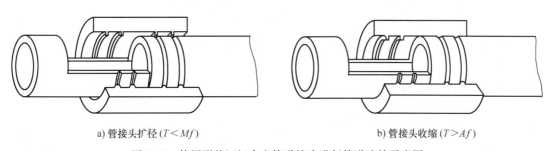

a) 管接头扩径($T<Mf$) b) 管接头收缩($T>Af$)

图 13-3 使用形状记忆合金管道接头进行管道连接示意图

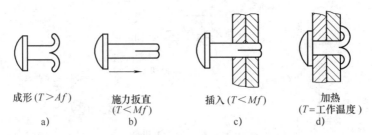

成形（$T > Af$）　　　施力扳直　　　　插入（$T < Mf$）　　　加热
　　　　　　　　　　（$T < Mf$）　　　　　　　　　　　　　（$T = $工作温度）
　　a）　　　　　　　　b）　　　　　　　　　c）　　　　　　　　d）

图 13-4　使用形状记忆合金铆钉进行连接示意图

在管道连接过程中，由于形状记忆合金在 Mf 温度以下处于马氏体状态，容易进行变形，接头内径容易扩大，如图 13-3a 所示。在此状态下，把管子插入接头内，待加热到 Af 温度以上后，管接头内径即可回复到原来的尺寸，从而完成管子的连接过程，如图 13-3b 所示。因为形状记忆合金的形状回复力很大，故连接接头很严密，很少有漏油、脱落等事故发生。例如：美国海军 F-14 飞机的液压系统中，就使用 Ti-Ni 形状记忆合金制作的连接接头，至今没有出现过一次失效记录。我国已经成功地研制了铁系耐高压形状记忆合金管接头，用于石油开采、炼油、化工等行业的管道连接，效果非常好。

在使用形状记忆合金铆钉连接的过程中，首先将合金在 Af 温度以上制成如图 13-4a 所示形状的铆钉，铆接时将其冷却到 Mf 温度以下，这时合金处于马氏体状态，容易变形，略加一点力即可将铆钉扳成图 13-4b 所示的形状，并能将其插入铆钉孔内（图 13-4c），然后使铆钉升温，当温度升高到 Af 以上时，铆钉回复到变形前的形状（图 13-4d），从而达到铆接的目的。

8）作为智能材料。Ti-Ni 形状记忆合金是目前研究最充分的智能材料。利用形状记忆合金的形状记忆效应和超弹性等特征可开发出大量集感知、判断与动作为一体的小型智能零部件或产品。例如：当振幅增大到使马氏体变体间发生自协调时，Ti-Ni 合金内部界面移动可不断吸收振动能量，表现出高阻尼特征；在温度变化引发相变时，该材料又可产生很大的回复应力和显著的应变，因此，Ti-Ni 合金除可作为高阻尼被动减振材料外，还可作为主动减振降噪的智能材料使用，是制造减振降噪智能结构关键驱动元件的首选材料之一。此外，由于形状记忆材料具有感知和驱动的双重功能，因此，形状记忆材料还可成为未来微型机械手和机器人的理想材料。

第三节　非晶态合金

非晶态合金是一种没有原子三维周期性排列的固体合金。非晶态是相对晶态而言的，在非晶态材料中，原子在微观排列方面不存在有规律的周期性；在宏观上具有各向同性和无规则的外形。具有非晶态的材料很多，如传统的硅酸盐玻璃、非晶态聚合物、非晶态半导体、非晶态超导体、非晶态离子导体等。下面主要介绍非晶态合金。由于非晶态合金在结构上与玻璃相似，故又称为金属玻璃。

非晶态合金可采用液相急冷法、气相沉积法、注入法等工艺制取。1959 年，杜威兹（Duwez）等人以超过 106℃/s 的急冷速度将 Al-Si 合金熔体制成非晶态箔片，这种采用液相急冷制备金属玻璃的方法，大大促进了非晶态金属的发展。急冷法的原理是：熔体在快速冷却条件下，晶核的产生与长大受到抑制，即使冷却到理论结晶温度以下也不结晶，被过冷的熔体处于亚稳态；进一步冷却时，熔体中原子的扩散能力显著下降，最后原子被冻结成固体，这种固体的原子排列与过冷液体相同。这种非平衡状态的固态就是非晶态或称为玻璃态。固化温度即玻璃化温度。

非晶态合金的化学成分选择十分重要。如果化学成分设计不合理，即使急冷也不可能得到非晶态材料。非金属 B、P、Si、Ge 等与原子半径较大的金属组成的合金比较容易晶化。实用意义较大的是 Fe、Ni、Co 为主体的金属-非金属合金系。

与普通晶态金属或合金相比，非晶态合金在力学、电学、磁学和化学性能诸方面均有独特之处。非晶态合金具有很高的强度和硬度，如非晶态合金 $Fe_{80}B_{20}$，其抗拉强度达 3630MPa，而晶态超高强度钢的抗拉强度仅为 1800~2000MPa；非晶态铝合金的抗拉强度是超硬铝的 2 倍（表 13-1）。同时，非晶态合金还具有很高的韧性和塑性，许多非晶态合金薄带可以反复弯曲，即使弯曲到 180° 也不会断裂，因此，它既可以进行冷轧弯曲加工，也可编织成各种网状物。

表 13-1　铝基非晶态合金与其他合金的强度比较

材料名称	抗拉强度 R_m/MPa	比强度 (R_m/ρ)/MPa·cm^3·g^{-1}
非晶态铝合金	1140	3.8×10^2
超硬铝	520	1.9×10^2
马氏体钢	1890	2.4×10^2
铁合金	1100	2.4×10^2

与晶态合金相比，非晶态合金的电阻率显著增高，一般要高 2~3 倍，这与非晶态合金原子的无序排列有关。这一特性显示了其在仪表测量中的应用前景。此外，非晶态合金制成的磁性材料具有高磁导率、低损耗等软磁性能，其耐蚀性也十分优异。有实验显示，$w_{Cr} >$ 8% 的非晶态合金在酸性和中性氧化物介质中经 168h 浸蚀，其腐蚀速度几乎为零。

目前，非晶态合金常用于制造磁头、脉冲变压器、磁传感元件等，如我国用非晶铁心替代硅钢片制造变压器，每年约可节省相当于两个葛洲坝水电站的发电量；非晶态硅薄膜材料是当前最有发展前景的太阳能光电转换材料，在微电子学和信息技术方面也有应用前景。非晶态超导材料目前已制成，将投入实际应用；非晶态陶瓷材料也已问世；非晶态催化剂处于起步阶段。可以预见，随着非晶态材料制备工艺技术的改进，非晶态材料的产量会大幅度提高，其制取成本会逐步降低，并将在相当广阔的领域中得到应用。

第四节　超导材料

超导材料是指在一定温度下材料的电阻变为零，并且磁力线不能进入其内部，材料呈现完全抗磁性的材料。超导现象是荷兰物理学家卡梅林·昂内斯（Kamerlingh Onnes）在 1911 年首先发现的。他在检测水银低温电阻时发现当温度低于 4.2K 时水银的电阻会突然消失。这种零电阻现象称为超导现象。超导材料从正常的电阻态过渡到超导态（零电阻态）的转变称为正常超导转变，此时的转变温度 T_C 值称为超导体的临界温度。T_C 值是物质常数，同一种超导材料在相同的条件下有确定的 T_C 值。T_C 值越高，超导材料的实用价值越大。

1933 年迈斯纳（Meissner）发现超导材料的第二个标志——完全抗磁。当金属在超导状态时，它能将通过其内部的磁力线排出体外，称为迈斯纳效应。零电阻和完全抗磁性是超导材料的两个最基本的宏观特性。

超导材料为人类提供了十分有诱惑力的工业前景，但 4K 的低温让人们失去了应用的信心。此后，人们不仅在超导理论研究上做了大量工作，而且在研究新的超导材料、提高超导零电阻温度上也进行了不懈的努力。由于大多数超导材料的 T_C 值都太低，必须用液氦才能降到所需温度，这样不仅费用昂贵而且操作不便，因而许多科学家都致力于提高 T_C 值的研究工作。1973 年应用溅射法制成的 Nb_3Ge 薄膜，T_C 从 4.2K 提高到 23.2K。到 20 世纪 80 年代中期，超导材料研究取得突破性进展。中国、美国、日本等先后获得 T_C 高达 90K 以上的一种含钇和钡的铜氧化物高温超导材料，而后采用液氮冷却技术，又研制出 T_C 超过 125K 的高温超导材料。这些结果已成为超导技术发展史上重要的里程碑，将对许多科学技术领域产生难以估计的深远影响。至今，高温超导的研究仍方兴未艾。

一、超导材料分类

超导材料一般分为超导合金、超导陶瓷和超导聚合物三类。

1. 超导合金

超导合金是超导材料中机械强度最高、应力应变小、磁场强度低的超导体，是早期具有实用价值的超导材料。广泛使用的是 Nb-Zr 系和 Ti-Nb 系超导合金。

2. 超导陶瓷

1986 年随着超导陶瓷的出现，使超导体的 T_C 获得重大突破。T_C 高于 120K 的 Tl-Ba-Ca-Cu-O 材料就属于超导陶瓷材料。

3. 超导聚合物

与超导合金相比，超导聚合物材料的发展比较缓慢，目前最高临界温度只达到 10K 左右。

二、超导材料的应用

超导材料在工业中有很好的应用价值。

1. 超导材料在电力系统方面的应用

目前，采用的传统铜导线或铝导线的输电方式，约有 15% 的电能要损耗在输电线路上，仅在我国造成的损耗每年就达 1000 多亿度。如果利用超导材料输电，电力损耗则几乎为零，可节省大量的电能。将超导线圈用于发电机，可大大提高电机中的磁感应强度，提高发电机的输出功率，使发电效率提高约 50%。利用超导体可将热核反应堆中的超高温等离子体包围和约束起来，然后慢慢地释放能量，从而使受控核聚变能源成为人类取之不尽的新能源。

2. 超导材料在运输方面的应用

利用超导材料的抗磁性，将超导材料放在一块永久磁体上方，由于永久磁体的磁力线不能穿过超导体，磁体和超导体之间就会产生排斥力，使超导体悬浮在永久磁体上方。利用超导体的这种磁悬浮效应，可将许多小型超导磁体安装在磁悬浮列车底部，并在轨道两旁埋设一系列闭合的铝环。磁悬浮列车运行时，铝环内产生的磁场与超导体相互作用，产生的浮力便使列车浮起。磁悬浮列车速度越高，浮力越大。目前，超导磁悬浮列车的运行速度可达 550km/h。

3. 在电子信息方面的应用

利用超导材料的隧道效应，可解决计算机器件的散热难题，制造运算速度极快的超导计算机等；超导材料还可用于制造各种高灵敏度的超导电磁测量装置，用于测量微弱的电磁信号，实现高精度测量和对比。

4. 在军事方面的应用

利用超导材料具有高载流能力和零电阻的特点，可长时间无损耗地储存大量电能，需要时即可将储存的能量连续地释放出来。在此基础上可制成超导储能系统，将超导储能系统应用于军事方面，可更换军车和坦克上的笨重油箱和内燃机，对军用武器装备来说是一次革命。此外，利用超导材料可以制造超导粒子武器、自由电子激光器、超导电磁炮、超导电磁推进系统和超导陀螺仪等。

第五节　纳米材料

著名的诺贝尔化学奖获得者 Feyneman 在 20 世纪 60 年代曾预言：如果我们对物体微小规模上的排列加以某种控制的话，我们就能使物体得到大量的异乎寻常的特性，就会看到材料的性能产生丰富的变化。他所说的材料就是现在的纳米材料。

一、纳米材料的定义及分类

纳米是一种度量单位，1 纳米（nm）等于 10^{-9}m（1mm $= 10^{-3}$m，$1\mu m = 10^{-6}$m），即百万分之一毫米、十亿分之一米。1nm 相当于头发丝直径的 10 万分之一。广义地说，纳米材料是指微观结构至少在一维方向上受纳米尺度（1~100nm）调制的各种固体超细材料，它包括零维的原子团簇（几十个原子的聚集体）和纳米微粒、一维调制的纳米多层膜、二维调制的纳米微粒膜（涂层）及三维调制的纳米相材料。简单地说，纳米材料是指用晶粒尺寸为纳米级的微小颗粒制成的各种材料，其纳米颗粒的大小不应超过 100nm。目前，国际上将处于 1~100nm 尺度范围内的超微颗粒及其致密的聚集体，以及由纳米微晶所构成的材料，统称为纳米材料，它包括金属、非金属、有机、无机和生物等多种粉末材料。

纳米材料研究是目前材料科学研究的一个热点，纳米材料是纳米技术应用的基础，由其发展起来的纳米技术被公认为是 21 世纪最具有前途的科研领域。纳米科学是指研究纳米尺寸范围在 0.1~100nm 之内的物质所具有的物理、化学性质和功能的科学。纳米科技大致涉及以下七个分支：纳米材料学、纳米电子学、纳米生物学、纳米物理学、纳米化学、纳米机械学（制造工艺学）、纳米加工及表征。其中每一门类都是跨学科的边缘科学，不是某一学科的延伸或某一项工艺的革新，而是许多基础理论、专业工程理论与当代尖端高新技术的结晶。

二、纳米材料的结构与性能

纳米固体中的原子排列既不同于长程有序的晶体，也不同于长程无序的"气体状"固体结构，是一种介于固体和分子间的亚稳中间态物质。因此，一些研究人员把纳米材料称为晶态、非晶态之外的"第三态晶体材料"。正是由于纳米材料这种特殊的结构，使之产生四大效应，即小尺寸效应、量子效应（含宏观量子隧道效应）、表面效应和界面效应，从而具有传统材料所不具备的物理性能、化学性能，并表现出独特的光、电、磁和化学特性。

由于纳米材料尺寸特别小，纳米材料的表面积比较大，处于表面上的原子数目的百分比显著增加，当纳米材料颗粒直径只有1nm时，原子将全部暴露在表面，因此，原子极易迁移，使其物理性能发生极大变化。纳米材料特殊的物理性能主要有以下几点。

1）纳米材料具有高比热、高电导率、高扩散率，对电磁波具有强吸收特性，据此可制造出具有特定功能的产品，如隐形飞机涂料等。

2）纳米材料对光的反射能力非常低，低到仅为原非纳米材料的百分之一。

3）气体在纳米材料中的扩散速度比在普通材料中快几千倍。

4）纳米材料的力学性能成倍增加，具有高强度、高韧性及超塑性，如纳米铁材料的断裂应力比一般铁材料高12倍。

5）纳米材料与生物细胞的结合力较强，为人造骨质的应用拓宽了途径。

6）纳米材料的熔点大大降低，如纯金的熔点是1064℃，但2nm的金粉末熔点只有327℃。

7）纳米材料具有特殊的磁性，如20nm的铁粉，其磁矫顽力可增加1000倍。纳米磁性材料的磁记录密度可比普通的磁性材料提高10倍。

三、纳米材料的应用

1）纳米结构材料。它包括纯金属、合金、复合材料和结构陶瓷，具有十分优异的力学及热性能，可使构件重量大大减轻。

2）纳米催化、敏感、储氢材料。它用于制造高效的异质催化剂、气体敏感器及气体捕获剂，用于汽车尾气净化、环境保护、石油化工、新型洁净能源等领域。

3）纳米光学材料。它用于制造多种具有独特性能的光电子器件，如蓝光二极管、量子点激光器、单电子晶体管等。

4）纳米技术电子器件。纳米技术制作的电子器件的性能大大优于传统的电子器件：①其工作速度快，是硅器件的1000倍，因而可使产品性能大幅度提高；②功耗低，纳米电子器件的功耗仅为硅器件的1/1000；③信息存储量大，在一张不足巴掌大的5in（1in = 2.54cm）光盘上，至少可以存储30个中国国家图书馆的全部藏书；④体积小、重量轻，可使各类电子产品的体积和重量大为减小。

5）纳米生物与医学材料。纳米粒子与生物体有着密切的关系，如构成生命要素之一的核糖核酸蛋白质复合体，其粒度在15～20nm之间，生物体内的多种病毒也是纳米粒子。用纳米SiO_2微粒可进行细胞分离，用金的纳米粒子可进行定位病变治疗，以减少副作用等。通过研究纳米生物学，可以使人类在纳米尺度上了解生物大分子的精细结构及其与功能的关系，获取生命信息，特别是细胞内的各种信息。此外，还可利用纳米粒子研制成机器人，注入人体血管内，对人体进行全身健康检查，疏通脑血管中的血栓，清除心脏动脉脂肪沉积物，甚至还能吞噬病毒、杀死癌细胞等。

6）在军事方面。以昆虫作为平台，利用先进的纳米技术，可把纳米机器人植入昆虫的神经系统中以控制昆虫，使昆虫飞向敌方，收集情报，或使敌方的目标或设施丧失功能。

7）纳米硬质合金。纳米硬质合金的出现是硬质合金制造技术的飞跃。由于纳米硬质合金具有纳米级微观结构，因此具有极高的硬度和韧性，拓展了硬质合金的应用范围。

第六节　功　能　材　料

功能材料是指那些具有优良的电学、磁学、光学、热学、声学、力学、化学、生物医学功能，具有特殊的物理、化学、生物学效应，能完成功能相互转化，主要用来制造各种功能元器件而被广泛应用于各类高科技领域的高新技术材料。

功能材料是新材料领域的核心，是国民经济、社会发展及国防建设的基础和先导，也是世界各国高技术发展中战略竞争的热点。它涉及信息技术、生物工程技术、能源技术、纳米技术、环保技术、空间技术、计算机技术、海洋工程技术等现代高新技术及其产业，正在形成一个规模宏大的高技术产业群，有着十分广阔的市场前景和极为重要的战略意义。功能材料不仅对高新技术的发展起着重要的推动和支撑作用，还对我国相关传统产业的改造和升级，实现跨越式发展起着重要的促进作用。在全球新材料研究领域中，功能材料约占85%。

1. 功能材料的分类

功能材料种类繁多，分类方法各异，主要有以下几种分类方法。

1）功能材料按化学组成分类，可分为金属功能材料、无机非金属功能材料、有机高分子功能材料和复合功能材料。

2）功能材料按聚集态分类，可分为气态功能材料、液态功能材料、固态功能材料、液晶态功能材料和混合态功能材料，其中固态功能材料又包括晶态功能材料、准晶态功能材料和非晶态功能材料。

3）功能材料按功能分类，可分为物理功能材料（如光、电、磁、声、热等）、化学功能材料（如感光、催化、降解、交换等）、生物功能材料（如生物医药、生物模拟、仿生等）和核功能材料。

2. 功能材料的性能特点和用途

1）导电功能材料。它是指那些具有导电特性的物质，包括电阻材料、电热与电光材料、导电与超导材料、半导体材料、介电材料、离子导体和导电高分子材料等。

2）超塑性材料。长期以来，人们一直希望能够很容易地对高强度材料进行塑性加工成形，成形以后，又能像钢铁一样坚固耐用。随着超塑性合金的出现，这种希望已经成为现实。

1920年，德国人罗森汉在Zn-Al-Cu三元共晶合金的研究中，发现这种合金经冷轧后具有暂时的高塑性。超塑性锌合金的形成温度是250~270℃，压力是0.39~1.37MPa。超塑性锌合金具有成形加工温度低，成形性和耐蚀性好等优点。超塑性合金除了制造各种复杂形状的容器外，还广泛用作建筑材料。

1928年英国物理学家森金斯下了一个定义：凡金属在适当的温度下变得像软糖一样柔软，而且其应变速度为10mm/s时产生300%以上的延伸率，均属超塑性现象。1945年苏联包奇瓦尔等针对这一现象提出了"超塑性"这一术语，并在许多非铁金属共晶体及共析体合金中，发现了不少延伸率特别显著的特异现象。

在通常情况下，金属的延伸率不超过90%，而超塑性材料的最大延伸率可高达1000%~2000%，个别的甚至达到6000%。金属只有在特定条件下才显示出超塑性，如在一定的变形温度范围内进行低速加工时可能出现超塑性。产生超塑性的合金，晶粒一般为微细晶粒，这种超塑性称为微晶超塑性。

自20世纪70年代初，全世界都在寻找新的超塑性金属，到目前已发现了170多种合金材料具有超塑性。

3）磁功能材料。磁性是物质普遍存在的基本属性。磁性材料和非磁性材料实际上是指强磁性材料和弱磁性材料。早期的磁性材料是指软铁、硅钢片、铁氧体等。随着新材料的发展，出现了非晶态软磁材料、纳米晶软磁材料、稀土永磁材料等一系列高性能磁性材料。磁功能材料一般是指在常温下表现为强磁性的磁性材料，根据其用途可分为软磁性材料、硬磁性材料、信息磁性材料及特殊功能磁性材料。

软磁性材料是指容易被反复磁化，并在外磁场除去后磁性基本消失的磁性材料。软磁性材料的特点是在较弱的外磁场中就可获得较高的磁感应强度，并随外磁场的增加很快达到饱和，在外磁场除去后磁性基本消失，如纯铁、硅钢、软磁合金及非晶态软磁合金等。

硬磁性材料（或称为永磁材料）是指材料被磁化后，在外磁场除去后仍然具有较高剩磁的材料。硬磁性材料有 Al-Ni-Co 系永磁材料、Fe-Cr-Co 系永磁材料、永磁铁氧体、稀土永磁材料和复合永磁材料。

信息磁性材料是指在信息处理中用于信息存取的磁功能材料。信息磁性材料能将信息转化为材料的磁化，并可再将材料的磁化转化为信息，如磁记录材料、磁微波材料、磁光材料等。

特殊功能磁性材料是指具有某些特殊功能的磁性材料，如磁致伸缩磁性材料、微波磁吸收材料、磁电材料等，广泛用于雷达、卫星通信、电子对抗、声呐系统等领域。

4）电子信息材料。它是指那些用于集成电路的半导体材料、电子元器件材料、人工晶体材料，以及通信技术中使用的光导纤维等。它是新材料领域中最重要的组成部分，已成为推动信息产业增长的主要动力。

5）智能材料。它是指能够根据所处环境的变化，使自身功能处于最佳状态的材料，如形状记忆材料、电流变体材料、电致变色材料、微孔材料等都可列入智能材料。不同的智能材料系统依靠不同的机制来完成智能功能，如形状记忆材料是利用材料受热、光等的作用发生相变，导致形状变化；电致变色材料是利用一些氧化物在电场作用下与金属发生离子交换，从而改变吸收波的波长范围。

6）热功能材料。材料在受热或温度变化时，会出现性能变化并产生一系列现象，如热膨胀、热传导（或隔热）、热辐射等，凡具有此类现象的材料，就称为热功能材料。根据热性能变化的特性，热功能材料可分为膨胀材料、热电材料、形状记忆材料、热释电材料、隔热材料等，它们广泛用于仪器仪表、医疗器械、导弹武器、空间技术和能源开发等领域。

7）梯度功能材料。由两种或多种材料复合成组分和结构呈现连续梯度变化的新型复合材料，称为梯度功能材料。其主要特征是：材料的组分和结构呈现连续梯度变化，材料内部无明显界面，材料的性质呈现连续梯度变化。例如：宇宙飞船进入太空过程中，会受到大气层的摩擦热和较高的热应力循环。如果采用金属材料制作飞船部件，虽然其强度高、韧性好，但其耐高温性能和耐蚀性能较低；如果采用陶瓷材料制作飞船部件，虽然耐高温、耐腐蚀，但其脆性大，不耐冲击；如果将两者组合，发挥两者各自的优点，克服两者的缺点，就可满足飞船部件的使用要求。但普通的粘接技术或复合技术不能消除两者在界面处的巨大结构变化和性能差异，很容易产生剥离、开裂和脱落，造成材料损坏，严重时损坏飞船，而如果采用梯度热防护功能材料就可满足航天飞机、飞船部件（如壳体、发动机燃烧室等）的使用要求。

8）能源转化与储存材料。地球上可再生的能源主要指太阳能、风能、地热能、潮汐能等，这些能源在大多数情况下不能直接使用，也不能储存，因此，必须将它们转换成可以使用的能源形式，或将之用适当的方式储存起来，再加以利用。能源转化与储存材料就是围绕可再生能源的利用这一目标而发展起来的新材料，如太阳能转换材料（如光电转换材料）、热电转换材料、储氢材料（如镁基储氢材料）等。

9）阻尼材料。随着工业和交通运输业的飞速发展，噪声污染对人类的危害越来越大。因此，将噪声降低到无害的程度，是环境保护的一项重要任务。噪声与振动可以通过吸声、隔音、消声、阻尼减振技术等措施治理。阻尼减振技术中所用的材料称为阻尼材料或减振材料。阻尼材料分为金属基阻尼材料（烧结多孔铸铁、泡沫铝合金等）和非金属基阻尼材料（橡胶系、沥青系、塑料系等）两大类。

10）光学材料。根据光与材料相互作用时产生的不同物理效应，可将光学材料分为光介质材料和光功能材料两大类。光介质材料是指传输光线的材料，这些材料以折射、反射和透射的方式，改变光线的方向、强度和位相，使光线按照预定的要求传输，也可以吸收或透过一定波长的光线而改变光线的光谱成分，如光学玻璃、光学塑料、光导纤维和光学晶体等。光功能材料是指在电、声、磁、热、压力等外场作用下，其光学性能发生变化，或者在光的作用下其结构和性能能发生变化的材料。利用这些变化，可以实现能量的探测和转换，如激光材料、电光材料、声光材料、非线性光学材料、显示材料和光信息存储材料等。

11）生物医学材料。它是指用于与生命系统接触和发生相互作用的，并能对其细胞、组织和器官进行诊断、治疗、替换修复或诱导再生的天然或人工合成的特殊功能材料，或称为生物材料。生物医学材料是当代科学技术发展的重要领域之一，已被许多国家列为高技术材料发展计划。生物医学材料按材料的物质属性来分，可分为医用金属材料（如不锈钢、钛合金等）、生物陶瓷（如 Al_2O_3 陶瓷、ZrO_2 陶瓷、磷酸盐陶瓷等）、医用高分子材料（如硅橡胶、聚四氟乙烯等）和复合材料四类。

12）隐身材料。能够减弱物体目标特征的材料称为隐身材料。目前，获得成功应用的是涂敷吸波材料，该材料是一种功能复合材料，它以高分子溶液、乳液或液态高聚物为基料，加入吸波剂和其他组分并均匀分散制成。涂敷吸波材料广泛应用于军事装备，如军舰、巡航导弹、飞机、坦克等。

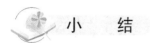 小　结

本章主要介绍了新型高温材料、形状记忆材料、非晶态合金、超导材料、纳米材料、功能材料等。学习要求：第一，要了解各类新材料的定义和分类；第二，要了解各类新材料的性能和用途；第三，要善于利用或使用网络收集新材料的发展动态，丰富新材料应用方面的感性认识。

———— 复习与思考 ————

一、名词解释

1. 新材料 2. 高温合金 3. 形状记忆材料 4. 形状记忆效应 5. 非晶态合金
6. 超导材料 7. 纳米材料 8. 功能材料 9. 硬磁性材料 10. 梯度功能材料

二、填空题

1. 高温材料主要有高温_____和高温_____。

2. 按高温合金的生产方法分类，高温合金分为_____高温合金和_____高温合金。

3. 形状记忆合金的形状记忆效应包括_____程形状记忆效应和_____程形状记忆效应。

4. 非晶态合金可采用_____相急冷法、_____相沉积法、注入法等工艺制取。

5. _____电阻和_____抗磁性是超导材料的两个最基本的宏观特性。

6. 超导材料一般分为超导_____、超导_____和超导聚合物三类。

7. 纳米是一种度量单位，1nm 等于_____ m。

8. 凡金属在适当的温度下变得像软糖一样柔软，而且其应变速度为 10mm/s 时产生_____以上的延伸率，均属超塑性现象。

9. 磁功能材料根据其用途可分为_____磁性材料、_____磁性材料、信息磁性材料及特殊功能磁性材料。

10. 根据热性能变化的特性，热功能材料可分为_____材料、_____材料、形状记忆材料、热释电材料、隔热材料等。

11. 阻尼材料分为_____基阻尼材料和_____基阻尼材料两大类。

12. 根据光与材料相互作用时产生的不同的物理效应，可将光学材料分为光_____材料和光_____材料两大类。

13. 生物医学材料按材料的物质属性来分，可分为_____金属材料、_____陶瓷、医用高分子材料和复合材料四类。

三、判断题

1. GH1140 表示 140 号固溶强化铁基变形高温合金。   （   ）

2. 在形状记忆合金中，马氏体相变不仅由温度引起，也可以由应力引起。   （   ）

3. 形状记忆合金可用于特殊要求场合下制造各种管接头和铆钉，实现各种管道及容器的连接等。   （   ）

4. T_C 值是物质常数，同一种超导材料在相同的条件下有不同的值。   （   ）

5. 纳米颗粒的大小不应超过 100nm。   （   ）

四、简答题

1. 形状记忆合金的形状记忆效应的本质是什么？
2. 简单说明纳米材料的主要性能特点。

五、课外调研

分组调查目前新材料的发展趋势和应用前景，并针对自己感兴趣的某一新材料写一篇关于新材料应用方面的小论文或科普知识介绍。

第十四章
材料选择及分析

第一节　金属材料的选用原则与选用程序

在机电产品的开发和制造过程中，为了开发出质量高、成本低、竞争力强的机电产品，需要科学合理地对众多备选材料进行全面的分析和筛选。正确选择机电产品的制造材料对于提高产品的质量、提高产品的使用寿命和降低产品的制造成本等具有特别重要的现实意义。但是为机电产品筛选制造材料是一个比较复杂的系统工程，需要从多个方面进行综合考虑。下面介绍材料选择的一般原则和程序。

一、机械零件失效形式分析

失效是指机械零件在使用过程中由于尺寸、形状或材料的组织和性能发生变化而失去规定功能的现象。机械零件失效的具体表现是：①完全破坏，不能工作；②虽然能工作，但达不到设计的规定功能；③零件损坏严重，但继续工作，不能保证安全性和可靠性。

机械零件没有达到预定的使用寿命就失去应有功能的现象，称为早期失效。早期失效不仅会带来经济损失，甚至会产生意想不到的事故。机械零件已达到预定的使用寿命而在超期服役中产生的失去应有功能的现象，称为超期服役失效。

机械零件失效的具体形式是多种多样的，经归纳分析后，可以将失效分为过量变形失效、断裂失效和表面损伤失效三大类。

1) 过量变形失效是指机械零件在外力作用下发生整体或局部的过量变形而造成的失效。过量变形失效分为过量弹性变形失效和过量塑性变形失效。例如：弹簧在使用中发生过量弹性变形，导致弹簧的功能失效，就属于过量弹性变形失效。

2) 断裂失效是指机械零件完全断裂而无法工作所导致的失效，如钢丝绳在吊装中断裂、车轴在运行中发生断裂等，均属于断裂失效。断裂失效可分为塑性断裂、脆性断裂、疲劳断裂、蠕变断裂、腐蚀断裂、冲击载荷断裂、低应力脆性断裂等多种形式。其中低应力脆性断裂和疲劳断裂是没有前兆的突然断裂，往往会造成灾难性事故，因此最为危险。

3) 表面损伤失效是指机械零件在工作中因机械和化学的作用，使其表面损伤而造成的失效。表面损伤失效可分为表面磨损失效、表面腐蚀失效和表面疲劳失效（疲劳点蚀）三类。例如：滑动轴承的轴颈或轴瓦的磨损、齿轮齿面的点蚀或磨损等，就属于表面损伤失效。

一般来说，一个机械零件的失效可能是几个失效形式的共同作用，但总有一种失效形式起主导作用。同时，引起机械零件失效的原因很多，主要涉及机械零件的结构设计、金属材料选择、加工制造过程、装配、使用保养、服役环境（高温、低温、室温、变化温度）、环境介质（有无腐蚀介质、有无润滑剂等）及载荷性质（静载荷、冲击载荷、循环载荷）等方面。

　　分析机械零件失效的原因是一个复杂和细致的工作。进行失效分析时，应注意及时收集失效零件的残骸，了解失效的部位、特征、环境、时间等，并查阅有关原始资料和记录，进行综合分析，有时还需利用各种测试手段或模拟实验进行辅助分析。在排除其他原因后，确定主要失效因素，建立失效模型，提出改进措施。如果制造零件的金属材料是失效的主要因素，则需要根据失效模型，提出所需金属材料的牌号及合理的性能指标等。

二、金属材料选用的一般原则

　　选用金属材料时，应考虑金属材料的使用性能、工艺性及经济性三方面的要求。只有对这三个方面进行综合的权衡，才能使金属材料发挥出最佳的社会效益。

　　1. 金属材料的使用性能

　　金属材料的使用性能是指金属材料为保证机械零件或工具正常工作而应具备的性能，它包括力学性能、物理性能和化学性能。对于机械零件和工程构件来说，最重要的是力学性能。要准确地了解具体零件的力学性能指标，首先要能正确地分析零件的工作条件，包括受力状态、载荷性质、工作温度、环境条件等。受力状态有拉、压、弯、扭等；载荷性质有静载荷、冲击载荷、循环载荷等；工作温度可分为高、低温；环境条件有加润滑剂的，有接触酸、碱、盐、海水、粉尘、磨粒等。此外，有时还需考虑导电性、磁性、膨胀、导热等特殊要求。其次，根据上述分析，确定该零件的失效方式，然后再根据零件的形状、尺寸、载荷，确定性能指标的具体数值。有时通过改进强化方法，可以将廉价的金属材料制成性能更好的零件。所以，选材时应把金属材料的化学成分与强化手段紧密结合起来进行综合考虑。

　　2. 金属材料的工艺性

　　制造每一个零件都要经过一系列的加工过程。因此，金属材料加工成零件的难易程度，将直接影响零件的质量、生产效率和加工成本。

　　采用金属材料制造零件的加工过程比较复杂。如果零件的加工方法是铸造，则最好选用铸造性能好的合金，以保证获得较好的流动性；如果零件的加工方法是锻压或冲压，则最好选择塑性较好的金属材料；如果零件的加工方法是焊接，则最适宜的金属材料是低碳钢或低合金高强度结构钢，以保证获得良好的焊接性。

　　工艺性能中最突出的问题是切削加工性和热处理工艺性，因为绝大部分金属材料都需经过切削加工和热处理。为了便于切削，一般希望钢铁材料的硬度控制在 $170\sim260HBW$ 之间。在化学成分确定后，可借助于热处理来改善金属材料的金相组织和力学性能，以达到改善其切削加工性的目的。

　　金属材料的使用性能，很大程度上取决于材料的热处理工艺性。非合金钢的淬透性差，强度不高，加热时容易过热而使晶粒粗大，且淬火时容易变形与开裂，因此，制造高强度及大截面、形状复杂的零件时，需选用低合金钢或合金钢。

　　当金属材料的工艺性能与力学性能相矛盾时，有时正是因优先考虑材料的工艺性能而使得某些力学性能显然合格的金属材料不得不舍弃，这点对于大批量生产的零件特别重要。因为在大批量生产时，工艺周期的长短和加工费用的高低，常常是生产单位考虑的关键因素。

　　3. 金属材料的经济性

　　在满足使用性能的前提下，选用金属材料时还应注意降低零件的总成本。零件的总成本包括金属材料本身的价格、加工费及其他费用，有时甚至还要包括运输费用与安装费用等。

在金属材料中，非合金钢和铸铁的价格比较低廉，而且加工方便。因此，在能满足零件力学性能与工艺性能的前提下，选用非合金钢和铸铁可降低成本。对于一些只要求表面性能高的零件，可选用廉价钢种进行表面强化处理来达到使用要求。另外，在考虑金属材料的经济性时，不宜单纯地以单价来比较金属材料的优劣，而应以综合经济效益来评价金属材料的经济性。

此外，在选择金属材料时应立足于我国的资源条件，考虑我国的实际生产和供应情况。对企业来说，所选金属材料的种类和规格，应尽量少而集中，以便于集中采购和管理。

三、选用金属材料的一般程序

1）对零件的工作特性和使用条件进行周密分析，找出零件失效（或损坏）的方式，从而合理地确定金属材料的主要力学性能指标。

2）根据零件的工作条件和使用环境，对零件的设计和制造提出相应的技术要求、合理的加工工艺和加工成本等指标。

3）根据所提出的技术条件、加工工艺性能和加工成本等方面的指标，借助于各种金属材料选用手册，对金属材料进行预选。

4）对预选金属材料进行核算，以确定其是否满足使用性能要求。

5）对金属材料进行第二次选择。

6）通过实验、试生产和检验，最终确定合理的选材方案。

金属材料选用的具体程序如图 14-1 所示。

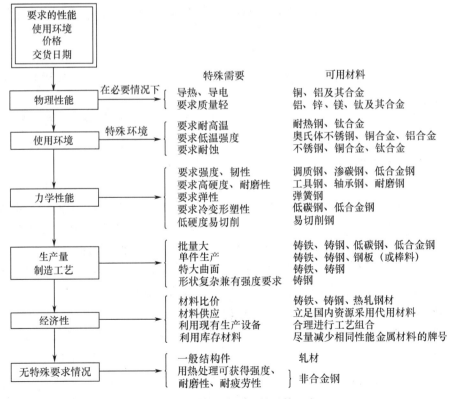

图 14-1　金属材料选用的具体程序

第二节　材料的合理使用

一、铸铁与钢的合理使用

钢在强度、韧性和塑性等方面均优于铸铁。但各种材料都有自己的优点，关键在于是否使用得当。铸铁是在钢的基体（铁素体和珠光体）上掺杂有各种形状的石墨，而石墨本身是润滑剂，石墨坑又能储油，所以，铸铁的耐磨性优于钢，如气缸体、活塞环多采用铸铁制造。曲轴和齿轮采用球墨铸铁制造，并进行贝氏体等温淬火，不仅使曲轴和齿轮获得了良好的工艺性能、使用性能和经济效果，而且还经受住了实用的考验。例如：汽车曲轴原采用45钢制造，并进行调质、机械加工后轴颈进行高频感应淬火，后改为用稀土-镁球墨铸铁制造，仅需进行正火、机械加工和轴颈高频感应淬火处理即可，每根曲轴可节约成本十多元。

此外，铸铁还有其工艺优点，如零件几何形状复杂、中空的壳体零件、气缸盖、气缸体、变速器箱体等，用锻造或拼焊方法都比较难，而采用铸造成形则较为容易。据有些工厂证实，1kg铸件与相同质量的锻件相比，可降低成本约1元。但是生产小批量产品或结构极为复杂的机架（如组合机床床身）时，则铸铁铸造就不如钢板拼焊方便和经济。

二、非合金钢、低合金钢和合金钢的合理使用

过去人们认为非合金钢会被合金钢所取代，但经过人们的长期实践，发现非合金钢的潜力尚未充分发挥出来，并且合金元素的供应又受到资源与价格的限制。因此，世界各国的钢号中至今仍保留有一定数量的非合金钢。例如：下列场合中可不用低合金钢或合金钢，而采用非合金钢。

1）小截面零件，因易淬透，无需用低合金钢或合金钢。

2）在退火或正火状态使用的中碳合金钢，因合金元素不发挥作用，故用非合金钢也可满足使用要求。

3）承受纯弯曲或纯扭转的零件，其表面应力最大，心部应力最小。这样的零件不需要整个截面淬透，仅要求表层淬硬获得马氏体即可，故选用非合金钢也可满足使用要求。

三、非铁金属的合理使用

非铁金属具有多种特殊的性能，如铝及铝合金具有密度小，耐蚀性、导电、导热、工艺性能好等优点；铜及铜合金具有良好的耐磨性、耐蚀性、导电、导热、工艺性、装饰性等优点。因此，用铝及铝合金制造汽车用零件、摩托车发动机、散热器等，在相同强度下，其重量较钢材轻；用铜及铜合金制造电子元件、精密仪器的齿轮、弹性元件、滑动轴承、散热器件等，在使用寿命、安全性、稳定性等方面较其他金属高。一般来说，零件在承受载荷小、要求重量轻、耐蚀及速度较低的情况下，可以选择非铁金属材料。

四、特殊环境和特殊性能要求对金属材料的选择

在某些特殊环境下工作的零件，对金属材料提出了特殊的性能要求（如耐蚀、耐热、导热、导电、导磁等），如贮存酸、碱的容器和管道等，需要选择耐蚀性好的金属材料，如耐蚀铸铁、耐候钢、不锈钢、钛及钛合金等；在高温下工作的零件，需要选择耐热铸铁、耐热钢、钛及钛合金、高温合金等；需要耐高温、耐蚀、重量轻的零件，则应选择钛合金等金属材料。

五、非金属材料的合理使用

非金属材料具有各种特殊的性能，如塑料具有密度小、易成型、耐磨、隔热、隔音、优良的耐蚀性与电绝缘性等；橡胶具有高弹性，良好的减振性、耐磨性与密封性等；陶瓷具有高硬度、高耐磨性、优良的耐蚀性与耐高温性等。此外，非金属材料来源广，资源丰富，成形工艺比较简便，因此，目前非金属材料被越来越多地应用于各类工程结构中。另外，用非金属材料替代部分金属材料不仅可以节约有限的金属矿产资源，而且还可以取得巨大的经济效益及超乎寻常的实用效果。例如：用玻璃纤维增强塑料制造汽车车身，在相同强度下，其重量较钢板车身降低67%，造价减少20%，每辆车年平均节油0.5t；用塑料制造汽车制动片，其寿命较铸铁件提高7~9倍；塑料轴承的造价较青铜件低80%~90%，较巴氏轴承合金件低93%；陶瓷发动机的出现，使发动机的热效率提高了30%~40%，燃料消耗降低了20%~30%，并使发动机的体积和重量减少，同时还可以取消整个冷却系统和通风系统，仅此一项的价值就是极其可观的；将先进的复合材料、涂料等用于飞机机体的制造中，使飞机出现了隐形效果，对国防建设意义重大。因此，非金属材料已经成为机械制造、汽车、航空、农业、国防等方面不可缺少的重要材料，是现代化工业生产的重要标志之一。

第三节　典型零件选材实例

一、齿轮类零件的选材

齿轮在机器中主要担负传递功率与调节速度的任务，有时也起改变运动方向的作用。它在工作时，通过齿面的接触传递动力，周期地受弯曲应力和接触应力作用。在啮合的齿面上，还要承受强烈的摩擦。有些齿轮在换档、起动或啮合不均匀时还要承受冲击力等。因此，要求制造齿轮的材料应具有较高的弯曲疲劳强度和接触疲劳强度，齿面有较高的硬度和耐磨性，齿轮心部要有足够的强度和韧性等。一般齿轮毛坯通常采用钢材锻造成形，选用的钢材大致有两类，即调质钢和渗碳钢。

1. 调质钢

调质钢主要用于制造两种齿轮，一种是对耐磨性要求较高，而冲击韧性要求一般的硬齿面（>40HRC）齿轮，如车床、钻床、铣床等机床的变速箱齿轮，通常采用45钢、40Cr、42SiMn等钢材制造，经调质处理后进行表面高频感应淬火和低温回火；另一种是对齿面硬度要求不高的软齿面（≤350HBW）齿轮，这类齿轮一般在低速、低载荷下工作，如车床滑板上的齿轮、车床交换齿轮等，通常采用45钢、40Cr、42SiMn、35SiMn等钢材制造，经调质处理或正火处理后使用。

2. 渗碳钢

渗碳钢主要用于制造高速、重载、冲击比较大的硬齿面（>55HRC）齿轮，如汽车变速器齿轮、汽车驱动桥齿轮等，常用20CrMnTi、20CrMnMo、20CrMo等钢材制造，经渗碳、淬火和低温回火后获得表面硬而耐磨，心部强韧、耐冲击的组织。

二、轴类零件的选材

轴是机器中最基本、最关键的零件之一。轴的主要作用是支撑传动零件并传递运动和动力，轴类零件具有以下几个共同特点：都要传递一定的转矩，可能还要承受一定的弯曲应力或拉压应力；都需要用轴承支承，在轴颈处应有较高的耐磨性；绝大多数要承受一定程度的冲击载荷。因此，用于制造轴类零件的材料要有多项性能指标要求：①应具有优良的综合力学性能，以防轴变形和断裂；②应具有高的疲劳抗力，以防轴过早发生疲劳断裂；③应具有良好的耐磨性，提高使用寿命。在具体选材时，应根据轴的不同受力情况进行选材。具体的选材分类情况如下。

1）承受循环应力和动载荷的轴类零件，如船用推进器轴、锻锤锤杆等，应选用淬透性好的调质钢，如30CrMnSi、35CrMo、40MnVB、40CrMn、40CrNiMo等钢。

2）主要承受弯曲和扭转应力的轴类零件，如变速箱传动轴、发动机曲轴、机床主轴等，因这类轴在整个截面上所受的应力分布不均匀，表面应力较大，心部应力较小，所以这类轴不需选用淬透性很高的钢种，可选用合金调质钢，如汽车主轴常采用40Cr、45Mn2等钢制造。

3）高精度、高速传动的轴类零件，如镗床主轴，常选用38CrMoAl等，并进行调质及渗氮处理。

4）对中、低速内燃机曲轴及连杆、凸轮轴，可以选用球墨铸铁制造，不仅能满足力学性能要求，而且制造工艺简单，成本低。

三、箱体类零件的选材

主轴箱、变速箱、进给箱、滑板箱、缸体、缸盖、机床床身等都可视为箱体类零件。由于箱体类零件大多结构复杂，一般都是采用铸造方法来生产的。

对于一些受力较大，要求高强度、高韧性，甚至在高温、高压下工作的箱体类零件，如汽轮机机壳，可选用铸钢制造；对于一些受冲击力不大，而且主要承受静压力的箱体，可选用灰铸铁制造，如HT150、HT200等；对于受力不大，要求自重轻或导热性良好的箱体类零件，要选用铸造铝合金制造，如汽车发动机的缸盖；对于受力很小，要求自重轻和耐蚀的箱体类零件，可选用工程塑料制造；对于受力较大，但形状简单的箱体类零件，可采用型钢（如Q235、20钢、Q355等）焊接制造。

四、常用工具的选材

1. 锉刀

锉刀是重要的钳工工具，要求有高硬度（刃部硬度为64~67HRC）和高耐磨性，通常采用T12钢制造。

2. 手用锯条

手用锯条也是常用的钳工工具，要求高硬度、高耐磨性、较好的韧性和弹性，通常用T10、T12或20钢渗碳制造。手用锯条一般经过淬火加低温回火，对销孔处单独进行处理以降低该处硬度。大量生产时，可采用高频感应淬火，使锯齿淬硬并保证锯条整体的韧性和弹性。

3. 刀具

刀具是金属切削加工的主要工具。切削加工时，刀具与工件之间产生强烈的摩擦和磨损，而且刀具还要承受高温作用。在这种工作条件下，要求刀具材料应具有高硬度、高耐磨性和热硬性。因此，刀具的硬度应达到60HRC以上。一般刀具的制造选用合金工具钢，如W18Cr4V、CrWMn、9SiCr等，其热处理工艺为淬火加高温回火（或低温回火）。

4. 常用五金工具和木工工具

表14-1列出了部分常用五金工具和木工工具的选材和硬度要求。

表 14-1　部分常用五金工具和木工工具的选材和硬度要求

工具名称	材　料	工作部分硬度 HRC	工具名称	材　料	工作部分硬度 HRC
钢丝钳	T7、T8	52~60	活扳手	45 钢、40Cr	全部 41~47
锤子	50 钢、T7、T8	49~56	木工手锯、锯条	T10	42~47
旋具	50 钢、60 钢、T7、T8	48~52	木工刨刀片	轧焊刀片：GCr15 刀体：20 钢 整体刀片：T8	61~63 57~62
呆扳手	50 钢、40Cr	全部 41~47	鲤鱼钳	50 钢	48~54
锉刀	T12、T13	全部 62~65	丝锥、板牙	T10、T12、9SiCr、9Mn2V	全部>60

【案例分析】图 14-2 所示为检修车辆时经常用的螺旋起重器。其用途是将车架顶起，以便操作人员进行车辆检修等。该起重器的承载能力为 4t，工作时依靠手柄带动螺杆在螺母中转动，以便推动托杯顶起重物。螺母装在支座上。起重器中主要零件的选材与加工工艺方法分析如下。

1）托杯。托杯工作时直接支承重物，承受压应力，宜选用灰铸铁材料，如 HT200。由于托杯具有凹槽和内腔结构，形状较复杂，所以采用铸造方法成形。如果采用中碳钢制造托杯，则可采用模锻或数控加工进行生产。

2）手柄。手柄工作时，承受弯曲应力，受力不大，且结构形状较简单，可直接选用非合金钢材料制造，如 Q235 等。

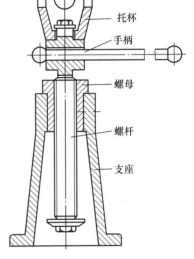

图 14-2　螺旋起重器

3）螺母。螺母工作时沿轴线方向承受压应力，螺纹承受弯曲应力和摩擦力，受力情况较复杂。但为了保护比较贵重的螺杆及降低摩擦阻力，宜选用较软的材料，如铸造锡青铜 ZCuSn10P1。毛坯生产可以采用铸造。螺母孔尺寸较大时可直接铸出。

4）螺杆。螺杆工作时，受力情况与螺母类似，但毛坯结构形状比较简单且规则，宜选用中碳钢或合金调质钢，如 45 钢、40Cr 等。毛坯生产可以采用锻造。

5）支座。支座是起重器的基础零件，承受静载荷压应力，宜选用灰铸铁，如 HT200。又由于它具有锥度和内腔，结构形状较复杂，因此，采用铸造方法成形比较合理。

小　结

本章主要介绍了金属材料的选用原则与选用程序、材料的合理使用、典型零件选材实例等。学习要求：第一，要复习和回忆一下以前所学的知识，在了解各种材料特性的基础上，认识选材的一般原则和程序；第二，头脑中要建立起典型零件（轴、套、箱体、齿轮等）在选材、热处理及加工工艺方面的一般性经验和认识；第三，多观察生活和实习当中遇到的机械零件，利用所学知识进行分析，增加实践经验和感性认识。

──────── 复习与思考 ────────

一、名词解释

1. 失效　　2. 早期失效　　3. 超期服役失效

二、填空题

1. 失效分为过量_____失效、_____失效和表面损伤失效三大类。

2. 过量变形失效分为过量_____变形失效和过量_____变形失效。

3. 断裂失效可分为_____断裂、_____断裂、_____断裂、蠕变断裂、腐蚀断裂、冲击载荷断裂、低应力脆性断裂等。

4. 表面损伤失效可分为表面_____失效、表面_____失效和表面疲劳失效（疲劳点蚀）三类。

5. 如果制造零件的金属材料是失效的主要因素，则需要根据_____模型，提出所需金属材料的牌号及合理的_____指标等。

三、简答题

1. 机械零件失效的具体表现有哪些？

2. 选用金属材料时应注意哪些原则？

3. 选用金属材料的一般程序是什么？

4. 哪些场合可以尽量使用非合金钢，而不用低合金钢或合金钢？

四、课外调研

以日本开发机电产品（如汽车、家用电器、机械等）的做法为研讨内容，分组调查和研讨，分析日本企业是如何重视充分利用材料，并开发出价廉物美、竞争力强的机电产品的？我们应该从中借鉴哪些有益的经验？

实 验 指 导

说　明

一、实验操作基本要求

实验是人类探索自然、认识客观世界的重要手段。对于职业技术教育来讲，实验是教学过程中的重要组成部分，它对于培养学生的实践技能具有重要的作用。同时，加强实验教学也是丰富和活跃金工教学的有效方法之一，也是适应职业技术教育改革的必然趋势。

1. 实验中应注意的事项

1）实验前认真预习实验内容，熟悉实验基本原理，了解实验的方法、条件和要求。

2）实验过程中要认真操作，爱护仪器和设备，仔细观察，养成严谨、科学的实验作风。

3）实验数据测取和实验结果分析要尽量独立完成，并按要求认真填写实验报告。

2. 实验结果和数据的处理

实验结果和数据的处理方式主要采用列表法和图示法两种。列表法的突出优点是形式紧凑、规范，便于查找和进行数据之间的比较；图示法是用图形将实验结果和数据表示出来，其优点是直观、形象，能够显示出实验结果的最大值、最小值、转折点及曲线的变化规律。

实验结果和数据的处理不管采用何种方法，其最终目的是与实验的内容相统一，做到简单、实用、方便，并便于分析。

此外，处理实验数据时应注意偶然误差与系统误差对实验数据的影响，同时还要注意确定数据的有效位数，力求实验数据统一、规范、标准和准确，提高实验的质量和效率。

二、实验项目安排

本实验指导安排的实验项目共计八个，在教学活动中教师可以根据教学内容要求进行调整和组合。建议八个实验项目可以按下列方式进行教学组合（附表1）。

附表1　实验项目课时安排

序号	实验项目	所需学时数	备　注
1	实验一　拉伸试验	2学时	分组轮换
2	实验二　硬度试验		
3	实验三　冲击试验		
4	实验四　金相试样的制备及显微组织观察实验	2学时	
5	实验五　铁碳合金显微组织观察及分析实验	2学时	
6	实验六　钢的热处理及其硬度测定实验	2学时	穿插进行
7	实验七　钢铁的火花鉴别实验		
8	实验八　铸铁及非铁金属的显微组织观察实验	2学时	
合　计		10学时	

实验一 拉 伸 试 验

同组同学

试验日期　　年　月　日

一、试验目的

1）测定金属材料的强度（R_{eL}、R_m）和塑性指标（A 或 $A_{11.3}$、Z）。

2）观察试样在拉伸过程中出现的屈服现象和缩颈现象，加深对力-伸长曲线的理解。

3）了解拉伸试验机的主要结构和使用方法。

二、试验原理

拉伸试验是在拉伸试验机上对一定形状的试样施加静拉伸力，进行轴向拉伸，测出试样屈服时的拉伸力 F_s、拉断时的最大拉伸力 F_m、断后标距增长量 $\Delta L = (L_u - L_o)$ 及断后横截面积的缩减量 $\Delta S = (S_o - S_u)$ 等物理数据，并按相关公式进行计算，从而测定试样的屈服强度（或规定塑性延伸强度）、抗拉强度、断后伸长率和断面收缩率等力学性能指标。

三、试验设备及试样

1. 试验机

拉伸试验所用的设备称为拉伸试验机。根据加载方式不同，拉伸试验机分为机械式、液压式和电子式三种；根据用途不同，拉伸试验机分为拉力试验机和万能试验机两类。其中液压式万能材料试验机应用最为广泛。

试验图 1-1 所示为 WE 型液压式万能材料试验机外形结构示意图。它分主体和测力计两大部分。

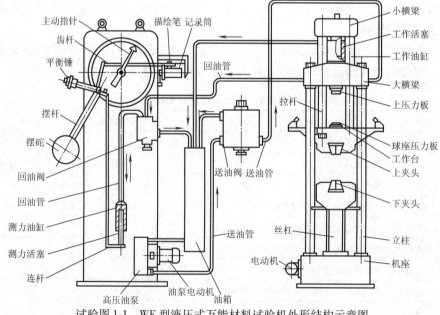

试验图 1-1　WE 型液压式万能材料试验机外形结构示意图

2. 试样

拉伸试验的试样必须在外形及尺寸合格的钢材上按规定截取，截取时应防止受热、冷变形强化及变形。拉伸试样按截面形状分为圆形、矩形和异形三类。常用拉伸试样为圆形比例试样，根据所采用的原始标距不同，拉伸试样又分为长、短试样两种。其中长拉伸试样 $L_o = 10d_o$；短拉伸试样 $L_o = 5d_o$。L_o 为拉伸试样的原始标距（mm）；d_o 为拉伸试样的原始直径（mm）。

四、试验步骤

1）检验试样。检查试样表面是否有显著的横向刀痕、磨痕或机械损伤，或明显的淬火变形、裂纹，以及肉眼可见的冶金缺陷。

2）打标记。在划线机或冲点机上，沿试样平行部分长度内每隔 5mm 或 10mm 做一分格标记。

3）测量试样直径 d_o。在试样标距的两端及中点两个相互垂直的方向上各测量一次，取其算术平均值，取三点中的最小值按 $S_o = \pi d_o^2/4$ 计算试样横截面积，式中 π 取至三位有效数字。将所测得的 d_o 和 S_o 记入试验报告中。

4）选择指示度盘的测量范围。根据试样材质，估算拉断的最大拉伸力，选择指示度盘的测量范围，使试样拉断后的最大拉伸力落在所选指示度盘的 20%～80% 范围内。根据所选指示度盘的测量范围，悬挂相应的摆砣并调节缓冲阀至相应位置。

5）校核试验机零点。起动油泵电动机，打开送油阀，使工作活塞托起工作台和上夹头，检查摆杆和摆砣是否处于垂直位置，指示度盘指针是否对准零点。如果偏离，则应调整平衡锤和齿杆，使其垂直和指针对零。

6）安装试样。将试样一端夹于上夹头中，升降下夹头至适当位置并夹紧试样另一端，在夹持过程中应使试样保持垂直。

7）调好自动绘图器。根据所绘图的比例，将线缠在记录筒不同的沟槽内；在记录筒上卷好记录纸，放下描绘笔，使之进入绘图准备状态。

8）加载试验。开大送油阀门对试样缓慢加载，使指示度盘指针徐徐转动，当指针首次停止转动的恒定力或往返摆动时不计初始瞬时效应时的最小力，即为所测的屈服拉伸力 F_s。屈服现象结束后可加大拉伸速度，这时指针转动加快，当指针在某一位置停留片刻，主动指针向回转动时，试样产生缩颈；主动指针加快回转，最后试样断裂，主动指针回至零点，被动指针停留在最大力值处，这个最大力就是 F_m。

9）试验机复原。试样拉断后，关闭送油阀，取下试样，抬起描绘笔，取下记录纸；打开回油阀，使工作台和上、下夹头回至原始状态，关闭试验机电源。

10）测量断后标距长度 L_u 和直径 d_u。将拉断后的两段试样在断裂处紧密对接在一起，测量标距长度 L_u 和缩颈处最小直径 d_u（应在两个相互垂直方向上各测量一次，取其算术平均值），将所测得的 L_u 和 d_u 记入试验报告中。

五、试验注意事项

1）根据试验所测数据，用公式计算出 R_{eL}、R_m、A 和 Z。将计算结果按规定进行修约，最后将修约好的数据填入试验报告中。

2）在进行断后伸长率测定时，如试样拉断处至最邻近标距端点的距离大于 $L_o/3$ 时，可直接测量两端点间的距离 L_u。如果拉断处至最邻近标距端点的距离小于或等于 $L_o/3$ 时，则应按移位法测定 L_u，如试验图 1-2 所示。

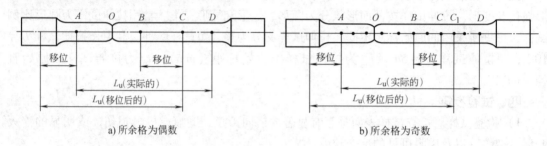

a) 所余格为偶数　　　　　　　　　　b) 所余格为奇数

试验图 1-2　用移位法测量 L_u

用移位法测定就是在长段上从拉断处点 O 取基本等于短段格数得点 B，接着取长段所余格数（偶数）的一半得点 C，或者取所余格数（奇数）分别减 1 与加 1 的一半得点 C 和点 C_1。移位后的 L_u 分别为 $AB+2BC$ 或者 $AB+BC+BC_1$。

3）试验出现下列情况之一者，结果无效：①试样断在标距外；②试验记录有误，或设备发生故障影响试验结果的准确性；③试样断口处有内部缺陷。

六、试验数据记录

试样材料名称：＿＿＿＿＿＿＿＿＿

试样原始直径 $d_o =$ ＿＿＿ mm

试样原始标距长度 $L_o =$ ＿＿＿ mm

屈服拉伸力 $F_s =$ ＿＿＿ N

最大拉伸力 $F_m =$ ＿＿＿ N

试样断后直径 $d_u =$ ＿＿＿ mm

试样断后标距长度 $L_u =$ ＿＿＿ mm

试样原始横截面积 $S_o =$ ＿＿＿ mm^2

试样断口处横截面积 $S_u =$ ＿＿＿ mm^2

在试验图 1-3 中绘制试样的力-伸长曲线。

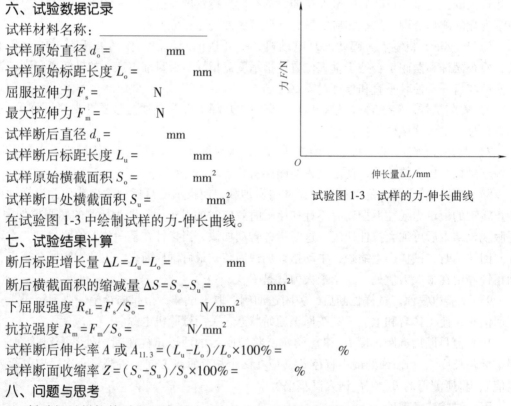

试验图 1-3　试样的力-伸长曲线

七、试验结果计算

断后标距增长量 $\Delta L = L_u - L_o =$ ＿＿＿ mm

断后横截面积的缩减量 $\Delta S = S_o - S_u =$ ＿＿＿ mm^2

下屈服强度 $R_{eL} = F_s/S_o =$ ＿＿＿ N/mm^2

抗拉强度 $R_m = F_m/S_o =$ ＿＿＿ N/mm^2

试样断后伸长率 A 或 $A_{11.3} = (L_u - L_o)/L_o \times 100\% =$ ＿＿＿ %

试样断面收缩率 $Z = (S_o - S_u)/S_o \times 100\% =$ ＿＿＿ %

八、问题与思考

1）低碳钢试样拉伸时出现缩颈后，为什么指示度盘主动指针会出现回转现象？

2）当试样拉断处至最邻近标距端点的距离小于或等于 $L_o/3$ 时，为什么要用移位法测定 L_u？

3）你对试验过程有何认识和建议？

实验二　硬度试验

同组同学

试验日期　　年　月　日

一、试验目的

1）了解布氏硬度计、洛氏硬度计和维氏硬度计的主要工作原理、结构及其操作方法。

2）熟悉布氏硬度、洛氏硬度和维氏硬度测试方法的应用范围和操作规范要求。

二、试验原理

硬度测试方法很多，使用最广泛的是压入法。压入法就是把一个很硬的压头以一定的压力压入试样的表面，使试样表面产生压痕，然后根据压痕的大小或深度来确定硬度值。压痕越大或越深，则材料越软；反之，则材料越硬。根据压头类型和几何尺寸等条件的不同，常用的压入法主要为布氏硬度测试法、洛氏硬度测试法和维氏硬度测试法三种。

1. 布氏硬度试验原理

如试验图 2-1 所示，布氏硬度试验是在一定的试验力 F 的作用下，将直径为 D 的球形压头（碳化钨合金球），垂直压入试样表面，保持一定时间后，卸除试验力，则在试样表面上形成直径为 d 的压痕。然后根据试验力 F 和压头球直径 D 的大小，直接查金属布氏硬度数值表即可获得相关试样的布氏硬度值。例如：有一钢试样的试验力 F = 3000kgf（29.42kN），压头球直径 D = 10mm，压力保持时间为 30s，测出试样表面压痕的直径 d = 4.00mm，查金属布氏硬度数值表为 229HBW10/3000/30。

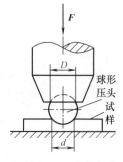

试验图 2-1　布氏硬度
试验原理示意图

2. 洛氏硬度试验原理

洛氏硬度试验是以锥角为 120° 的金刚石圆锥或直径为 1.5875mm（或 3.175mm）的碳化钨合金球为压头，以一定的压力使其压入材料表面，通过测定压痕深度来确定其硬度的测定方法。被测材料的硬度可在硬度计刻度盘上读出。根据被测材料硬度的不同，洛氏硬度可采用不同的压头和主试验力，组成不同的洛氏标尺，最常用的是 HRA、HRBW 和 HRC 三种标尺，其中以 HRC 应用最多，一般用于测量经过淬火处理后较硬材料的硬度。常用三种洛氏硬度试验规范见试验表 2-1。

试验表 2-1　常用三种洛氏硬度试验规范

硬度符号	压头类型	总试验力 F	硬度测试范围	应用举例
HRA	120°金刚石圆锥	588.4N/60kgf	20~95	硬质合金、碳化物、浅层表面硬化钢
HRBW	ϕ1.5875mm	980.7N/100kgf	10~100	非铁金属、铸铁、经退火或正火的钢
HRC	120°金刚石圆锥	1471.0N/150kgf	20~70	淬火钢、调质钢、深层表面硬化钢

洛氏硬度符号 HR 后面的字母表示所使用的标尺，字母前面的数字表示硬度值，如

50HRC 表示用 C 标尺测定的洛氏硬度值是 50。

3. 维氏硬度试验原理

维氏硬度测定的基本原理与布氏硬度相同，主要区别在于压头采用锥面夹角为 136° 的金刚石正四棱锥体，压痕是四方锥形。维氏硬度用 HV 表示，HV 的计算式为

$$HV = 0.1891 F / d^2$$

式中　　F——试验力（N）；

　　　　d——两压痕对角线长度的算术平均值（mm）。

试验时，用测微计测出压痕的对角线长度，算出两条对角线长度的平均值后，经查表就可得出维氏硬度值。

维氏硬度的标注方法与布氏硬度相同，硬度值写在符号 HV 的前面，试验条件写在符号 HV 的后面。对于钢及铸铁，当试验力保持时间为 10～15s 时，可不标出。

例如：640HV30 表示用 30kgf（294.2N）的试验力，试验力保持时间为 10～15s，测定的维氏硬度值是 640；640HV30/20 表示用 30kgf（294.2N）的试验力，试验力保持时间为 20s，测定的维氏硬度值是 640。

三、试验设备及试样

1. 设备

试验设备主要有布氏硬度计、洛氏硬度计和维氏硬度计。试验图 2-2 所示为 HB-3000 型布氏硬度计外形结构简图。

2. 试样

试样分退火试样和淬火试样两种。要求试样表面光亮、光滑、清洁、无氧化皮、无凹坑、无明显的加工痕迹。

四、试验步骤

1）布氏硬度试验步骤按所使用的设备操作规程进行操作。

2）洛氏硬度试验步骤按所使用的设备操作规程进行操作。

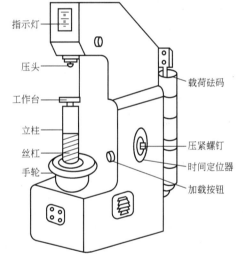

试验图 2-2　HB-3000 型布氏硬度计外形结构简图

3）维氏硬度试验步骤按所使用的设备操作规程进行操作。

五、试验注意事项

硬度测试时，压痕中心到试样边缘的最小距离、压痕中心之间的距离应符合国家标准规定。如果压痕中心到边缘的距离太近，压痕会出现不对称现象，硬度值会偏低。如果两压痕中心距离太近，第一压痕周围产生的冷变形强化区将使第二个压痕缩小，结果使硬度值偏高。

布氏硬度试验后，压痕直径应在（0.24～0.6）D 之间，否则试验无效。

压痕直径 d_1 和 d_2 是在相互垂直方向测取的，$d_{均}$ 是 d_1 和 d_2 的算术平均值。

布氏硬度与维氏硬度值大于或等于 100 时，修约至整数；硬度值在 10～100 之间时，修约至一位小数；硬度值小于 10 时，修约到两位小数。洛氏硬度值精确至 0.5 个单位。

必须指出：相同的硬度测试方法应在试验力相同的条件下，才可以精确地对所测硬度值进行相互比较。

六、试验数据记录

1. 布氏硬度试验数据记录表（试验表2-2）

试验表 2-2 布氏硬度试验数据记录表

试样编号	材料名称	处理方法	试验规范				试验结果			
			压头直径 D/mm	试验力 F/kgf（或 F/N）	F/D^2	试验力保持时间/s	压痕直径/mm			硬度值
							d_1	d_2	$d_均$	HBW

2. 洛氏硬度试验数据记录表（试验表2-3）

试验表 2-3 洛氏硬度试验数据记录表

试样编号	材料名称	处理方法	试验规范			试验结果					
			硬度标尺	压头类型	总试验力 F/kgf（或 F/N）	第一次	第二次	第三次	平均值		
									HRA	HRBW	HRC

3. 维氏硬度试验数据记录表（试验表2-4）

试验表 2-4 维氏硬度试验数据记录表

试样编号	材料名称	处理方法	试验规范			试验结果			
			压头材料	总试验力 F/kgf（或 F/N）	试验力保持时间/s	压痕对角线长度/mm			硬度值
						d_1	d_2	$d_均$	HV

七、问题与思考

1）分析说明较软的金属材料试样进行布氏硬度测试时，加载荷后，如果加载保持时间没有达到规定要求，硬度值会有何变化？

2）同一种材料采用不同的硬度测试方法进行测试，硬度值有何变化？

3）你对试验过程有何认识和建议？

实验三 冲击试验

同组同学

试验日期 年 月 日

一、试验目的

1）了解在室温下测定金属材料冲击吸收能量和冲击韧度值的方法。

2）认识弹塑性材料与脆性材料的断口特征。

二、试验原理

冲击试验是一种动载荷试验方法，如试验图 3-1 所示。首先将欲测定的试样放在试验机的支座上，使缺口背向摆锤冲击方向，然后将质量为 W 的摆锤高举至 h_1 位置，使之具有一定的势能 A_{h1}。释放摆锤，摆锤下落冲击试样。试样冲断后，摆锤冲过支座继续扬起到高度 h_2，则摆锤的势能为 A_{h2}，此时试样被冲断所吸收的功为 $A_{(h1-h2)}$，称为吸收能量 K，用符号 KU_2 或 KU_8（U 型缺口）表示，或者用 KV_2 或

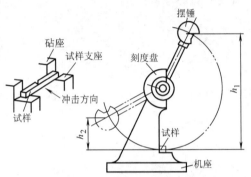

试验图 3-1 摆锤冲击试验原理示意图

KV_8（V 型缺口）表示，单位是 J。吸收能量 K 除以试样缺口底部横截面积 S（单位是 cm^2）的商，称为冲击韧度，用 a_{KU} 或 a_{KV} 符号表示冲击韧度值，单位为 J/cm^2。

KV_2 或 KU_2 表示用刀刃半径是 2mm 的摆锤测定的吸收能量；KV_8 或 KU_8 表示用刀刃半径是 8mm 的摆锤测定的吸收能量。

三、试验设备与试样

1. 设备

设备为摆锤式冲击试验机，其基本构造由机座、摆锤和指示系统三部分组成。

2. 试样

试样严格按有关标准制作，其尺寸和偏差应符合规定要求。试样缺口底部光滑，没有与缺口轴线平行的明显划痕。毛坯切取和试样加工过程中，不应产生加工硬化或受热影响而改变金属的冲击性能。

四、试验步骤

1）试验前应先检查试样尺寸和表面质量是否符合国标要求；检查摆锤空打时被动指针是否指零位，而且其偏离误差不应超过最小刻度的 1/4。

2）扬起摆锤，扳紧操纵手柄，将指针拨至该机最大刻度位置。

3）试样的位置应紧贴试验机砧座，使摆锤的刀口打击在背向缺口的一面。试样缺口对称面应位于两支座对称面上。

4）拨动操纵手柄（或按电钮），进行冲击试验。

5）试样被冲断后，立即制动摆锤，待摆锤停止摆动后，从刻度盘上读出指针所指示的数值。

五、试验注意事项

1）试验数据至少应保留小数点后一位有效数字。

2）如果试验的试样未被完全打断，则可能是由于试验机打击能量不足而引起的，因此，应在试验数据 KU_2 或 KU_8，或者 KV_2 或 KV_8 前加 ">" 符号；其他情况引起的则应注明 "未打断" 字样。

3）试验过程中遇有下列情况之一时，试验数据无效：①操作有误；②试样打断时有卡锤现象；③试样断口上有明显淬火裂纹且试验数据明显偏低。

六、试验数据记录

将试验过程中获得的有关数据和结果记录在试验表 3-1 中。

试验表 3-1　冲击试验结果记录表

试样材料	缺口类型	缺口尺寸		缺口处最大横截面积/cm²	试验温度/℃	吸收能量 K	冲击韧度
		缺口深度/mm	缺口宽度/mm				

七、问题与思考

1）观察试样破断面上脆性断裂或塑性断裂的情况。

2）金属材料冲击吸收能量与其断口形貌有何关系？

3）你对试验过程有何认识和建议？

实验四 金相试样的制备及显微组织观察实验

同组同学

实验日期 　年　月　日

一、实验目的

1）了解金相试样的制作过程和金相试样的制作方法。

2）了解金相显微镜的成像原理、基本构造及其使用方法。

二、实验原理

金相显微分析是研究金属内部组织最重要的方法之一。采用金相显微镜观察和研究金属的内部组织，首先需要制备符合观察要求的试样表面，然后再选用合适的浸蚀剂对试样表面进行浸蚀，之后再用金相显微镜观察和研究试样的内部组织。试样表面比较粗糙时，会对入射光产生漫反射，无法用显微镜观察内部组织。因此，在对试样表面浸蚀前，要对试样表面进行加工处理。通常采用磨光和抛光的方法对试样表面进行加工，从而得到光亮如镜面的试样表面。此时试样表面在显微镜下只能看到白亮的一片，而看不到其组织细节，因此，必须采用合适的浸蚀剂对试样表面进行浸蚀。在化学溶解或电化学腐蚀（微电池原理）的作用下，由于金属晶界上原子排列错乱，各个晶粒的位向不同，各种组成相的物理性能、化学性能不同及相界面存在电位差，因而受到腐蚀的程度也不一样。其中晶界处腐蚀最严重，腐蚀后出现凹陷，在显微镜光束照射下，具有不同的反光性能，从而可看到其凹凸不平的显微组织状态，如实验图4-1所示。

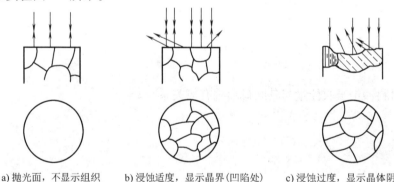

a) 抛光面，不显示组织　　　b) 浸蚀适度，显示晶界(凹陷处)　　　c) 浸蚀过度，显示晶体阴暗面

实验图4-1 金相试样浸蚀原理

1. 金相试样的制备过程和方法

金相显微试样的制备过程是：取样→镶嵌→磨光→抛光→浸蚀→吹干等。

1）取样。试样的选取应根据研究的目的，取其具有代表性的部位。待确定好选择部位后，就可以把试样截下。试样的尺寸通常采用直径为12~15mm，高为12~15mm的圆柱或边长为12~15mm的方形试样。取样方法可用手锯、锯床切割或锤击等方法。

2）镶嵌。如果试样尺寸太小，直接手工磨制困难时，可把试样镶嵌在低熔点合金或塑料中，以便于试样的磨光和抛光。

3）磨光。将切好或镶嵌好的试样在砂轮机上磨平，倒圆角。然后用粒度不同的金相砂纸由粗到细依次进行磨制，一直磨到粒度最细的金相砂纸后方可进行粗抛光和细抛光。

磨制时，每换一次细粒度金相砂纸，试样磨制方向应转90°，这样才能逐步磨掉上道金相砂纸的磨痕。试样在每一号金相砂纸上磨制时，要沿一个方向磨，切忌来回磨削，而且给试样施加的压力要适当。同时注意不要将上道金相砂纸上的粗砂粒带到较细的砂纸上。

4）抛光。细磨的试样还需进行抛光。抛光的目的是去除细磨时遗留下来的细微磨痕，以获得光亮的镜面。试样的抛光是在专用的抛光机上进行的。抛光时，在抛光盘上铺有丝绒等织物（如法兰绒、尼龙布料等），并不断滴注抛光液。抛光液是由 Al_2O_3 或 Cr_2O_3 或 MgO 等极细粒度的磨料加水而形成的悬浮液，依靠抛光液中极细的抛光粉末与试样磨面之间产生的相对磨削和滚压作用来消除磨痕。抛光时，应使试样磨面均匀压在旋转的抛光盘上，并沿盘的边缘到中心不断做径向往复运动。除机械抛光方法外，还有电解抛光、化学抛光等其他抛光方法。

5）浸蚀。经抛光后的试样还须经过浸蚀后才能在显微镜下进行观察。浸蚀方法是将试样磨面浸入浸蚀剂中，或用棉花沾上浸蚀剂擦拭试样表面。浸蚀时间要适当，一般试样磨面发暗时就可停止浸蚀。如果浸蚀不足，可重复浸蚀。钢铁材料常用的浸蚀剂见实验表4-1。

实验表4-1 钢铁材料常用的浸蚀剂

浸蚀剂名称	成分	浸蚀条件	使用范围
硝酸酒精溶液	硝酸 1～5mL 酒精 100mL	硝酸含量增加，浸蚀速度增加。浸蚀时间通常需要 60s	适用于显示非合金钢及低合金钢经不同热处理方法处理的组织，显示铁素体晶界特别清晰
苦味酸酒精溶液	苦味酸 4g 酒精 100mL	腐蚀性软弱，不能显示铁素体晶界；浸蚀数秒到数分钟	适用于显示非合金钢及低合金钢的各种热处理组织，特别是显示细珠光体和碳化物效果更好。显示铁素体晶界效果不如硝酸酒精溶液
混合酸酒精溶液	盐酸 10mL 硝酸 3mL 酒精 100mL	浸蚀时间约需要 2～10min	适用于显示高速工具钢淬火及回火后的奥氏体组织，显示回火马氏体组织

6）吹干。经浸蚀适度的试样，马上用纯酒精或自来水冲洗，停止浸蚀过程，随后用干净的药棉吸干水分，并用电吹风吹干。试样吹干后即可用金相显微镜进行观察。

2. 金相显微镜的结构和使用方法

金相显微镜通常由光学系统、照明系统和机械系统三大部分组成。有的显微镜还附有摄影装置。现以 XJB-1 型台式金相显微镜为例加以说明。

XJB-1 型金相显微镜的光学系统如实验图4-2所示。由光源发出的光线经聚光镜组及反光镜聚集到孔径光栏处，再经过聚光镜聚集到物镜的后焦面，最后通过物镜平行照射到试样的表面上。从试样表面反射回来的光线经物镜组和辅助透镜后，由半反射镜转向，再经过辅助透镜及棱镜形成一个倒立的放大实像，该像再经过目镜放大，就成为在目镜视场中看到的放大映像。

XJB-1 型金相显微镜的外形如实验图4-3所示，其各主要部件的功能及使用方法如下。

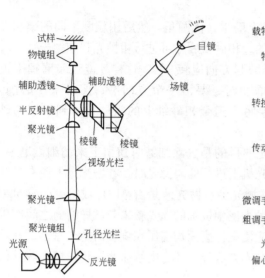

实验图 4-2　XJB-1 型金相显微镜的光学系统　　　实验图 4-3　XJB-1 型金相显微镜的外形

1）显微镜照明系统。在底座内装有一低压灯泡作为光源，聚光镜、孔径光栏及反光镜等均安置在圆形底座上，视场光栏及另一聚光镜则安装在支架上，它们组成了显微镜的照明系统，使试样表面获得充足而均匀的照明。

2）显微镜调焦装置。在显微镜的两侧有粗调手轮和微调手轮。粗调手轮的转动可使载物台的弯臂做上下移动；微调手轮使显微镜沿滑轨缓慢移动，在微调手轮上刻有分度格，每一格表示物镜上下微动 0.002mm。

3）载物台。用于放置金相试样，但试样观察面须向下。载物台和下面托盘之间有导架，用手推动，可使载物台在水平面上做一定范围的十字定向移动，以改变试样的观察部位。

4）孔径光栏。孔径光栏装在照明反射镜座上面，调整孔径光栏能够控制入射光束的粗细，以保证物像达到清晰的程度。

5）视场光栏。视场光栏设在物镜支架下面，其作用是控制视场范围，使目镜视场明亮而无阴影。

6）转换器。转换器呈球面状，上有三个螺孔，可安装不同放大倍数的物镜，旋动转换器可使各物镜镜头进入光路，与不同的目镜搭配使用，以获得不同的放大倍数。

7）目镜筒。目镜筒呈 45°角安装在附有棱镜的半球座上，还可将目镜转向水平状态，以配合照相装置进行金相显微组织摄影。

显微镜的总放大倍数 M 等于物镜和目镜单独放大倍数的乘积，即

$$M_总 = M_物 \, M_目$$

三、实验设备与材料

1. 设备

锯床、砂轮机、预磨机、抛光机、电吹风等。

2. 材料

氧化铬（或氧化铝）、帆布、海军呢、酒精、硝酸、苦味酸、脱脂棉花、金相砂纸、低

碳钢（或其他金属材料）等。

四、实验步骤

1）按要求先认真制备符合金相观察要求的试样。

2）熟悉金相显微镜的构造和使用方法。

3）按观察试样所需总的放大倍数，选配好物镜和目镜。

4）移动载物台，使物镜位于载物台的孔中央。然后将试样的观察面正对物镜倒置在载物台上，并扣上压片弹簧夹。

5）根据照明灯泡的使用电压（常用6V）接通低压变压器电源，使灯泡发亮。

6）检查微动指示刻线，将其调到上、下极限刻线的中间位置，以便微调操作。

7）旋转粗调手轮调焦，当视场中出现模糊影像时，再转动微调手轮，直到影像清晰为止。

8）加入滤色玻璃片，调节孔径光栏和视场光栏，使影像更加符合观察要求。

9）为使理想的金相组织进入视场，可将载物台做前后左右移动。

10）观察完毕，应立即关灯，以延长灯泡寿命。

五、实验注意事项

由于制备试样时，往往在试样的观察表面上遗留有部分划痕、污物等。因此，初次进行金相观察时，容易产生分不清哪个部分是真实的组织特征，哪个部分是假像，经常错把"划痕"和"污物"等当作观察试样的组织特征。所以，初次进行金相组织观察时，先要了解试样的化学成分和组织特征，并参照有关标准金相照片进行对比性观察与分析，认清"划痕"和"污物"等假像，做到去伪存真，真正地认清试样的组织特征。

六、实验结果记录

在右边的圆框内用铅笔画出所观察试样的显微组织特征，并用箭头指出组织名称。

材料名称：_____

组织形貌：_____

浸蚀剂：_____

放大倍数：_____

七、问题与思考

1）试样表面腐蚀过轻或过重对显微组织的观察有何影响？

2）如何辨认金相试样中的"假像"？

3）你对实验过程有何认识和建议？

实验五　铁碳合金显微组织观察及分析实验

同组同学

实验日期　　年　月　日

一、实验目的

1）了解不同化学成分的铁碳合金在平衡状态下的组织形态。

2）分析碳的质量分数对铁碳合金显微组织的影响，加深理解铁碳合金化学成分、组织和性能之间的关系。

二、实验原理

本实验主要利用显微分析法来观察和分析各种铁碳合金在平衡状态下的显微组织。铁碳合金主要包括非合金钢和白口铸铁。从铁碳合金相图中可知，所有的非合金钢和白口铸铁在室温下的组织都是由铁素体和渗碳体这两个基本相组成的。由于碳的质量分数不同，铁素体和渗碳体的相对数量、形状及分布等也不相同，因而呈现出各种不同的组织特征和性能。

1. 铁素体 F

铁素体用4%的硝酸酒精溶液浸蚀后，在显微镜下呈亮白色。工业纯铁中铁素体为明亮等轴晶粒；亚共析钢中的铁素体呈块状分布；当碳的质量分数接近共析成分时，铁素体则呈断续的网状分布于珠光体周围。

2. 渗碳体 Fe_3C

渗碳体经4%的硝酸酒精溶液浸蚀后，在显微镜下呈亮白色。由于一次渗碳体是直接从液相中析出的，渗碳体可自由生长，故呈粗大片状；二次渗碳体沿奥氏体晶界析出，呈网状分布；三次渗碳体沿铁素体晶界呈断续网状析出。根据铁碳合金中碳的质量分数和渗碳体形成条件的不同，渗碳体的组织形态各异，当渗碳体与其他相共存时，渗碳体可以呈现条状、网状、粒状、层状等形态。

3. 珠光体 P

珠光体中碳的质量分数为0.77%，一般在退火处理状态下是由铁素体与渗碳体相互混合交替排列形成的层片状组织。经4%的硝酸酒精溶液浸蚀后，渗碳体和铁素体均呈白色，但在不同放大倍数的显微镜下看到的珠光体组织特征也有所不同，在高倍放大时能清楚地看到珠光体中平行相间的宽条铁素体和细条渗碳体，其相界则呈黑色。当显微镜放大倍数较低时，显微镜物镜的鉴别能力小于渗碳体片层的厚度，这时珠光体中的渗碳体就只能看到是一条黑线。当组织较细而放大倍数较低时，珠光体的片层不能分辨出，呈黑色。

4. 莱氏体 Ld

莱氏体中碳的质量分数为4.30%，经4%的硝酸酒精溶液浸蚀后，其组织特征是白色的渗碳体上分布着黑色点状珠光体及黑色条纹状的珠光体。

根据碳的质量分数及组织特点的不同，铁碳合金可分为工业纯铁、钢和白口铸铁三大类。各种铁碳合金在室温下的平衡组织如实验图 5-1~实验图 5-8 所示。

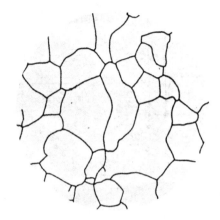

实验图 5-1　工业纯铁的显微组织（铁素体）

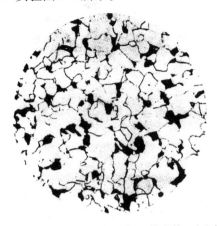

实验图 5-2　20 钢的显微组织（铁素体+珠光体）

实验图 5-3　45 钢的显微组织（铁素体+珠光体）

实验图 5-4　T8 钢的显微组织（珠光体）

实验图 5-5　T12 钢的显微组织
（网状渗碳体+珠光体）

实验图 5-6　共晶白口铸铁的显
微组织（莱氏体）

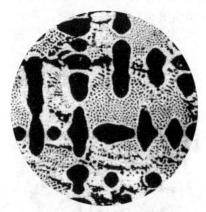

实验图 5-7　亚共晶白口铸铁的显微组织
（珠光体+二次渗碳体+莱氏体）

实验图 5-8　过共晶白口铸铁的显微组织
（一次渗碳体+莱氏体）

三、实验设备及试样

1. 设备

XJB-1 型台式金相显微镜。

2. 试样

退火状态的工业纯铁、20 钢、45 钢、T8 钢及 T12 钢试样；铸态的亚共晶白口铸铁、共晶白口铸铁及过共晶白口铸铁标准试样。也可用自制的试样。

四、实验步骤

1）全班分成若干个小组轮换进行实验，两人一台金相显微镜，观察和分析本实验所规定的全部试样。

2）通过对试样的观察和分析，了解非合金钢和白口铸铁的金相组织和形貌特征，了解铁碳合金化学成分与组织之间的变化规律。

五、实验注意事项

由于制备试样时，往往在试样的观察表面上遗留了部分划痕、污物等。先要了解试样的化学成分和组织特征，并参照有关标准金相照片，进行对比性观察与分析，认清"划痕"和"污物"等假像，做到去伪存真，真正地认清试样的组织特征。

六、实验结果记录

在圆框内用铅笔画出所观察试样的显微组织特征，并用箭头指出组织名称。

材料名称：_____

组织形貌：_____

浸蚀剂：_____

放大倍数：_____

材料名称：_____

组织形貌：_____

浸蚀剂：_____

放大倍数：_____

材料名称：_____

组织形貌：_____

浸 蚀 剂：_____

放大倍数：_____

材料名称：_____

组织形貌：_____

浸 蚀 剂：_____

放大倍数：_____

材料名称：_____

组织形貌：_____

浸 蚀 剂：_____

放大倍数：_____

材料名称：_____

组织形貌：_____

浸 蚀 剂：_____

放大倍数：_____

材料名称：_____

组织形貌：_____

浸 蚀 剂：_____

放大倍数：_____

材料名称：_____

组织形貌：_____

浸 蚀 剂：_____

放大倍数：_____

七、问题与思考

1) 非合金钢与白口铸铁在组织构成与力学性能方面有何异同？

2) 渗碳体有哪几种形态？如何分辨？

3) 你对实验过程有何认识和建议？

实验六 钢的热处理及其硬度测定实验

同组同学

实验日期 年 月 日

一、实验目的

1）了解钢热处理（退火、正火、淬火与回火）的操作方法。
2）了解热处理炉和温度控制仪表的使用方法。
3）加深理解冷却条件与钢性能的关系，淬火及回火温度对钢力学性能的影响。
4）进一步熟悉硬度测定方法。

二、实验原理

1. 退火

退火通常是把钢件加热到适当温度（Ac_1 或 Ac_3 以上 30~50℃），保温一段时间，然后缓慢地冷却（或炉冷）的热处理工艺。箱式电阻炉断电后的冷却速度大约是 30~120℃/h，随炉冷却是退火最常用的冷却方法。

通常亚共析钢（如 40 钢、45 钢）经过退火后可以获得铁素体和珠光体的稳定组织，该组织硬度较低（170~220HBW），有利于切削加工。

共析钢和过共析钢多采用球化退火。退火加热温度是 Ac_1 以上 20~30℃，此时钢的组织为奥氏体和未溶解的颗粒状的二次渗碳体。缓慢冷却时，自奥氏体中析出的渗碳体沿着未溶解颗粒状渗碳体长大，结果得到铁素体基体上均匀分布着颗粒状渗碳体的组织，即球状珠光体，如实验图 6-1 所示。球状珠光体不仅有利于切削加工，而且也为淬火做好了组织准备。

2. 正火

正火是指工件加热奥氏体化后在空气中冷却的热处理工艺。一般正火的加热温度是 Ac_3 或 Ac_{cm} 以上 30~50℃。因

实验图 6-1 T10 钢球化退火组织（球状珠光体）

为正火冷却速度较快，因此，工件冷却到室温后，组织中珠光体的相对数量较退火时多些，且珠光片层较细密，强度、硬度也有所提高。

不同碳的质量分数的非合金钢在退火及正火状态下的力学性能见实验表 6-1。

实验表 6-1 不同碳的质量分数的非合金钢在退火及正火状态下的力学性能

热处理状态	力学性能					
	$w_C \leq 0.1\%$		$w_C = 0.2\% \sim 0.3\%$		$w_C = 0.4\% \sim 0.6\%$	
	HBW	R_m/MPa	HBW	R_m/MPa	HBW	R_m/MPa
退火	50~120	300~330	150~160	420~500	180~220	560~670
正火	130~140	340~360	160~180	480~550	220~250	660~760

3. 淬火

淬火是指工件加热奥氏体化后以适当方式冷却获得马氏体或（和）贝氏体组织的热处理工艺。淬火加热温度是 Ac_3（亚共析钢）或 Ac_1（共析钢或过共析钢）以上 30~50℃，保温一段时间后，将工件放入冷却介质中快速冷却（$v_冷 > v_临$）。

非合金钢在淬火后的组织为马氏体和少量残留奥氏体。低碳钢淬火后的组织为板条马氏体和少量残留奥氏体，如实验图 6-2 所示；高碳钢淬火后的组织为片状马氏体和少量残留奥氏体，如实验图 6-3 所示；中碳钢淬火后的组织为板条马氏体和片状马氏体及少量残留奥氏体的混合组织，如实验图 6-4 所示。

实验图 6-2　20 钢淬火组织
（板条马氏体+少量残留奥氏体）

实验图 6-3　T12 钢淬火组织
（片状马氏体+少量残留奥氏体）

1）淬火温度的选择。淬火时，钢的具体加热温度主要取决于钢中碳的质量分数，并可以根据 Fe-Fe$_3$C 相图确定。

2）加热时间的确定。淬火加热时间实际上是将试样加热到淬火温度所需的时间及在淬火温度中保温所需要的时间的总和。加热时间与钢的化学成分、工件的尺寸与形状、加热介质、加热方法等因素有关。

3）冷却速度的影响。冷却是淬火的关键工序，它直接影响淬火后的组织和性能。冷却时既要使冷却速度大于临界冷却速度，以保证获得马氏体组织，又要尽量降低冷却速度，以减小内应力，防止变形和开裂。

实验图 6-4　45 钢淬火组织
（片状马氏体+板条马氏体+少量残留奥氏体）

非合金钢一般采用水冷；合金钢多采用油冷。此外，还可以采用其他冷却介质和冷却方法，如双液淬火和马氏体分级淬火等。

4. 回火

回火是指工件淬硬后，加热到 Ac_1 以下的某一温度，保温一定时间，然后冷却到室温的热处理工艺。钢淬火后一般均须进行回火。因为钢淬火后获得的马氏体组织硬而脆，内部存在很大内应力，容易导致工件变形与开裂。通过回火可以降低、消除内应力，提高韧性。不同的回火工艺可以使钢得到不同的性能。回火工艺按回火温度的高低通常分为低温回火（250℃以下）、中温回火（250～500℃）和高温回火（500℃以上）三类。实验图6-5所示为45钢高温回火的组织形貌。

实验图6-5　45钢高温回火的组织形貌（回火索氏体）

在实际生产中，回火温度的选择，通常是以零件图上所要求的硬度作为依据，然后从各种钢材的回火温度与硬度之间的关系曲线中查出具体的回火温度。几种常用非合金钢不同温度回火后的硬度（HRC）见实验表6-2。

实验表6-2　几种常用非合金钢不同温度回火后的硬度（HRC）

回火温度/℃	45 钢	T8 钢	T10 钢	T12 钢
150～200	60～54	64～60	64～62	65～62
200～300	54～50	60～55	62～56	62～57
300～400	50～40	55～45	56～47	57～49
400～500	40～33	45～35	47～38	49～38
500～600	33～24	35～27	38～27	38～28

回火保温时间与工件材料及尺寸、工艺条件等因素有关，通常采用1～3h。实验时，因试样尺寸较小，回火保温时间可设定为30min。回火后一般在空气中冷却。

三、实验设备及试样

1. 设备

箱式电阻炉及其温度测量控制仪表、夹钳、油槽、水槽、硬度计、金相显微镜、砂轮机、预磨机、抛光机、锉刀、砂纸等。

2. 试样

试样的材料根据实验的具体情况自定，每种热处理规范配备3个试样。

四、实验步骤

1）每组领取一种热处理规范的试样，全部测定其硬度，取平均值填入实验表6-3中。

2）将试样放入箱式电阻炉中加热（为了节省时间，电阻炉可在实验前加热升温或提前由实验员将试样处理好），保温30min左右后，按要求分别进行冷却。

3）分别测定经过热处理后的试样的硬度，并将实验数据填入实验表6-3中。

4）采用显微镜进行组织观察。

五、实验注意事项

1）测量试样硬度前，要用粗砂纸或砂轮机磨光两端面，在不同部位测定三点的硬度值，取平均值填入表中。

2）淬火时，动作要快，开或关炉门要迅速，以免加热炉内温度下降而影响淬火质量。

试样在淬火冷却介质中需不断地搅动，保证试样冷却均匀，以免试样表面出现软点。

六、实验结果记录

将实验中测定的硬度值以及观察到的组织填入实验表 6-3 中。

实验表 6-3　试样热处理规范及数据统计表

钢材牌号	加热温度/℃	冷却方式	回火温度/℃	硬度值			组织
				热处理前	热处理后	回火后	

七、问题与思考

1）不同碳的质量分数的钢淬火后，其硬度和组织有何变化？

2）回火温度不同对淬火钢的硬度有何影响？

3）你对实验过程有何认识和建议？

实验七 钢铁的火花鉴别实验

同组同学

实验日期 年 月 日

一、实验目的

1）了解钢铁材料火花鉴别的原理及操作方法。

2）熟悉常用钢铁材料的火花特征。

二、实验原理

钢铁材料应用广泛，品种繁多，性能差异大，因此对钢铁材料进行鉴别是非常重要的。有关钢铁材料鉴别的方法很多，利用化学方法鉴别准确可靠，但方法较复杂，费用较高，时间较长；利用光谱分析虽然较快，但需要特殊的设备；而用火花鉴别法不仅能对钢铁材料的化学成分进行较准确的分析，而且操作过程简便，是一种方便和实用的鉴别方法。将钢铁材料放在砂轮上磨削，由其发出的火花特征来判断它的化学成分的方法，称为火花鉴别法。

火花鉴别法的应用范围是：鉴别牌号混杂或可疑的钢材，鉴别非合金钢中碳的质量分数，检查钢材表层的脱碳情况，鉴定合金元素类别等。

1. 火花的形成

火花是由砂轮磨削下的金属颗粒在空气中被氧化而发出的光。钢铁材料在砂轮上磨削时，由于砂轮转速快，产生高温，使材料磨削出的颗粒达到熔融状态，这些高温和熔融的细颗粒被砂轮离心作用抛射到空气中并发出光亮，而且颗粒表面层与空气中的氧发生作用，会形成一层氧化薄膜。此外，钢中的碳化物 Fe_3C 在高温下分解出碳原子

$$Fe_3C = 3Fe + C$$

碳原子和表面层氧化铁又产生还原作用，生成一氧化碳

$$FeO + C = Fe + CO \uparrow$$

氧化铁被还原后，与空气中的氧再起氧化作用，瞬时间在氧化还原的循环作用下，颗粒的温度越升越高，内部的一氧化碳积聚也越来越多，最后由于内部膨胀，产生爆裂，就形成了火花。钢材中碳元素是形成火花的基本元素，而当钢中含有锰、硅、钨、钼、铬等元素时，它们的氧化物将影响火花的线条、颜色和形态，利用这些差别则可以定性地鉴别钢的化学成分。

2. 火花的名称

1）火束。钢材磨削时产生的全部火花称为火束。由于火束各部分产生的花形不同，可将火束分为根部火花、中部火花和尾部火花，如实验图 7-1 所示。

2）流线。钢铁磨削时形成的炽热粉末，在空气中飞过时发出光亮的线条，称为流线。流线因其形状不同，可分为直线流线、断续流线和波状流线，如实验图 7-2 所示。

3）节点和芒线。流线在中途发出稍粗而明亮的点，称为节点。火花在爆裂时，所射出的线条，称为芒线。因碳的质量分数不同，芒线有两根分叉、三根分叉、四根分叉及多根分叉，如实验图 7-3 所示。

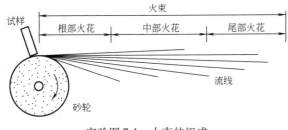

实验图 7-1 火束的组成

实验图 7-2 流线形状

4）爆花和花粉。由节点、芒线所组成的火花形状称为爆花。爆花可分为一次花、二次花、三次花和多次花。分散在流线与芒线附近所呈现的明亮小点，称为花粉，如实验图 7-4 所示。

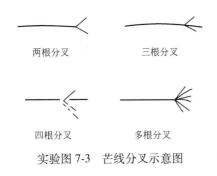

实验图 7-3 芒线分叉示意图

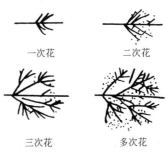

实验图 7-4 爆花的各种形式

5）尾花。钢材由于所含的化学成分不同，在流线尾端会呈现出不同的尾部火花形状，这种尾部火花统称为尾花。如实验图 7-5 所示，常见的尾花有如下两种。

狐尾尾花——流线尾端逐渐膨胀呈狐狸尾巴形状的尾端火花。它是钢中含有钨元素的基本特征。

枪尖尾花——流线尾端膨胀呈三角形枪尖状的尾端火花。它是钢中含有钼元素的基本特征。

6）色泽与光辉度。整个火束或某部分火花所呈现出的颜色称为色泽，所呈现出的明暗程度称为光辉度。

3. 碳的质量分数对非合金钢火花特征的影响

非合金钢的火花特征是：随着碳的质量分数增多，其流线由挺直状态变为抛物线状态，而且流线逐渐增多，火束缩短，爆花和花粉增多，亮度增大，并且其爆花的分枝层次也有明显的变化和差别，如实验图 7-6 所示。一般来说，低碳钢为一次爆花，中碳钢为二次至三次爆花，高碳钢全部为三次爆花。非合金钢的火花特征见实验表 7-1。

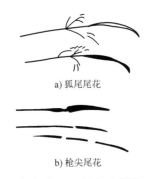

实验图 7-5 尾花示意图

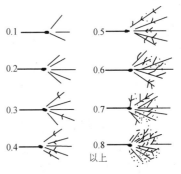

实验图 7-6 非合金钢碳的质量分数及其火花特征

实验表 7-1　非合金钢的火花特征

$w_C(\%)$	流线特征					爆裂特征				手的感觉
	颜色	明亮	长度	粗细	数量	形态	大小	数量	花粉	
0.05以下	橙黄色	暗	长	粗	少	爆花				软
0.10						两根分叉	小	少	无	
0.15						三根分叉			无	
0.20						多根分叉			无	
0.30						二次花三根分叉			无	
0.40									无	
0.50		明	长	粗		二次花多根分叉	大		开始有	
0.60										
0.70						三次花多根分叉				
0.80										
0.80以上	红色	暗	短	细	多	复杂	小	多	多	硬

4. 合金元素对火花特征的影响

钢材中合金元素及其质量分数的不同，对火花特征的影响也是不同的。有些合金元素助长火花爆裂，有些合金元素则抑制和消灭火花的爆裂。实验表 7-2 列出了常见的几种典型合金元素对火花特征的影响。

实验表 7-2　常见的几种典型合金元素对火花特征的影响

合金元素	火花特征	对火花的影响	合金元素	火花特征	对火花的影响
Cr		助长火花爆裂，花型较大，火束短	W		抑制火花爆裂，流线细，具有暗红色的狐尾尾花
Mo		抑制火花爆裂，流线尾端为橘红色枪尖状的尾花	Mn		助长火花爆裂，花型较大
Ni		抑制火花爆裂，发光点强烈闪目	Si		抑制火花爆裂，流线呈红色，火束短，流线粗

5. 常用钢材的火花特征

1) 20钢的火花特征。火束长，流线较少，带红色，爆花少，尾部下垂，芒线稍粗，有多根分叉，一次花爆裂，色泽呈草黄色，光辉度稍差，如实验图 7-7 所示。

2) 40钢的火花特征。火花较明亮，流线多而且稍细，爆花较多，爆裂为多根分叉三次花，有少量花粉，尾部比较平直，色泽呈黄色光，光辉度较亮，如实验图 7-8 所示。

3) T8钢火花特征。火束比中碳钢更短粗，流线多并很细，爆花多，花粉多，爆花光辉度稍弱，带红色爆裂，火束根部较暗，尾部较亮，如实验图 7-9 所示。

 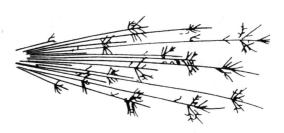

实验图 7-7　20 钢火花特征　　　　　实验图 7-8　40 钢火花特征

4）高速工具钢（W18Cr4V）火花特征。火束细长，整个火束赤橙色，发光较暗，无火花爆裂，仅在尾端略有三、四根分叉爆花，中端和首端为断续流线，有时呈波状流线，尾端流线膨胀并下垂呈点状狐尾尾花，有时也和流线呈脱离现象，如实验图 7-10 所示。

实验图 7-9　T8 钢火花特征　　　　　实验图 7-10　W18Cr4V 钢火花特征

5）40Cr 钢火花特征。流线较相同碳的质量分数的非合金钢粗而多，爆花较多，花型较大，火束白亮，如实验图 7-11 所示。

6）灰铸铁火花特征。灰铸铁因含碳量和含硅量较高，并有游离的石墨存在，因此，火花的流线尾端有羽毛状尾花，火束细而短，呈暗红色，尾端膨胀并下垂，光辉度在尾端较强，如实验图 7-12 所示。

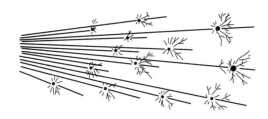 

实验图 7-11　40Cr 钢火花特征　　　　实验图 7-12　灰铸铁火花特征

三、实验设备及材料

1. 设备

火花鉴别使用的主要设备是手提式砂轮机或固定式砂轮机，砂轮转速一般为 $46\sim67r/s$，采用 $36^\#\sim60^\#$ 刚玉砂轮，砂轮规格为 $\phi150mm\times25mm$。

2. 材料

实验所用材料为 20 钢、40 钢、T8 钢、W18Cr4V 钢、40Cr 钢、灰铸铁等。

四、实验步骤

1）接通砂轮机电源。

2）握紧试样，缓慢地与砂轮接触，逐步加力，并注意加力要适中。

3）观察火花特征，同时，其他同学也要站在旁边仔细观察。

4）更换其他试样重复上述过程。

5）记录实验结果。

五、实验注意事项

进行火花鉴别时，操作者应戴上无色平光眼镜，场地光线不宜太亮，最好在暗处进行。如果在室外进行鉴别，必须遮蔽阳光直射，以免影响火花色泽及清晰程度。

试样在砂轮上磨削时，压力要适中，使火花向略高于水平方向发射，便于仔细观察火花特征。在鉴别时，为了防止可能发生的错觉或误差，应备有各种钢铁材料的标准彩色图谱，用以帮助判断及比较。

六、实验结果记录与分析

将实验结果记录与分析列于实验表 7-3 中。

实验表 7-3　实验结果记录与分析

试样编号	火花特征	分析结果（是何种钢）

七、问题与思考

1）对于非合金钢来说，碳的质量分数不同，其火花特征有何区别？

2）合金元素对火花特征有何影响？

3）你对实验过程有何认识和建议？

实验八　铸铁及非铁金属的显微组织观察实验

同组同学

实验日期　　年　月　日

一、实验目的
1）观察灰铸铁、球墨铸铁、蠕墨铸铁和可锻铸铁的显微组织。
2）观察铝合金、铜合金、滑动轴承合金的显微组织。

二、实验原理

1. 铸铁

碳的质量分数大于2.11%的铁碳合金称为铸铁。在成分上，铸铁和钢的主要区别是碳和硅的含量较高，杂质元素硫、磷较多。根据铸铁中碳的存在形式，铸铁可分为白口铸铁、灰铸铁、球墨铸铁、蠕墨铸铁和可锻铸铁等，如实验图8-1所示。

石墨不是金属，没有反光能力，所以在显微镜下与其基体组织截然不同，未经浸蚀即可看到呈灰黑色的显微组织。由于石墨硬度很低又很脆，在磨制过程中很容易从基体中脱落，因此，在显微镜下看到的仅是石墨存在的空洞。基体组织中的铁素体和珠光体与非合金钢中的形态相似。

a) 铁素体灰铸铁的显微组织

b) 铁素体－珠光体灰铸铁的显微组织

c) 珠光体灰铸铁的显微组织

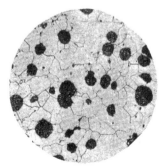

d) 铁素体球墨铸铁的显微组织

实验图8-1　铸铁的显微组织

e) 铁素体－珠光体球墨铸铁的显微组织

f) 珠光体球墨铸铁的显微组织

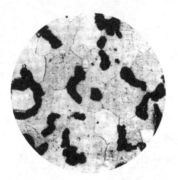
g) 铁素体蠕墨铸铁的显微组织

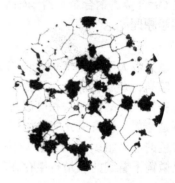
h) 黑心可锻铸铁的显微组织

i) 珠光体可锻铸铁的显微组织

实验图 8-1　铸铁的显微组织（续）

2. 铝合金

铝合金根据其化学成分及工艺特点，可分为变形铝合金和铸造铝合金两类。变形铝合金按性能特点和用途，又分为防锈铝、硬铝、超硬铝和锻铝四种。铸造铝合金按主要合金元素的不同，可分为铝硅合金、铝铜合金、铝镁合金和铝锌合金四类，其中铝硅合金应用最广。

铸造铝硅合金的组织为白色的 α 固溶体和浅灰色粗大针状硅晶体组成的共晶体（α+Si）及少量的初生硅或初生 α 相。粗大针状的硅晶体，使合金的强度和塑性都较低。为改善铸造铝硅合金的性能，通常采用"变质处理"。经变质处理后，共晶体中的硅细化成细小的短条或球状，经变质处理后的组织，由细小均匀的共晶体和初生的 α 相组成。变质处理前后铝硅合金的显微组织如实验图 8-2 所示。

 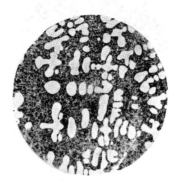

ZL102 变质处理前 　　　　　　　　　　ZL102 变质处理后

实验图 8-2　变质处理前后铝硅合金的显微组织

3. 铜合金

铜合金按其化学成分可分为黄铜、白铜和青铜三类，而根据生产方法分类，又可分为加工铜合金和铸造铜合金。

黄铜是铜和锌的合金。实际应用中的黄铜，其锌的质量分数一般在 45% 以下。当 $w_{Zn} < 39\%$ 时，Zn 能全部溶于 Cu 中形成单相 α 固溶体（称为 α 黄铜或单相黄铜）；当 $w_{Zn} = 39\% \sim 45\%$ 时，出现 β 相，β 相是以化合物 CuZn 为基的固溶体，在 453℃ 时发生有序化转变，转变成有序固溶体 β′ 相，形成（α+β′）的显微组织，因此称为（α+β）黄铜或双相黄铜。单相黄铜经退火后形成带有孪晶的颜色深浅不一的多面体晶粒，如实验图 8-3 所示。双相黄铜的显微组织中亮的部分是 α 固溶体，暗黑色的是 β′ 固溶体，如实验图 8-4 所示。

实验图 8-3　单相黄铜的显微组织　　　　　　实验图 8-4　双相黄铜的显微组织

4. 滑动轴承合金

实验图 8-5a 所示为锡基滑动轴承合金的显微组织，其中软基体是呈暗色的 Sb 溶于 Sn 中形成的 α 固溶体，而硬质点是白色方块状的 β′ 相（以 SnSb 为基的固溶体）和白色针状或星状的化合物 Cu_6Sn_5，如实验图 8-5a 所示。

铅基滑动轴承合金的显微组织中，软基体是（α+β′）共晶体，硬质点是 β′ 相的

SnSb（白色方块状）和白色针状与粒状物的 Cu_5Sn 化合物，如实验图 8-5b 所示。

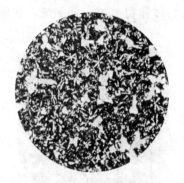

a) 锡基滑动轴承合金的显微组织　　　　b) 铅基滑动轴承合金的显微组织

实验图 8-5　锡基滑动轴承和铅基滑动轴承合金的显微组织

三、实验设备及试样

1. 设备

金相显微镜。

2. 试样

标准金相图谱或放大的显微组织照片、各种铸铁试样、铝合金试样、铜合金试样及滑动轴承合金试样。

四、实验步骤

1）根据所观察的组织特征，选择合理的放大倍数。

2）按照显微镜的使用方法，观察各试样的显微组织。

五、实验注意事项

由于制备试样时，往往在试样的观察表面上遗留有部分划痕、污物等。先要了解试样的化学成分和组织特征，并参照有关标准金相照片，进行对比性观察与分析，认清"划痕"和"污物"等假像，做到去伪存真，真正地认清试样的组织特征。

六、实验结果记录

画出所观察试样显微组织特征，并用箭头指出组织名称等。

材料名称：_____　　　　材料名称：_____

组织形貌：_____　　　　组织形貌：_____

浸 蚀 剂：_____　　　　浸 蚀 剂：_____

放大倍数：_____　　　　放大倍数：_____

材料名称：_____　　　　材料名称：_____

组织形貌：_____　　　　组织形貌：_____

浸 蚀 剂：_____　　　　浸 蚀 剂：_____

放大倍数：_____　　　　放大倍数：_____

材料名称：_____   材料名称：_____

组织形貌：_____   组织形貌：_____

浸 蚀 剂：_____   浸 蚀 剂：_____

放大倍数：_____   放大倍数：_____

材料名称：_____   材料名称：_____

组织形貌：_____   组织形貌：_____

浸 蚀 剂：_____   浸 蚀 剂：_____

放大倍数：_____   放大倍数：_____

材料名称：_____   材料名称：_____

组织形貌：_____   组织形貌：_____

浸 蚀 剂：_____   浸 蚀 剂：_____

放大倍数：_____   放大倍数：_____

七、问题与思考

1）仔细观察单相黄铜的显微组织，为什么它有黑白相间的条纹？

2）从显微组织观察出发，铁素体为基体的铸铁，铁素体-珠光体为基体的铸铁和珠光体为基体的铸铁中，哪个强度最高？哪个塑性最好？为什么？

3）你对实验过程有何认识和建议？

参 考 文 献

[1] 王纪安. 工程材料与材料成形工艺 [M]. 2 版. 北京：高等教育出版社，2004.

[2] 罗会昌. 金属工艺学 [M]. 4 版. 北京：高等教育出版社，2000.

[3] 丁德全. 金属工艺学 [M]. 北京：机械工业出版社，2000.

[4] 王俊山. 金工实习 [M]. 北京：高等教育出版社，2000.

[5] 郁兆昌. 金属工艺学 [M]. 2 版. 北京：高等教育出版社，2006.

[6] 沈莲. 机械工程材料 [M]. 4 版. 北京：机械工业出版社，2018.

[7] 丁树模，刘跃南. 机械工程学 [M]. 北京：机械工业出版社，2005.

[8] 孙学强. 机械制造基础 [M]. 3 版. 北京：机械工业出版社，2016.

[9] 王健民. 金属工艺学 [M]. 2 版. 北京：中国电力出版社，2009.

[10] 姜敏凤. 金属材料及热处理知识 [M]. 2 版. 北京：机械工业出版社，2015.

[11] 梁耀能. 工程材料及加工工程 [M]. 北京：机械工业出版社，2001.

[12] 朱莉，王运炎. 机械工程材料 [M]. 北京：机械工业出版社，2005.

[13] 王正品，张路，要玉宏. 金属功能材料 [M]. 北京：化学工业出版社，2004.

[14] 赵程，杨建民. 机械工程材料 [M]. 2 版. 北京：机械工业出版社，2007.

[15] 颜银标. 工程材料及热成型工艺 [M]. 北京：化学工业出版社，2004.

[16] 蔡珣. 表面工程技术工艺方法 400 种 [M]. 北京：机械工业出版社，2006.

[17] 王学武. 金属表面处理技术 [M]. 2 版. 北京：机械工业出版社，2014.

[18] 曹国强. 机械工程概论 [M]. 北京：航空工业出版社，2008.

[19] 裴炳文. 数控加工工艺与编程 [M]. 北京：机械工业出版社，2005.

[20] 梁戈，时惠英. 机械工程材料与热加工工艺 [M]. 北京：机械工业出版社，2006.

[21] 许德珠. 机械工程材料 [M]. 2 版. 北京：高等教育出版社，2001.

[22] 王先逵. 材料及其热处理 [M]. 北京：机械工业出版社，2008.

[23] 杨江河，程继学. 精密加工实用技术 [M]. 北京：机械工业出版社，2006.

[24] 邓三鹏，马苏常. 先进制造技术 [M]. 北京：中国电力出版社，2006.

[25] 李献坤，兰青. 金属材料及热处理 [M]. 北京：中国劳动社会保障出版社，2007.

[26] 王雅然. 金属工艺学 [M]. 2 版. 北京：机械工业出版社，1999.

[27] 郭为民，焦长玉. 金属材料及热处理 [M]. 北京：化学工业出版社，2016.

[28] 韩志勇. 金属材料与热处理 [M]. 7 版. 北京：中国劳动社会保障出版社，2018.

[29] 王学武. 金属材料与热处理 [M]. 北京：机械工业出版社，2016.